对接世界技能大赛技术标准创新系列教材

技工院校一体化课程教学改革数控加工专业教材

计算机机械图形绘制教师用书

人力资源社会保障部教材办公室　组织编写

中国劳动社会保障出版社

内容简介

本套教材为对接世赛标准深化一体化专业课程改革数控加工专业教材，对接世赛数控车、数控铣项目，学习目标融入世赛要求，学习内容对接世赛技能标准，考核评价方法参照世赛评分方案，并设置了世赛知识栏目。

本书为《计算机机械图形绘制》的配套教师用书，在《计算机机械图形绘制》的基础上增加了引导问题的参考答案（教学建议），并给出了学习任务设计方案和教学活动策划表，内容丰富、实用，有助于教师更好地开展一体化教学。

图书在版编目（CIP）数据

计算机机械图形绘制教师用书 / 人力资源社会保障部教材办公室组织编写 . -- 北京：中国劳动社会保障出版社，2022

对接世界技能大赛技术标准创新系列教材　技工院校一体化课程教学改革数控加工专业教材

ISBN 978-7-5167-5127-5

Ⅰ. ①计…　Ⅱ. ①人…　Ⅲ. ①机械制图 - 计算机制图 - 技工学校 - 教学参考资料　Ⅳ. ①TH126

中国版本图书馆 CIP 数据核字（2021）第 240186 号

中国劳动社会保障出版社出版发行

（北京市惠新东街 1 号　邮政编码：100029）

*

北京市白帆印务有限公司印刷装订　　新华书店经销

880 毫米 ×1230 毫米　16 开本　16.25 印张　380 千字

2022 年 6 月第 1 版　　2022 年 6 月第 1 次印刷

定价：46.00 元

读者服务部电话：（010）64929211/84209101/64921644

营销中心电话：（010）64962347

出版社网址：http: //www.class.com.cn

http: //jg.class.com.cn

对接世界技能大赛技术标准创新系列教材

本书编审人员

主　　编：崔兆华

参　　编：王　蕾　王　鹏　崔人凤　孙喜兵　张文杰　赵培哲　林清松

主　　审：王希波

序

世界技能大赛由世界技能组织每两年举办一届，是迄今全球地位最高、规模最大、影响力最广的职业技能竞赛，被誉为“世界技能奥林匹克”。我国于 2010 年加入世界技能组织，先后参加了五届世界技能大赛，累计取得 36 金、29 银、20 铜和 58 个优胜奖的优异成绩。第 46 届世界技能大赛将在我国上海举办。2019 年 9 月，习近平总书记对我国选手在第 45 届世界技能大赛上取得佳绩作出重要指示，并强调，劳动者素质对一个国家、一个民族发展至关重要。技术工人队伍是支撑中国制造、中国创造的重要基础，对推动经济高质量发展具有重要作用。要健全技能人才培养、使用、评价、激励制度，大力发展技工教育，大规模开展职业技能培训，加快培养大批高素质劳动者和技术技能人才。要在全社会弘扬精益求精的工匠精神，激励广大青年走技能成才、技能报国之路。

为充分借鉴世界技能大赛先进理念、技术标准和评价体系，突出“高、精、尖、缺”导向，促进技工教育与世界先进标准接轨，完善我国技能人才培养模式，全面提升技能人才培养质量，人力资源社会保障部于 2019 年 4 月启动了世界技能大赛成果转化工作。根据成果转化工作方案，成立了由世界技能大赛中国集训基地、一体化课改学校，以及竞赛项目中国技术指导专家、企业专家、出版集团资深编辑组成的对接世界技能大赛技术标准深化专业课程改革工作小组，按照创新开发新专业、升级改造传统专业、深化一体化专业课程改革三种对接转化原则，以专业培养目标对接职业描述、专业课程对接世界技能标准、课程考核与评价对接评分方案等多种操作模式和路径，同时融入健康与安全、绿色与环保及可持续发展理念，开发与世界技能大赛项目对接的专业人才培养方案、教材及配套教学资源。首批对接 19 个世界技能大赛项目共 12 个专业的成果将于 2020—2021 年陆续出版，主要用于技工院校日常专业教学工作中，充分发挥世界技能大赛成果转化对技工院校技能人才的引领示范作用。在总结经验及调研的基础上选择新的对接项目，陆续启动第二批等世界技能大赛成果转化工作。

希望全国技工院校将对接世界技能大赛技术标准创新系列教材，作为深化专业课程建设、创新人才培养模式、提高人才培养质量的重要抓手，进一步推动教学改革，坚持高端引领，促进内涵发展，提升办学质量，为加快培养高水平的技能人才作出新的更大贡献！

2020年11月

目　录

学习任务一　手轮手柄零件平面图形的绘制 …… (1)

学习活动 1　手轮手柄零件平面图形的分析 …… (4)

学习活动 2　绘图软件的基本操作 …… (8)

学习活动 3　手轮手柄零件平面图形的绘制与打印 …… (23)

学习活动 4　绘图检测与质量分析 …… (27)

学习活动 5　工作总结与评价 …… (29)

学习任务二　传动轴零件平面图形的绘制 …… (36)

学习活动 1　传动轴零件平面图形的分析 …… (40)

学习活动 2　绘图软件的基本操作 …… (44)

学习活动 3　传动轴零件平面图形的绘制与打印 …… (51)

学习活动 4　绘图检测与质量分析 …… (57)

学习活动 5　工作总结与评价 …… (59)

学习任务三　球阀体零件平面图形的绘制 …… (66)

学习活动 1　球阀体零件平面图形的分析 …… (70)

学习活动 2　绘图软件的基本操作 …… (74)

学习活动 3　球阀体零件平面图形的绘制与打印 …… (79)

学习活动 4　绘图检测与质量分析 …… (88)

学习活动 5　工作总结与评价 …… (90)

学习任务四　蜗轮减速箱体零件平面图形的绘制 …… (98)

学习活动 1　蜗轮减速箱体零件平面图形的分析 …… (102)

学习活动 2　绘图软件的基本操作 …… (105)

学习活动 3　蜗轮减速箱体零件平面图形的绘制与打印 …… (110)

学习活动 4　绘图检测与质量分析 …… (121)

学习活动 5　工作总结与评价 …… (123)

学习任务五　机用虎钳装配图的绘制 …… (130)

学习活动 1　机用虎钳装配图的分析 …… (140)

学习活动 2　绘图软件的基本操作 …… (146)

学习活动 3 机用虎钳装配图的绘制与打印 …… (152)
学习活动 4 绘图检测与质量分析 …… (166)
学习活动 5 工作总结与评价 …… (168)
学习任务六 法兰盘零件测绘及平面图形绘制 …… (178)
学习活动 1 测绘法兰盘零件草图 …… (181)
学习活动 2 法兰盘零件平面图形的绘制与打印 …… (185)
学习活动 3 绘图检测与质量分析 …… (189)
学习活动 4 工作总结与评价 …… (191)
学习任务七 油泵体零件测绘及平面图形绘制 …… (198)
学习活动 1 测绘油泵体零件草图 …… (201)
学习活动 2 油泵体零件平面图形的绘制与打印 …… (205)
学习活动 3 绘图检测与质量分析 …… (209)
学习活动 4 工作总结与评价 …… (211)
附录 …… (219)
附录 1 手轮手柄零件平面图形的绘制学习任务设计方案 …… (219)
附录 2 手轮手柄零件平面图形的绘制教学活动策划表 …… (221)
附录 3 传动轴零件平面图形的绘制学习任务设计方案 …… (224)
附录 4 传动轴零件平面图形的绘制教学活动策划表 …… (226)
附录 5 球阀体零件平面图形的绘制学习任务设计方案 …… (229)
附录 6 球阀体零件平面图形的绘制教学活动策划表 …… (231)
附录 7 蜗轮减速箱体零件平面图形的绘制学习任务设计方案 …… (234)
附录 8 蜗轮减速箱体零件平面图形的绘制教学活动策划表 …… (236)
附录 9 机用虎钳装配图的绘制学习任务设计方案 …… (239)
附录 10 机用虎钳装配图的绘制教学活动策划表 …… (241)
附录 11 法兰盘零件测绘及平面图形绘制学习任务设计方案 …… (244)
附录 12 法兰盘零件测绘及平面图形绘制教学活动策划表 …… (246)
附录 13 油泵体零件测绘及平面图形绘制学习任务设计方案 …… (248)
附录 14 油泵体零件测绘及平面图形绘制教学活动策划表 …… (250)

学习任务一　手轮手柄零件平面图形的绘制

学习目标

1. 能正确识读手轮手柄零件草图，确定图幅尺寸、布图方案。

2. 能分析手轮手柄零件的结构，确定绘制其平面图形的方法。

3. 能查阅机械制图手册、制图标准、极限配合标准等资料，确定手轮手柄零件图的技术要求。

4. 能正确安装 AutoCAD、CAXA 电子图板等绘图软件。

5. 能根据手轮手柄零件特点和技术要求，进行软件的相关绘图设置（如图框大小、图层、线型、颜色、文字样式、标注样式等）。

6. 能根据机械制图标准，应用“直线”“圆”“圆弧”等命令绘制手轮手柄零件平面图形。

7. 能熟练应用绘图软件的尺寸标注和文字功能，正确完成手轮手柄零件平面图形中的尺寸和文字标注。

8. 能根据生产要求，正确打印所绘制的手轮手柄零件平面图形。

9. 能正确填写工作单，并遵守企业技术文件管理制度和保密制度。

10. 能按机房操作规程，正确使用、维护和保养计算机、打印机等设备。

11. 能严格执行企业操作规程、企业质量体系管理制度、安全生产制度、环保管理制度、“6S”管理制度等企业管理规定。

12. 能主动获取有效信息，展示工作成果，对学习与工作进行反思总结，并能与他人开展良好合作，进行有效的沟通。

建议学时

18 学时。

工作情境描述

企业设计部接到一项绘图任务：根据提供的手轮手柄零件草图（图 1–1）绘制出其零件平面图形，便于生产部门进行批量生产。技术主管将绘图任务分配给绘图员张强，让他应用计算机绘图软件进行绘制，并将零件平面图形打印出来。

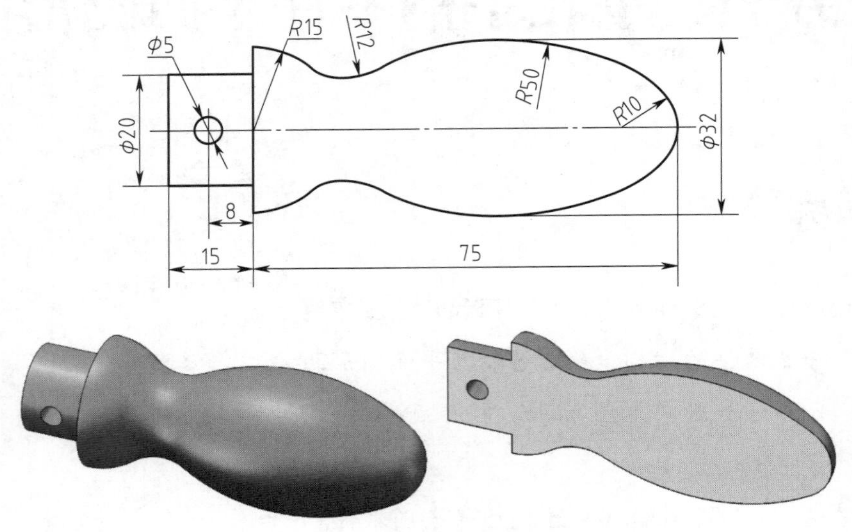

图 1-1　手轮手柄零件草图

工作流程与活动

1. 手轮手柄零件平面图形的分析（2 学时）
2. 绘图软件的基本操作（10 学时）
3. 手轮手柄零件平面图形的绘制与打印（2 学时）
4. 绘图检测与质量分析（2 学时）
5. 工作总结与评价（2 学时）

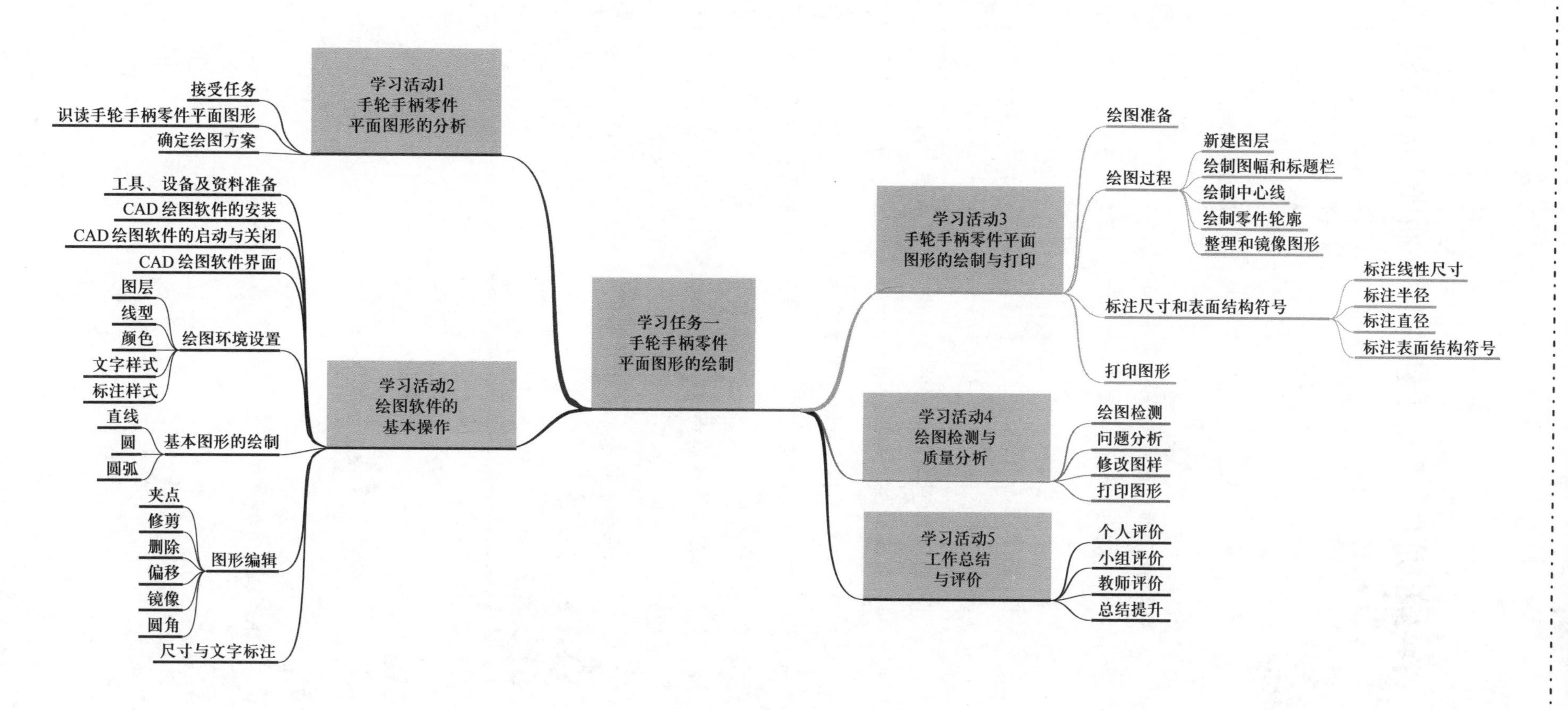
学习任务一
手轮手柄零件
平面图形的绘制
学习活动1
手轮手柄零件
平面图形的分析
接受任务
识读手轮手柄零件平面图形
确定绘图方案
学习活动2
绘图软件的
基本操作
工具、设备及资料准备
CAD 绘图软件的安装
CAD 绘图软件的启动与关闭
CAD 绘图软件界面
绘图环境设置
图层
线型
颜色
文字样式
标注样式
基本图形的绘制
直线
圆
圆弧
图形编辑
夹点
修剪
删除
偏移
镜像
圆角
尺寸与文字标注
学习活动3
手轮手柄零件平面
图形的绘制与打印
绘图准备
绘图过程
新建图层
绘制图幅和标题栏
绘制中心线
绘制零件轮廓
整理和镜像图形
标注尺寸和表面结构符号
标注线性尺寸
标注半径
标注直径
标注表面结构符号
打印图形
学习活动4
绘图检测与
质量分析
绘图检测
问题分析
修改图样
打印图形
学习活动5
工作总结
与评价
个人评价
小组评价
教师评价
总结提升

学习活动1　手轮手柄零件平面图形的分析

学习目标

1. 能正确识读手轮手柄零件平面图形。

2. 能根据手轮手柄零件平面图形，确定图幅尺寸和布图方案。

3. 能根据手轮手柄零件平面图形，确定绘图所用图层、线型、文字样式和标注样式。

4. 能根据手轮手柄零件的结构，确定绘图方法。

5. 能查阅国家机械制图标准和机械加工手册，确定手轮手柄零件加工精度和表面质量要求。

6. 能查阅机械加工手册确定手轮手柄零件加工精度等级和尺寸公差。

7. 能与生产技术人员、生产主管等相关人员沟通，了解绘制手轮手柄零件平面图形所用到的 CAD 指令。

8. 能根据手轮手柄零件平面图形分析，做好计算机绘图前的准备工作。

建议学时：2 学时。

学习过程

一、接受任务

听技术主管描述本次绘图任务，正确填写任务记录单（表 1–1）。

表 1-1 任务记录单

部门名称				出图数量	
任务名称	手轮手柄零件平面图形绘制			预交付时间	年 月 日
下单人		年 月 日	接单人		年 月 日
制图		年 月 日	审核		年 月 日
批准		年 月 日	交付人		年 月 日

二、识读手轮手柄零件平面图形

1．查阅资料，询问技术主管，明确手轮手柄零件的用途。

手轮手柄零件安装在手轮上，操作者手握手柄可以转动手轮，带动机构运动。

2．手轮手柄零件平面图形中标注的最大轮廓尺寸是多少?

ϕ32 mm×90 mm。

3．手轮手柄零件平面图形中的定形尺寸有哪些？定位尺寸有哪些?

定形尺寸：ϕ20 mm、ϕ5 mm、15 mm、R15 mm、R12 mm、R50 mm、R10 mm、ϕ32 mm、75 mm。

定位尺寸：8 mm、ϕ32 mm、75 mm。

4．手轮手柄零件平面图形中的已知线段有哪些？中间线段有哪些？连接线段有哪些?

已知线段：ϕ20 mm、ϕ5 mm、R15 mm、R10 mm。

中间线段：R50 mm。

连接线段：R12 mm。

5．手轮手柄零件平面图形中包含哪几种线型？各线型表达了什么含义?

包含粗实线、细实线、细点画线三种线型。粗实线用于表达零件的可见轮廓线，细实线用作尺寸的标注线，细点画线用作中心线。

6．手轮手柄零件平面图形中的尺寸标注能否满足加工要求？还需要对哪些尺寸进行修改？还需要增加哪些标注才能满足生产要求?

手轮手柄零件平面图形中的尺寸标注仅表示手轮手柄零件的轮廓尺寸，不能完全表达加工要求。尺寸ϕ20 mm 外圆与手轮中的孔有配合要求，需要标注配合公差；尺寸 ϕ5 mm 作为定位销孔，它与定位销有配合要求，也需要标注配合公差；尺寸 8 mm 作为 ϕ5 mm 定位销孔的定位尺寸，也该有严格的公差要求。ϕ20 mm、ϕ5 mm、R15 mm、R12 mm、R50 mm、R10 mm 等轮廓还应该标注表面结构符号。

三、确定绘图方案

1．国家标准《技术制图　图纸幅面和格式》（GB/T 14689—2008）规定了 A0、A1、A2、A3、A4 五种基本图纸幅面。查阅《机械制图》教材，写出五种基本图纸幅面尺寸大小。根据手轮手柄零件轮廓尺寸，选择哪种图幅尺寸绘制手轮手柄零件平面图形？

A0：841 mm × 1 189 mm；A1：594 mm × 841 mm；A2：420 mm × 594 mm；A3：297 mm × 420 mm；A4：210 mm × 297 mm。

根据手轮手柄零件轮廓尺寸，应选择 A4 图幅。

2．标题栏应绘制在图样右下角，其文字方向应与看图方向一致。试确定标题栏的格式及填写内容。

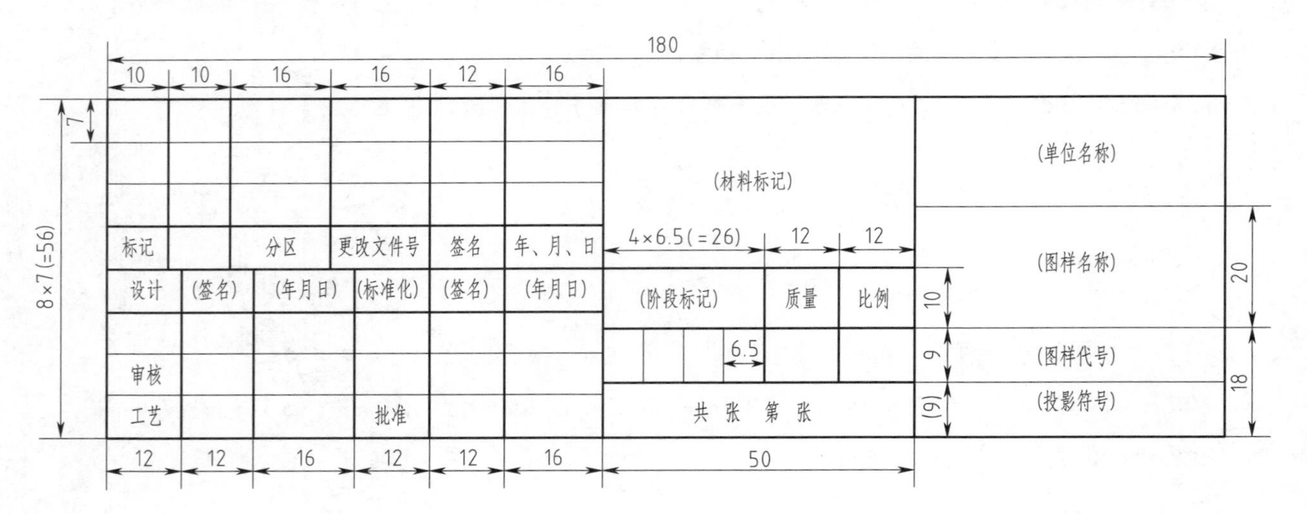

3．应用 CAD 软件绘图时，需要根据绘图要求设置图层，图层一般是按所绘制图形中的线型进行命名的。根据平面图形分析，绘制手轮手柄零件平面图形需要设置哪些图层？

绘制手轮手柄零件平面图形需要设置粗实线层、细实线层、中心线层、尺寸线层。

4．手轮手柄零件平面图形哪些地方需要标注文字？

手轮手柄零件平面图形中的标题栏、技术要求、表面结构符号等处需要标注文字。

5．手轮手柄零件平面图形需要标注哪些尺寸？

手轮手柄零件平面图形需要标注零件的定形尺寸和定位尺寸。

6．手轮手柄零件平面图形的绘制难点为 *R*50 mm 和 *R*12 mm 圆弧。手工绘图时，如何绘制 *R*50 mm 和 *R*12 mm 圆弧？

先绘制与中心线相距 16 mm 的平行线，然后以此平行线为基准，向下（或向上）偏移 50 mm 绘制平行线，再以 *R*10 mm 圆弧的圆心为圆心，以 40 mm（50 mm−10 mm=40 mm）为半径画弧，与偏移 50 mm 的平行线相交，交点就是 *R*50 mm 圆弧的圆心，以此点为圆心，就可画出 *R*50 mm 圆弧。也可应用 CAD 软件中的“相切、相切、半径”命令绘制 *R*50 mm 圆弧。

以 *R*50 mm 圆弧的圆心为圆心，以 62 mm 为半径画弧，再以 *R*15 mm 圆弧的圆心为圆心，以 27 mm 为半径画弧，两弧的交点即为 R12 mm 圆弧的圆心，以此点为圆心，就可画出 R12 mm 圆弧。也可应用 CAD 软件中的“相切、相切、半径”和“圆弧过渡”命令绘制 R12 mm 圆弧。

7．手轮手柄零件平面图形中 ϕ5 mm 孔的作用是什么？其加工精度等级应为多少？其表面粗糙度值 Ra 应为多少？

ϕ5 mm 孔用作定位销孔。定位销孔配合较严密的可选 H7/h6 配合，配合不严密的可选 H8/h7 配合，手柄的安装属于不严密配合，其加工精度等级选择 H8 级精度。表面粗糙度 Ra 值为 1.6 μm。

8．手轮手柄零件平面图形中 ϕ20 mm 圆柱面的加工精度等级应为多少？其表面粗糙度值 Ra 应为多少？

ϕ20 mm 外圆表面的加工精度为 h7 级精度即可，其上偏差为 0，下偏差为 –0.021 mm。表面粗糙度 Ra 值为 1.6 μm。

9．R50 mm、R10 mm、R12 mm、R15 mm 圆弧面的加工精度等级应为多少？其表面粗糙度值 Ra 应为多少？

R50 mm、R10 mm、R12 mm、R15 mm 圆弧面为非配合表面，其精度等级要求可低一些，一般不标注公差，可按未注尺寸公差等级 GB/T 1804—m 加工。由于操作者经常触摸这些圆弧表面，因此其表面粗糙度 Ra 值应达到 0.8 ～ 1.6 μm。

10．简述绘制手轮手柄零件平面图形的步骤。

（1）绘制中心线。

（2）绘制轮廓线。

1）绘制 ϕ20 mm × 15 mm 圆柱外轮廓线。

2）绘制 ϕ5 mm、R15 mm、R10 mm 圆和圆弧。

3）绘制中心线的等距线，距离为 16 mm。

4）绘制 R50 mm 圆弧。

5）绘制 R12 mm 圆弧。

6）修改图形。

（3）标注尺寸。

11．与生产技术人员、生产主管等相关人员沟通，了解绘制手轮手柄零件平面图形所用到的 CAD 指令有哪些。

绘制手轮手柄零件平面图形所用到的 CAD 指令有“新建”“保存”“直线”“圆”“修剪”“偏移”“圆角”“镜像”“正交”“对象捕捉”“线性标注”“半径标注”“直径标注”“多行文字”等。

学习活动 2　绘图软件的基本操作

学习目标

1. 能独立完成绘图软件的安装与启动。

2. 能熟悉绘图软件的界面，掌握绘图软件操作命令的执行方式。

3. 能掌握绘图软件中的数据输入方法及常规文件管理操作方法。

4. 能根据零件特点和技术要求，对图层、线型、颜色等绘图环境进行设置。

5. 能熟练应用直线、圆、圆弧等绘图命令绘制基本图形。

6. 能熟练应用修改命令对图形进行删除、修剪、镜像、偏移、倒圆角等操作。

7. 能根据零件标注要求进行文字样式和标注样式的设置。

8. 能应用文字和标注命令完成零件图样中的尺寸、表面结构符号等内容的标注。

9. 能按机房操作规程和“6S”管理要求，正确使用、维护和保养计算机、打印机等设备。

建议学时：10 学时。

学习过程

一、工具、设备及资料准备

工具：绘图安装软件。

设备：计算机。

资料：计算机安全操作规程。

安全提示

计算机安全操作规程

1. 进入计算机机房前，必须认真学习计算机安全操作规程。进入计算机机房后，应服从管理人员安排，对号入座。禁止携带火种进入机房，不得擅自开启电源。

2. 计算机电源应保持良好，插座不得松动，发现有漏电现象应立即切断电源，并报告管理人员，待查明原因，排除故障，不得擅自处理。

3. 在操作过程中，发现计算机有不正常现象时应立即停机，并报告管理人员，待查明原因，排除故障。因操作不当而损坏计算机，由使用者按时价赔偿或修复。

4. 机房内的资料、光盘等未经允许不得随意带出机房，不得擅自带光盘、U 盘等进机房。

5. 禁止随意乱动机房内的设施，严禁拆卸机器。保护机房内的桌椅、门窗、墙壁，不得乱涂、乱画、乱划、乱扯。

6. 保持室内安静，禁止喧哗，保持机房内清洁卫生，禁止在机房内吸烟、乱丢废物和用餐。

7. 严禁玩游戏，严禁浏览非法网站。

8. 使用结束后，必须关闭好所用计算机，严格按“6S”管理要求打扫卫生、整理机房，并仔细检查电源是否切断，门窗是否关好，经管理人员同意后，方可离开机房。

二、CAD 绘图软件的安装

1. CAD 绘图软件种类比较多，你打算用哪一款绘图软件绘制手轮手柄零件图？该软件适合安装在哪些操作系统中？适合安装操作系统的位数是多少？

本书以 AutoCAD 2018 为例回答有关问题。

AutoCAD 2018 软件适合以下操作系统：Microsoft Windows 7（32 位或 64 位），Microsoft Windows 8（32 位或 64 位），Microsoft Windows 10（仅限 64 位）。

适合安装操作系统的位数是 32 位或 64 位。

2. 所用 CAD 绘图软件对计算机的硬件配置有哪些要求？

CPU：32 位，1 千兆赫（GHz）或更高频率的 32 位（×86）处理器；64 位，1 千兆赫（GHz）或更高频率的 64 位（×64）处理器。

磁盘空间：4 GB。

内存：32 位，2 GB（建议使用 4 GB）；64 位，4 GB（建议使用 8 GB）。

显卡：支持 1 360×768 分辨率、真彩色功能和 DirectX® 9 的 Windows 显示适配器。

3．所用 CAD 绘图软件主要具有哪些功能？

AutoCAD 2018 软件主要有创建和编辑二维图形、标注尺寸、创建和编辑三维实体、渲染三维实体、输出与打印图形等功能。

4．简述 CAD 绘图软件的安装步骤。

（1）打开 CAD 安装包，单击“确定”按钮进行解压，等待解压完成，继续单击“安装”按钮。

（2）单击“我接受”按钮，选择“下一步”，继续单击“安装”按钮，等待安装完成即可。

（3）安装完成之后，在桌面找到 CAD 软件打开，单击“输入序列号”，再单击“激活”按钮。

（4）输入产品密钥，单击“下一步”后复制申请号码，然后选择具有 Autodesk 提供的激活码，接着打开注册机。

（5）将申请号粘贴到第一行，然后单击中间按钮会计算出激活码，选中第二行激活码粘贴到 CAD 激活窗口当中，单击“下一步”，等待激活完成即可。

5．如何卸载所安装的 CAD 绘图软件？

（1）在计算机“开始”菜单中打开计算机控制面板。

（2）选择“程序和功能”选项（有些计算机将该功能命名为“卸载程序”）。

（3）单击“卸载或更改程序”板块（根据提示若要卸载程序，请从列表中将其选中，然后单击“卸载”“更改”或“修复”），找到 AutoCAD 2018 绘图软件。

（4）鼠标单击 AutoCAD 2018 绘图软件，自动弹出“你确定要完全移除 AutoCAD 2018，及其所有组件？”提示框，单击按钮“是（Y）”即可。软件移除后，计算机弹出“AutoCAD 2018 已成功地从您的计算机移除”。

（5）最后单击“确定”按钮。

三、CAD 绘图软件的启动与关闭

1．启动所用 CAD 绘图软件的方法有哪几种？

（1）通过“开始”菜单启动

依次执行“开始”→“程序”→“Autodesk”文件夹→“AutoCAD 2018 简体中文（Simplified Chinese）”文件夹→“AutoCAD 2018 简体中文（Simplified Chinese）”菜单命令，即可启动 AutoCAD 2018。

（2）通过桌面快捷方式启动

可双击桌面上的 AutoCAD 2018 简体中文（Simplified Chinese）快捷命令快速启动。

（3）打开文件的同时启动

如果在文件中存在“.dwg”格式的文档，也可以双击该文档，在打开文档的同时启动 AutoCAD 2018。

2．关闭所用 CAD 绘图软件的方法有哪几种？

（1）单击软件右上角的“关闭”按钮。

（2）单击菜单栏中的“文件”主菜单中的“关闭”命令。

（3）单击菜单浏览器中的“关闭”命令。

（4）按“Alt+F4”组合键。

四、CAD 绘图软件界面

1．用户界面（简称界面）是交互式绘图软件与用户进行信息交流的中介。不同的 CAD 绘图软件其界面元素是不同的，所用 CAD 绘图软件的默认界面主要由哪些元素组成？除了默认界面外，还有其他界面吗？各界面是如何实现切换的？

AutoCAD 2018 默认界面为草图与注释界面，界面中包含标题栏、快速浏览器、快速访问工具栏、功能区、绘图区、状态栏等。除了默认界面，AutoCAD 2018 还有三维基础、三维建模、自定义等界面。

单击工作空间，弹出工作空间选择菜单，选中所需的工作空间，单击“确定”就可进入相应的工作界面。也可通过状态栏中的“切换工作空间”按钮，实现工作空间的转换。

2．CAD 绘图软件默认界面的快速启动工具栏主要包括哪些功能按钮？

AutoCAD 2018 中的快速启动工具栏包含“新建”“打开”“保存”“另存为”“打印”“放弃”“重做”等功能按钮。

3．CAD 绘图软件界面中最重要的界面元素为功能区，功能区通常包括多个功能区选项卡，每个功能区选项卡由各种功能区面板组成。所用 CAD 绘图软件主要包括哪些功能区选项卡？默认或常用功能区选项卡由哪些功能区面板组成？

AutoCAD 2018 中的功能区选项卡包括“默认”“插入”“注释”“参数化”“视图”“管理”“输出”“附加模块”等按钮。默认选项卡包括“绘图”“修改”“注释”“图层”“块”“特性”“组”“实用工具”“剪贴板”等功能区面板。

4．CAD 绘图软件的绘图区是用户进行绘图设计的工作区域，它位于屏幕的中心，并占据了屏幕的大部分面积。绘图区默认状态下为黑色，能否将其改为其他颜色？简述其操作步骤。

默认设置下，绘图区背景色为黑色，若将绘图区背景色更改为白色，可按下列步骤进行操作。

（1）首先单击菜单栏中的“工具”主菜单中的“选项”命令，打开“选项”对话框。

（2）在“显示”选项卡中，单击“窗口元素”选项组中的 颜色(C)... 按钮，打开“图形窗口颜色”对话框，在“颜色”下拉列表框中选择需要的颜色，然后单击 应用并关闭(A) 按钮即可。

5．状态栏位于 CAD 绘图软件操作界面的最下方，用来显示系统的当前状态。所用 CAD 绘图软件的状态栏包含了哪些功能？

状态栏主要提供一些辅助绘图功能，包括“栅格”“捕捉模式”“动态输入”“正交模式”“极轴追踪”“等轴测草图”“对象捕捉追踪”“二维对象捕捉”“线宽”“切换工作空间”“全屏显示”等开关按钮，单击这些按钮可在启用与不启用之间进行切换。

6．CAD 绘图软件一般都是通过鼠标进行操作的，鼠标通常由左键、右键和中间滚轮组成。鼠标的左键、右键和中间滚轮在所安装的 CAD 绘图软件中各有何用途？

鼠标左键：拾取对象、执行命令等。

鼠标右键：弹出快捷菜单、重复上一个命令、确定等。

中间滚轮：放大或缩小图形等。

7．当鼠标移动时，光标也跟着移动。当光标在某个功能按钮上停留时，系统会弹出该按钮的名称和功用。通过该功能，快速查阅表 1–2 中各按钮的名称及功用。

表 1–2　　各按钮的名称及功用

按钮	名称	功用
	新建	创建空白的图形文件
	保存	保存当前图形
	打开	打开现有的图形文件
	放弃	撤销上一个动作
	重做	恢复上一个用“UNDO”或“U”命令放弃的效果
	直线	创建直线段
	圆	用圆心和半径创建圆
	多段线	创建二维多段线
	矩形	创建矩形多段线
	三点圆弧	用三点创建圆弧

8．CAD 绘图软件一般都具有菜单功能，试在界面中打开主菜单栏，查看主菜单栏中具有哪些功能。

AutoCAD 2018 共为用户提供了“文件”“编辑”“视图”“插入”“格式”“工具”“绘图”“标注”“修改”“参数”“窗口”“帮助”12 个主菜单。

9．绘制图形或者进行文件保存等操作时，都需要执行相应的操作命令。所用 CAD 绘图软件命令执行方式有哪几种？在命令执行过程中，按哪个键可以中止命令的执行？

可通过工具栏、菜单栏（主菜单和快捷菜单）、命令行等方式执行 CAD 软件命令。在命令执行过程中，按 ESC 键可以中止命令的执行。

10．试用“直线”命令，绘制如图 1–2 所示矩形，绘制过程中，如何确定 A、B、C、D 四个点的位置？绘制完毕，将图形保存到计算机 D 盘指定文件夹中（以自己所在班级名称及姓名建立文件夹），图形名称为“矩形”，试简述其保存过程。

可通过输入 A、B、C、D 四点的坐标来确定其位置，坐标可采用直角坐标或极坐标，其中直角坐标有绝对直角坐标和相对直角坐标，极坐标有绝对极坐标和相对极坐标。

单击“快速访问工具栏”或“文件”菜单中的保存命令，系统弹出“图形另存为”对话框，在“保存于”下拉列表中设定文件的存储位置，在“文件名”编辑框中输入文件名。

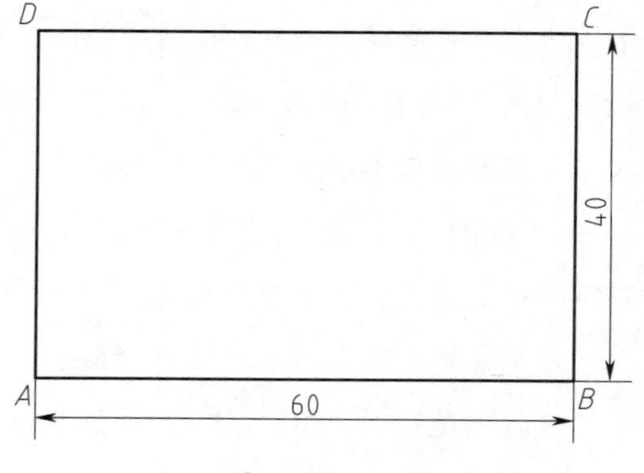

图 1–2　矩形

五、绘图环境设置

1．图层是 CAD 绘图软件的一个重要绘图工具。通过图层，用户可以方便地管理和编辑图形对象。什么是图层？图层的作用是什么？在 CAD 绘图软件中如何新建图层？

图层是 AutoCAD 的一个重要的绘图工具。可以将图层想象为一张没有厚度的透明纸，各层之间完全对齐，一层上的某一基准点准确地对准其他各层上的同一基准点。用户可以给每一图层指定所用的线型、颜色，并将具有相同线型和颜色的对象放在同一图层上，这些图层叠放在一起就构成了一幅完整的图形。

单击“图层特性管理器”对话框上方的“新建图层”按钮，图层列表中将出现一个名称为“图层 1”（默认情况下，创建的图层会依次以“图层 1”“图层 2”等顺序命名）的新图层。用户可使用此名称，也可更改。图层名称可以包含字母、数字、空格和特殊符号，AutoCAD 支持长达 255 个字符的图层名称。新的图层继承建层时所选中的已有图层的所有特性（如颜色、线型等），如果新建图层时没有图层被选中，则新图层是默认设置。

2．线型是指图形基本元素中线条的组成和显示方式，如虚线和实线等。新建图层时，一般都是以线型作为图层名，一个图层设置一种线型，绘图时根据所绘制的线型选择相应的图层即可。图层的线型是如何设置的？

（1）在“图层特性管理器”中，单击与所选图层关联的线型设置图标 Continuous ，系统弹出“选择线型”对话框。

（2）在“选择线型”对话框中可以选择一种线型或从线型库中加载更多的线型。

（3）单击 加载(L)... 按钮，打开“加载或重载线型”对话框，此对话框中包含了多种线型，从中选择所需的线型，单击 确定 按钮，所选线型即可加载到“选择线型”对话框的列表中。

3．颜色在图形中具有非常重要的作用，可用来表示不同的组件、功能和区域。每个图层都可以设置一种颜色，图层的颜色实际上是图层中图形对象的颜色。图层的颜色是如何设置的？

（1）在“图层特性管理器”对话框中，选中所要设置的图层。

（2）单击与所选图层关联的颜色设置图标 ■白 ，打开“选择颜色”对话框，此对话框中包含各种颜色，用户可根据需要进行选择。

4．在图层中除了可以设置线型、颜色外，还能设置哪些功能？

在图层中除了可以设置线型、颜色外，还能设置线宽，还可以设置打开、冻结、锁定、打印图层等功能。

5．根据表 1–3 要求，设置 6 个基本图层。

表 1–3　　图层设置参数要求

图层名称	颜色	线型	线宽
粗实线	黑色（或白色）	CONTINUOUS	0.5 mm
细实线	黑色（或白色）	CONTINUOUS	0.25 mm
中心线	红色	CENTER	0.25 mm
尺寸线	绿色	CONTINUOUS	0.25 mm
虚线	洋红	DASHED	0.25 mm
剖面线	青色	CONTINUOUS	0.25 mm

6．文字样式为文字设置各项参数，控制文字的字体、字高、方向和角度等。打开文字样式对话框，将文字样式对话框中的字体设为仿宋，字高为 3.5 mm，倾斜角度为 0。

7．标注样式为尺寸标注设置各项参数，控制尺寸标注的箭头样式、文字位置、尺寸公差和对齐方式等。打开标注样式对话框，新建半径标注样式，要求文字水平放置；文字位于尺寸线上方，带引线；单位格式为小数，精度为 0.000。

六、基本图形的绘制

1．无论是简单的图形还是复杂的图形，都是由基本图形元素（如线段、圆、圆弧、矩形、正多边形和样条曲线等）组成的，熟练掌握这些基本图形元素的绘制方法是 CAD 绘图的基础。执行基本图形元素的绘图命令的方式有哪些？

可通过功能区中的按钮，或菜单栏中的命令，或在命令行中输入相应的基本元素绘图命令等方式执行基本图形元素的绘制。

2．“直线”命令⁄是最常用的绘图命令，绘制各种实线和虚线都可以用该命令完成。试利用“直线”命令，绘制如图 1–3 所示图形，并简述其绘图步骤。

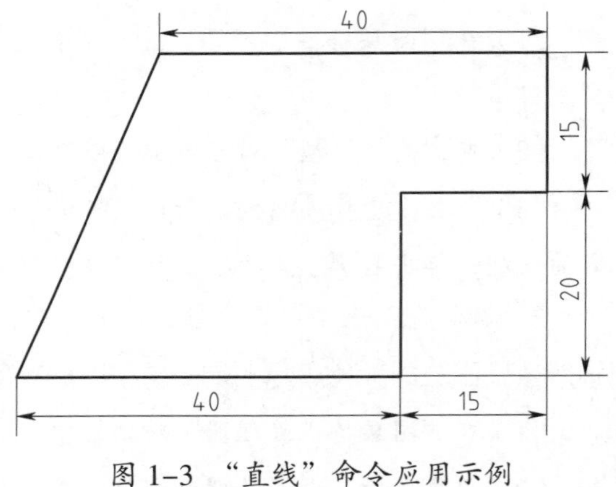

图 1–3 “直线”命令应用示例

命令：_line（执行直线命令）

指定第一个点：（在屏幕中指定任意一点为直线的起点）

指定下一点或［放弃（U）］：40（在正交状态下，光标向右移动，输入 40 并按 Enter 键）

指定下一点或［放弃（U）］：20（光标向上移动，输入 20 并按 Enter 键）

指定下一点或［闭合（C）/ 放弃（U）］：15（光标向右移动，输入 15 并按 Enter 键）

指定下一点或［闭合（C）/ 放弃（U）］：15（光标向上移动，输入 15 并按 Enter 键）

指定下一点或［闭合（C）/ 放弃（U）］：40（光标向左移动，输入 40 并按 Enter 键）

指定下一点或［闭合（C）/ 放弃（U）］：c（输入字母 c，并按 Enter 键）

执行上述操作，即可绘制出如图 1–3 所示图形。

3．“正交”功能 可以将光标限制在水平或垂直方向上移动，以便于精确地创建对象。试利用“正交”功能和“直线”命令，绘制如图 1–4 所示直角三角形，并简述其绘图步骤。

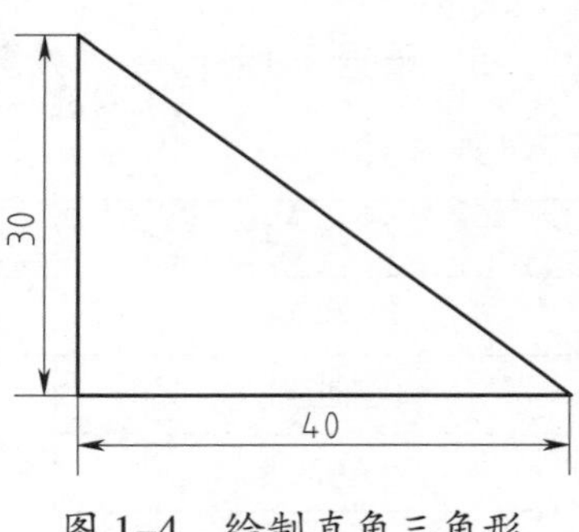

图 1–4 绘制直角三角形

命令：_line（执行直线命令）

指定第一个点：（在屏幕中指定任意一点为直线的起点）

指定下一点或［放弃（U）］：30（在正交状态下，光标向下移动，输入 30 并按 Enter 键）

指定下一点或［放弃（U）］：40（光标向右移动，输入 40 并按 Enter 键）

指定下一点或［闭合（C）/ 放弃（U）］：c（输入字母 c，并按 Enter 键）

执行上述操作，即可绘制出如图 1–4 所示直角三角形。

4．圆是一种常见的基本图形对象。所用 CAD 绘图软件具有几种绘制圆的方法？试用“直线”和“圆”命令，绘制如图 1–5 所示等边三角形及其内接圆，并简述绘图步骤。

（1）AutoCAD 2018 绘制圆的方法有“圆心、半径”“圆心、直径”“两点”“三点”“相切、相切、半径”“相切、相切、相切”共 6 种。

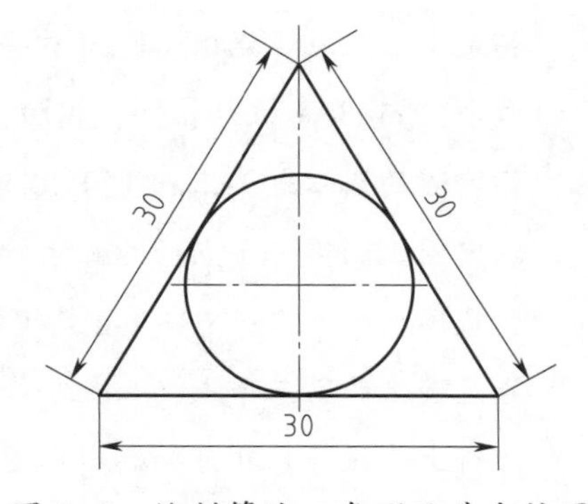

图 1–5　绘制等边三角形及其内接圆

（2）绘图步骤

命令：_line（执行直线命令）

指定第一个点：（在屏幕中指定任意一点为直线的起点）

指定下一点或［放弃（U）］：@30 < 120（应用相对极坐标，确定等边三角形的一个斜边）

指定下一点或［放弃（U）］：30（在正交状态下，光标向下移动，输入 30 并按 Enter 键）

指定下一点或［闭合（C）/ 放弃（U）］：c（输入字母 c，并按 Enter 键）

执行上述操作，即可绘制出如图 1–5 所示的等边三角形。

命令：_circle（执行“相切、相切、相切”圆命令）

指定圆的圆心或［三点（3P）/ 两点（2P）/ 切点、切点、半径（T）］：_3p

指定圆上的第一个点：_tan 到（捕捉等边三角形一条边上的切点）

指定圆上的第二个点：_tan 到（捕捉等边三角形第二条边上的切点）

指定圆上的第三个点：_tan 到（捕捉等边三角形第三条边上的切点）

执行上述操作，即可绘制出如图 1–5 所示的等边三角形及其内接圆。

5．在绘图过程中，经常要指定一些对象上已有的点，例如端点、圆心、切点、垂足和中点等。如果只凭观察来拾取，不可能非常准确地找到这些点。CAD 绘图软件提供的“对象捕捉”功能，可以迅速、准确地捕捉到这些特殊点，从而精确地绘制图形。试利用“对象捕捉”功能，绘制如图 1–6 所示等腰三角形及其内接圆，并简述绘图步骤。

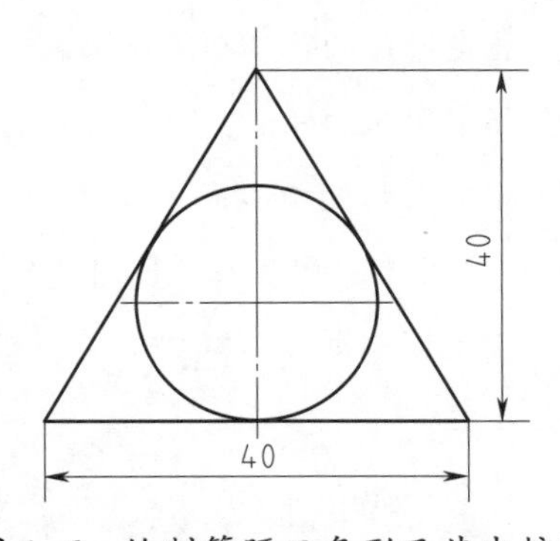

图 1–6　绘制等腰三角形及其内接圆

命令：_line（执行直线命令）

指定第一个点：（在屏幕中指定任意一点为直线的起点）

指定下一点或［放弃（U）］：40（指定直线长度）

指定下一点或［退出（E）/ 放弃（U）］：（按 Enter 键，结束直线绘制）

命令：_line（执行直线命令）

指定第一个点：（捕捉水平直线的中点）

指定下一点或［放弃（U）］：40（光标竖直向上移动，输入直线长度）

指定下一点或［退出（E）/ 放弃（U）］：（捕捉水平直线的一个端点，绘制等腰三角形的斜边）

指定下一点或［退出（E）/ 放弃（U）］：（按 Enter 键，结束直线绘制）

命令：_line（执行直线命令）

指定第一个点：（捕捉水平直线的另一个端点）

指定下一点或［放弃（U）］：（捕捉垂直直线顶点，绘制出等腰三角形的另一条斜边）

指定下一点或［退出（E）/ 放弃（U）］：（按 Enter 键，结束直线绘制）

命令：_circle（执行相切、相切、相切圆命令）

指定圆的圆心或［三点（3P）/ 两点（2P）/ 切点、切点、半径（T）］：_3p

指定圆上的第一个点：_tan 到（捕捉等腰三角形底边上的切点）

指定圆上的第二个点：_tan 到（捕捉等腰三角形一斜边上的切点）

指定圆上的第三个点：_tan 到（捕捉等腰三角形另一斜边上的切点）

执行上述操作，即可绘制出如图 1–6 所示的等腰三角形及其内接圆。

6．为了适应各种情况下圆弧的绘制，CAD 绘图软件提供了多种圆弧绘制方法，所用 CAD 绘图软件具有哪些绘制圆弧的方法？试利用“圆弧”命令，绘制如图 1–7 所示图形，并简述绘图步骤。

（1）CAD 绘图软件有“三点”“起点、圆心、端点”“起点、圆心、角度”“起点、圆心、长度”“起点、端点、角度”“起点、端点、方向”“起点、端点、半径”“圆心、起点、端点”“圆心、起点、角度”“圆心、起点、长度”“连续”共 11 种绘制圆弧的方法。

（2）命令：_rectang（执行创建矩形命令）

指定第一个角点或［倒角（C）/ 标高（E）/ 圆角（F）/ 厚度（T）/ 宽度（W）］：（在屏幕中指定矩形对角线的起点）

指定另一个角点或［面积（A）/ 尺寸（D）/ 旋转（R）］：@30，30（应用相对直角坐标，确定矩形另一个对角点坐标）

命令：_arc（执行“起点、端点、半径”圆弧命令）

指定圆弧的起点或［圆心（C）］：（指定圆弧的起点）

指定圆弧的第二个点或［圆心（C）/ 端点（E）］：_e

指定圆弧的端点：（指定圆弧的端点）

指定圆弧的中心点（按住 Ctrl 键以切换方向）或［角度（A）/ 方向（D）/ 半径（R）］：_r

指定圆弧的半径（按住 Ctrl 键以切换方向）：16（输入圆弧半径）

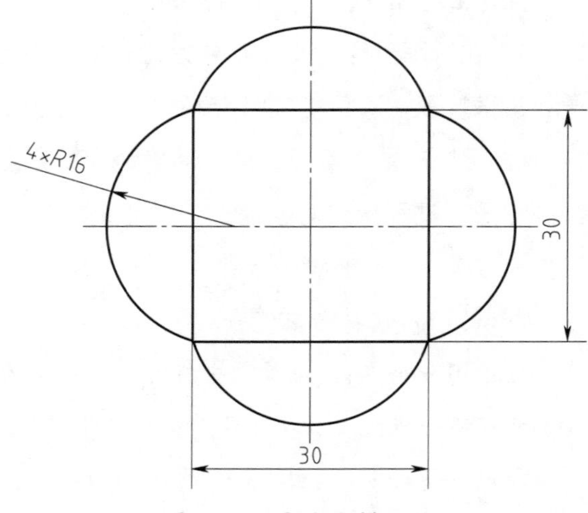

图 1–7　圆弧绘制示例

命令：_arc（执行“起点、端点、半径”圆弧命令）

指定圆弧的起点或［圆心（C）］：（指定圆弧的起点）

指定圆弧的第二个点或［圆心（C）/ 端点（E）］：_e

指定圆弧的端点：（指定圆弧的端点）

指定圆弧的中心点（按住 Ctrl 键以切换方向）或［角度（A）/ 方向（D）/ 半径（R）］：_r

指定圆弧的半径（按住 Ctrl 键以切换方向）：16（输入圆弧半径）

命令：_arc（执行"起点、端点、半径"圆弧命令）

指定圆弧的起点或［圆心（C）］：（指定圆弧的起点）

指定圆弧的第二个点或［圆心（C）/ 端点（E）］：_e

指定圆弧的端点：（指定圆弧的端点）

指定圆弧的中心点（按住 Ctrl 键以切换方向）或［角度（A）/ 方向（D）/ 半径（R）］：_r

指定圆弧的半径（按住 Ctrl 键以切换方向）：16（输入圆弧半径）

命令：_arc（执行"起点、端点、半径"圆弧命令）

指定圆弧的起点或［圆心（C）］：（指定圆弧的起点）

指定圆弧的第二个点或［圆心（C）/ 端点（E）］：_e

指定圆弧的端点：（指定圆弧的端点）

指定圆弧的中心点（按住 Ctrl 键以切换方向）或［角度（A）/ 方向（D）/ 半径（R）］：_r

指定圆弧的半径（按住 Ctrl 键以切换方向）：16（输入圆弧半径）

执行上述操作，即可绘制出如图 1-7 所示的图形。

七、图形编辑

1．对当前图形进行编辑修改，是 CAD 绘图软件不可缺少的基本功能。它对提高绘图速度及质量都具有至关重要的作用。所用的 CAD 绘图软件图形编辑命令主要有哪些？可通过哪些方式执行图形编辑命令？

图形编辑命令主要有"删除""复制""修剪""延伸""打断""镜像""阵列""旋转""移动""缩放""拉伸""拉长""圆角""倒角""偏移"等功能。

可通过单击"修改"功能区中的图形编辑按钮，或单击"修改"菜单中的图形编辑命令，或在命令行中输入相应的图形编辑命令来编辑图形。

2．在 CAD 绘图软件中，如果想对已经生成的对象进行编辑，则必须拾取图形对象。所用的 CAD 绘图软件中拾取对象的方法有哪几种？各有何特点？

（1）点选。点选是指将光标移动到对象内的线条或实体上单击鼠标左键，该实体会直接处于被选中的状态。

（2）框选。框选是指在绘图区选择两个对角点形成选择框拾取对象。框选不仅可以选择单个对象，还可以一次选择多个对象。框选可分为正选和反选两种形式。

1）正选。正选是指在选择过程中，第一点在左侧、第二点在右侧（即第一点的横坐标小于第二点）。正选时，选择框色调为蓝色、框线为实线，只有对象上的所有点都在选择框内时，对象才会被选中。

2）反选。反选是指在选择过程中，第一点在右侧、第二点在左侧（即第一点的横坐标大于第二点）。反选时，选择框色调为绿色、框线为虚线，只要对象上有一点在选择框内，则该对象就会被选中。

（3）全选。全选可以将绘图区能够选中的对象一次全部拾取，全选快捷键为 Ctrl+A。

3．在没有执行任何命令的情况下选择对象，对象上将显示出若干个小方框，这些小方框称为对象的特征点，我们把这些特征点称为夹点。实际上，夹点就是对象上的控制点。使用夹点功能，可以方便地对图形进行拉伸、移动等编辑操作。试查看直线、圆和圆弧有几个夹点。通过哪个夹点可以拉伸对象？通过哪个夹点可以移动对象？

直线有 3 个夹点，圆有 5 个夹点，圆弧有 4 个夹点。通过直线两端夹点可以拉伸直线，通过直线中间夹点可以移动直线；通过圆周上的 4 个夹点可以拉伸圆的半径，通过圆心夹点可以移动圆；通过圆弧上的 3 个夹点可以拉伸圆弧，通过圆弧的圆心夹点可以移动圆弧。

4．“修剪”命令 修剪 可以通过指定边界修剪对象的多余部分。试利用“修剪”命令将图 1-8a 所示图形修剪为图 1-8b。

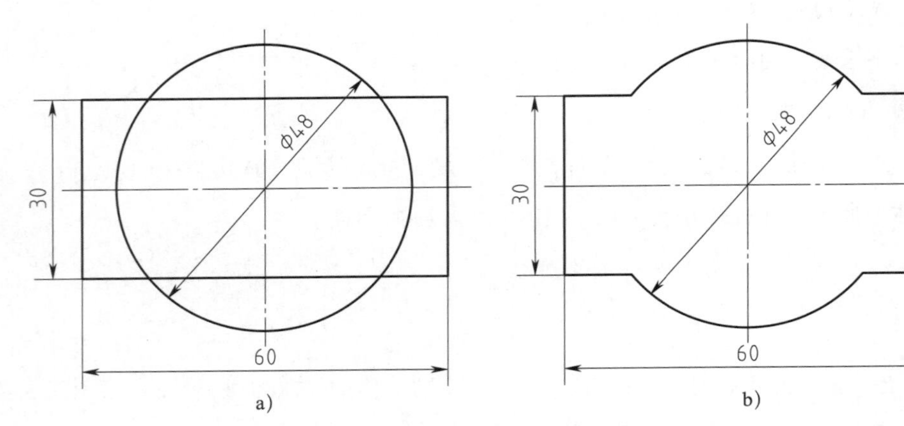

图 1-8 “修剪”命令应用示例

a）修剪前 b）修剪后

5．“删除”命令 可以删除多余或绘制有误的图形对象。试利用“删除”命令将图 1-9a 所示图形修改为图 1-9b。

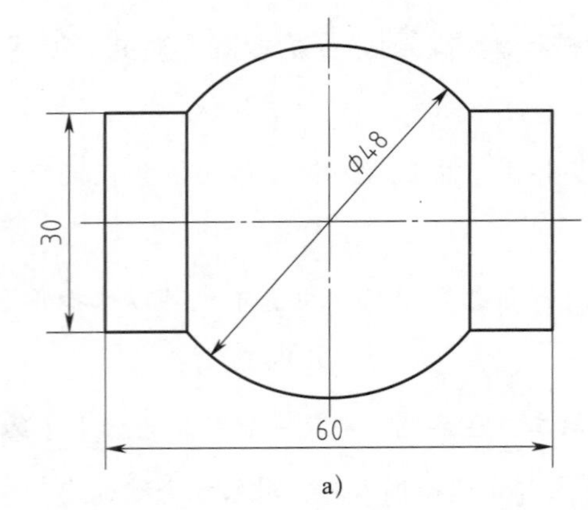

a)

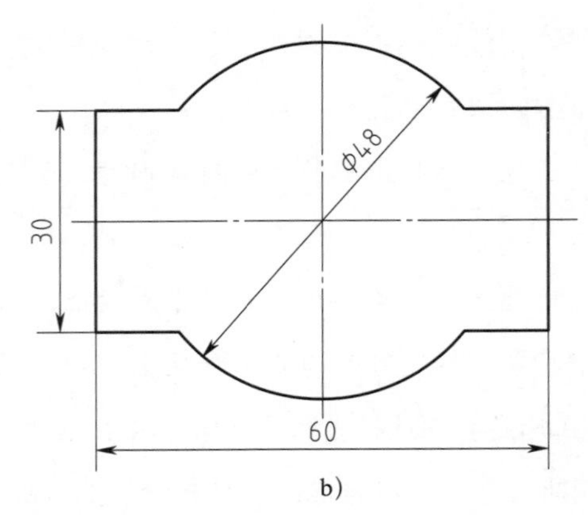

b)

图 1-9 “删除”命令应用示例

a）删除前 b）删除后

6．“偏移”命令 可以通过指定距离或通过指定点创建同心圆、平行线或等距曲线。在实际应用中，常利用“偏移”命令创建平行线或等距离分布的图形。试利用“偏移”命令完成图 1–10 所示图形的绘制。

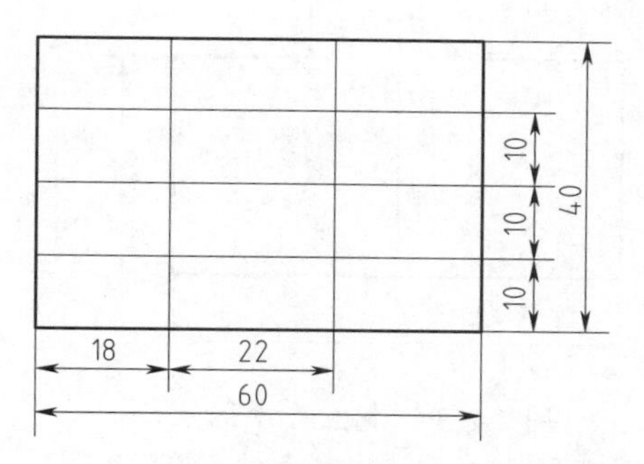

图 1–10　“偏移”命令应用示例

7．“镜像”命令 镜像 可以将拾取到的图形元素以某一条直线或线段为对称轴，进行镜像或对称复制。试利用“镜像”命令完成图 1–11 所示图形的绘制。

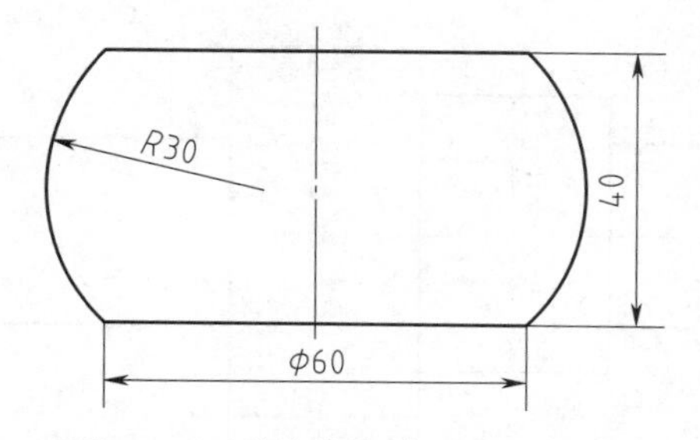

图 1–11　“镜像”命令应用示例

8．“圆角”命令可以运用与对象相切并且具有指定半径的圆弧连接两个对象。试利用“圆角”命令将图 1–12a 所示图形修改为图 1–12b。

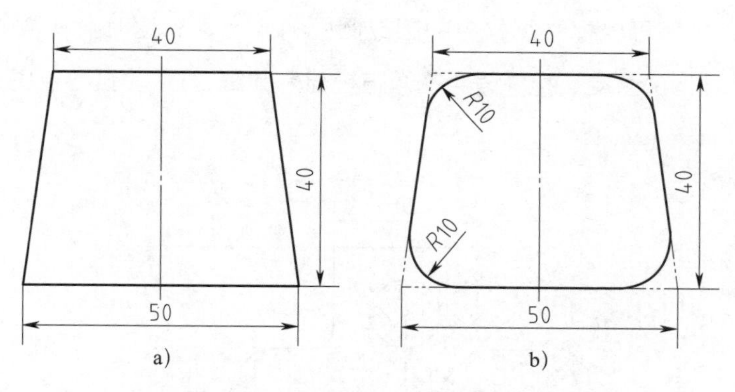

图 1–12　“圆角”命令应用示例

a）圆角前　b）圆角后

八、尺寸与文字标注

1．“线性”标注命令 线性 可以标注图样中的水平和竖直尺寸。试绘制如图 1–13 所示图形，并标注图中线性尺寸。

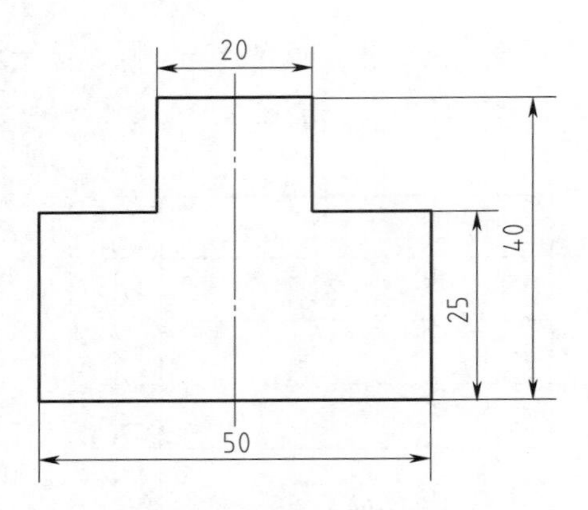

图 1–13 线性尺寸标注示例

2．标注线性尺寸时，有时需要对尺寸数字增加前缀和后缀，如图 1–14 中的“$\phi 40^{0}_{-0.025}$”，数字“40”前有直径符号“ϕ”，数字“40”后有公差值。查阅资料，学习直径符号 ϕ 及“$^{0}_{-0.025}$”公差值的输入方法，并标注图中其他尺寸。

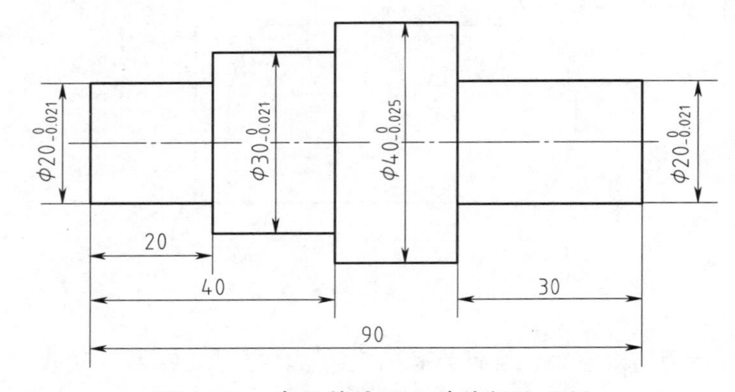

图 1–14 直径符号及公差值标注示例

3．“半径”标注命令 半径 可以标注图样中的圆或圆弧的半径，标注时会在数值前显示前缀“*R*”。“直径”标注命令 直径 可以标注圆的直径，标注时会在数值前显示前缀“ϕ”。试绘制图 1–15 所示图形，并标注尺寸。

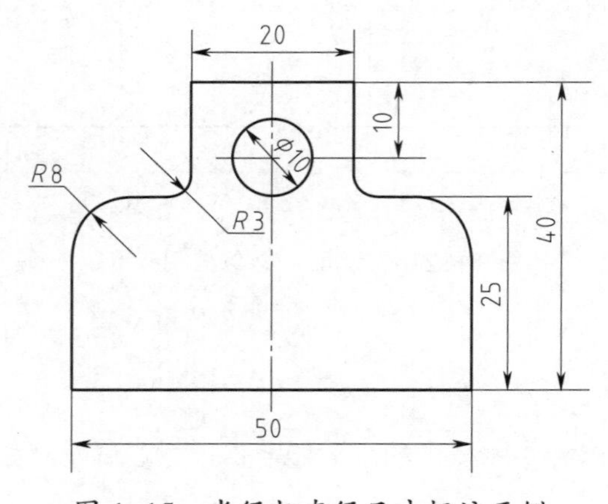

图 1–15 半径与直径尺寸标注示例

4．“多行文字”命令 **A** 可以创建多行文字对象。执行“多行文字”命令时，根据系统提示指定输入文字区域后，系统在功能区弹出“文字编辑器”选项卡（图 1–16），同时在绘图区弹出一个文本输入窗口（图 1–17）。通过文字编辑器可以设置文字行距、文本大小和对正方式等。通过文本输入窗口可以输入汉字、字母和符号等内容。试通过“多行文字”命令，在绘图区输入表 1–4 所列文字。

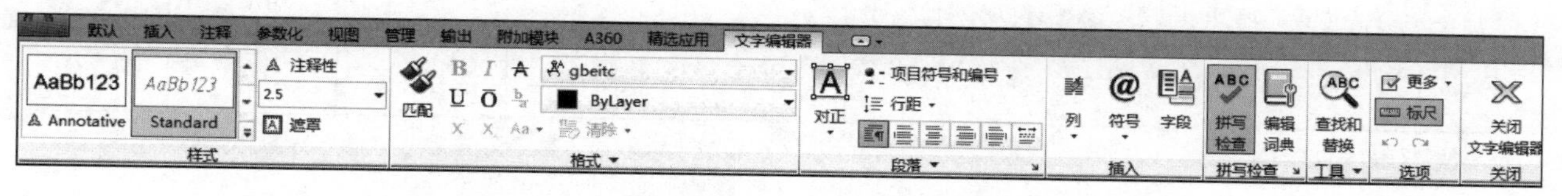

图 1–16　文字编辑器

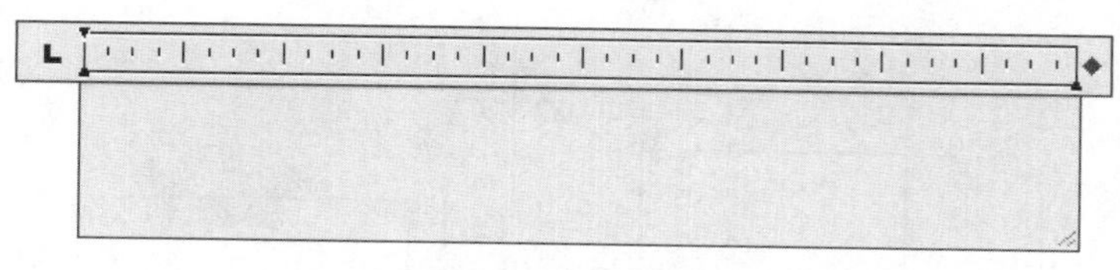

图 1–17　文本输入窗口

表 1–4　多行文字练习示例

字体类型	字号	练习示例
长仿宋字	7 号	字体工整、笔画清楚、间隔均匀、排列整齐
大写字母	5 号	*ABCDEFGHIJKLMNOPQRST*
阿拉伯数字	3.5 号	0123456789
其他	3.5 号	$20^{\ 0}_{-0.021}$，$\frac{3}{5}$，$Ra0.8$，$\phi 30$

5．国家标准《产品几何技术规范（GPS）技术产品文件中表面结构的表示法》（GB/T 131—2006）中给出了表面结构符号尺寸大小，如图 1–18 和表 1–5 所示。试绘制数字和字母高度 h 为 3.5 mm 时的表面结构符号。

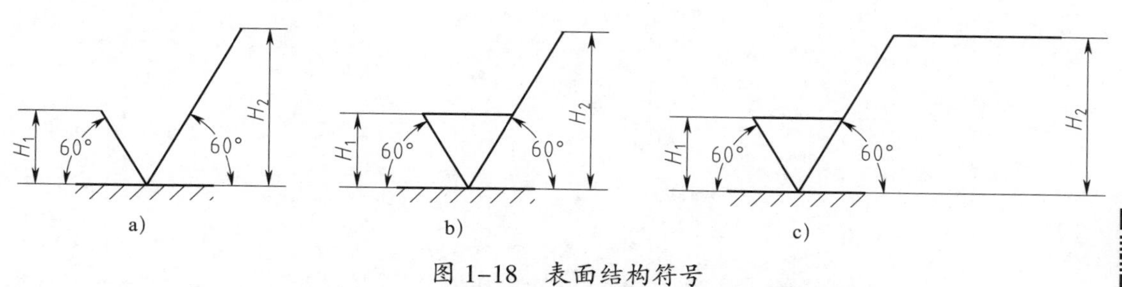

图 1–18　表面结构符号

a）基本图形符号　b）去除材料的扩展图形符号　c）去除材料的完整图形符号

表 1–5　　表面结构图形符号尺寸　　mm

数字和字母高度 h	2.5	3.5	5	7	10	14	20
符号和字母线宽	0.25	0.35	0.5	0.7	1	1.4	2
高度 H_1	3.5	5	7	10	14	20	28
高度 H_2（最小值）	7.5	10.5	15	21	30	42	60

注：H_2 取决于标注内容。

6．绘制如图 1–19 所示阶梯轴零件图，并标注尺寸。

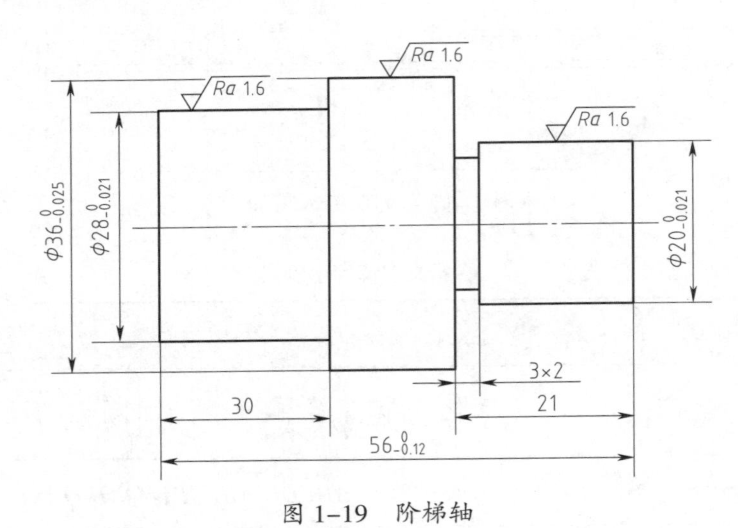

图 1–19　阶梯轴

学习活动 3　手轮手柄零件平面图形的绘制与打印

学习目标

1. 能绘制手轮手柄零件平面图形的图框和标题栏。

2. 能根据手轮手柄零件平面图形所用线型新建图层。

3. 能正确应用“直线”命令绘制手轮手柄零件中心线及左端直线轮廓。

4. 能正确应用“圆”命令绘制 $R10$ mm、$R15$ mm 圆弧和 $\phi 5$ mm 圆。

5. 能正确应用“等距”命令对中心线进行两边等距操作。

6. 能正确应用“相切、相切、半径”圆命令绘制 $R50$ mm 圆。

7. 能正确应用“圆角”命令绘制 $R12$ mm 圆弧。

8. 能正确应用“修剪”命令修剪掉多余的线条。

9. 能完成手轮手柄零件平面图形的尺寸和公差标注。

10. 能完成手轮手柄零件平面图形中的表面结构符号标注。

11. 能正确应用“多行文字”命令标注手轮手柄零件平面图形中的技术要求。

12. 能完成“打印”对话框的设置，并能打印手轮手柄零件平面图形。

建议学时：2 学时。

学习过程

一、绘图准备

工具：CAD 绘图软件。

材料：手轮手柄零件草图。

设备：计算机、打印机。

资料：工作任务书、手轮手柄零件生产工艺文件、计算机安全操作规程。

二、绘图过程

1．新建图层

启动 CAD 绘图软件，根据表 1–6 要求，新建四个图层。

表 1–6　　图层参数要求

图层名称	颜色	线型	线宽
粗实线	黑色（或白色）	CONTINUOUS	0.5 mm
细实线	黑色（或白色）	CONTINUOUS	0.25 mm
中心线	红色	CENTER	0.25 mm
尺寸线	绿色	CONTINUOUS	0.25 mm

2．绘制图框和标题栏

根据手轮手柄零件平面图形的轮廓尺寸，绘制图框和标题栏。标题栏按国家标准《技术制图　标题栏》（GB/T 10609.1—2008）的规定绘制，如图 1–20 所示。

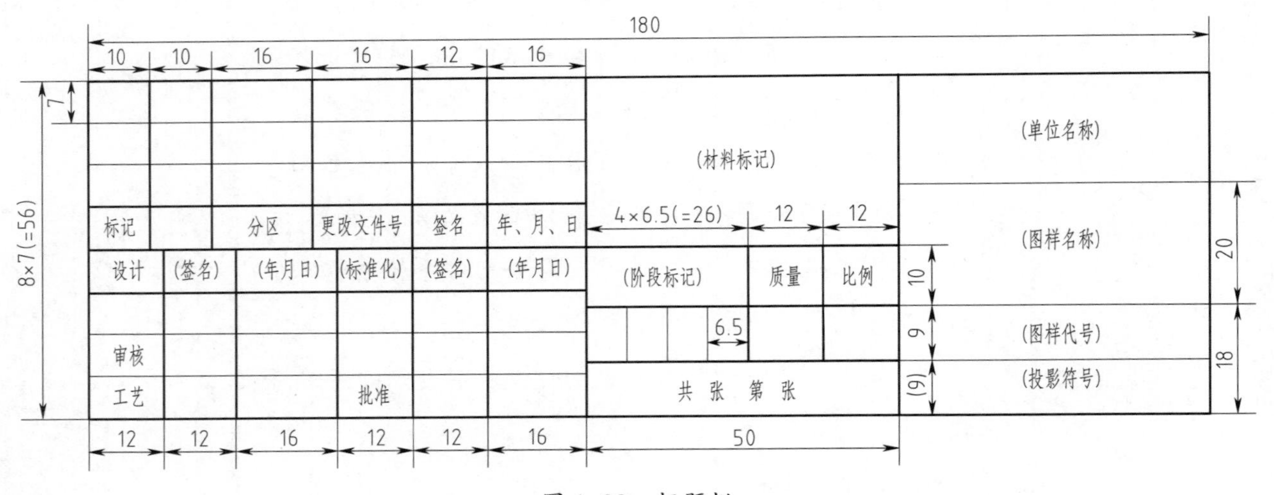

图 1–20　标题栏

3．绘制中心线

将中心线层设置为当前图层，利用“直线”命令绘制中心线。绘制中心线时需要控制长度吗？

需要控制中心线的长度。因为手轮手柄零件长度为 90 mm，先绘制一条长为 90 mm 的中心线，以中心线的端点为准可快速确定左右两端轮廓的位置。

4．绘制零件轮廓

（1）将粗实线层设置为当前图层，绘制手轮手柄零件平面图形左侧圆柱轮廓。如何快速地绘制出圆柱轮廓?

在正交模式下，执行“直线”命令，以中心线左端点为起点，输入长度，可以快速绘制出手轮手柄零件左侧上半部分轮廓，然后通过“镜像”命令，可生成下半部分轮廓。

（2）绘制 R15 mm、R10 mm 圆弧。如何确定 R10 mm 圆弧的圆心?

可将左侧上半部分圆柱轮廓上 10 mm 的竖直线向右偏移 80 mm，生成的竖直线与中心线的交点即为 R10 mm 圆弧的圆心。

（3）绘制 R50 mm 圆。利用哪种圆命令可以绘制出 R50 mm 圆？简述绘制步骤。

应用“相切、相切、半径”圆命令可以绘制出 R50 mm 圆，绘图步骤如下。

1）将中心线向上偏移 16 mm。

2）将“对象捕捉”命令设置为仅捕捉切点模式。

3）执行“相切、相切、半径”圆命令，拾取 R10 mm 圆和偏移生成的直线上的切点，输入半径“50”，确认后，即可生成 R50 mm 圆。

（4）绘制 R12 mm 圆弧。利用哪种命令可以快速绘制出 R12 mm 圆弧？简述绘制步骤。

应用“圆角”命令可以绘制出 R12 mm 圆弧，绘图步骤如下。

1）执行“圆角”命令，根据提示输入“r”并按 Enter 键，再输入半径“12”，按 Enter 键确定。

2）拾取 R50 mm 和 R15 mm 圆，即可生成 R12 mm 圆弧。

5．整理和镜像图形

（1）整理图形，修剪和删除多余的线段，即可完成中心线上方轮廓的绘制，简述绘制步骤。

拾取偏移生成的细点画线，执行“删除”命令，即可删除。

以 R10 mm 圆和 R12 mm 圆弧为剪切线，修剪 R50 mm 圆；以 R50 mm 圆弧和 R15 mm 圆为剪切线，修剪 R12 mm 圆弧；以 R12 mm 圆弧和 15 mm 长的竖直线为剪切线，修剪 R15 mm 圆；以中心线和 R50 mm 圆弧为剪切线，修剪 R10 mm 圆。

（2）绘制中心线下半部分轮廓。利用哪种命令可以快速绘制出中心线下半部分轮廓?

应用“镜像”命令，可以快速完成下半部分轮廓的绘制。

（3）根据机械制图标准，将中心线向左右两端各拉长 2 ～ 5 mm。简述绘制步骤。

单击中心线，拾取中心线左端夹点，向左移动光标，中心线处于拉伸状态，在命令行中输入拉伸长度，按 Enter 键，中心线被拉长。按同样操作方法，向右拉伸中心线。

三、标注尺寸和表面结构符号

1．标注线性尺寸

利用“线性”标注命令，标注长度尺寸 8 mm、15 mm、75 mm、ϕ20 mm、ϕ32 mm。根据学习活动一分析可知，8 mm 和 ϕ20 mm 需要标注公差，它们的公差应为多少？如何输入直径符号？

8 mm 的公差为 h7，ϕ20 mm 公差为 h7。直径符号可通过输入控制符“%%c”生成。

2．标注半径

图样中有四处圆弧需要标注半径，其中 R12 mm、R50 mm、R10 mm 可直接标注，R15 mm 标注空间较小，采用引出标注的方式，怎样修改标注样式才能生成引出标注？

需要新建引出标注样式，通过修改标注样式中的文字对齐和文字位置来实现。

3．标注直径

ϕ5 mm 为销孔直径，应标注公差等级或公差值。查阅资料，确定销孔的公差等级。

销孔的公差等级采用 H7。

4．标注表面结构符号

手轮手柄零件平面图形中哪些轮廓需要标注表面结构符号？具体的表面粗糙度值为多少？

操作手轮手柄时，操作者的手经常触摸圆弧轮廓表面，要求表面光洁、无毛刺，因此圆弧面需要标注表面结构符号，表面粗糙度值为 Ra0.8 μm。ϕ20 mm 圆柱面为装配表面，需要标注表面结构符号，其表面粗糙度值为 Ra1.6 μm。ϕ5 mm 销孔用来安装圆柱销，需要标注表面结构符号，其表面粗糙度值为 Ra1.6 μm。

四、打印图形

1．如何打开“打印”对话框？

单击“快速访问工具栏”中的“打印”按钮；或单击“文件”主菜单中的“打印”命令；或单击“快速浏览器”中的“打印”命令。

2．在“打印”对话框中，需要完成哪些设置？

（1）设置打印机或绘图仪。（2）设置图纸尺寸。（3）设置打印区域。（4）设置打印偏移。（5）设置打印份数。（6）设置打印比例。（7）设置打印样式表。（8）设置图形方向等内容。

3．若使图形大小与实物大小一致，需要如何设置？

若使图形大小与实物大小一致，需要设置打印比例为 1∶1。

学习活动 4　绘图检测与质量分析

学习目标

1. 能判别图幅大小是否合适，布图方案是否合理。
2. 能判别标题栏绘制是否正确，内容填写是否规范。
3. 能判别绘图所用线型是否正确，零件轮廓是否清晰。
4. 能判别尺寸标注是否完整。
5. 能判别公差标注是否合理。
6. 能判别表面结构符号标注是否正确。
7. 能判别所标注的技术要求是否规范。
8. 能根据发现的问题，修改所绘制的图形。
9. 能正确填写任务记录单。

建议学时：2 学时。

学习过程

一、绘图检测（表 1–7）

建议：由教师或组长根据绘图要求逐条对学生绘制的手轮手柄零件平面图形进行检测，找出问题并及时改正，避免以后再出现类似错误。

表 1–7　　绘图检测内容及检测结果

序号	绘图要求	绘图检测
1	图幅大小合适，布图方案合理	
2	标题栏绘制正确，内容填写规范	
3	绘图所用线型正确	
4	零件轮廓清晰，无缺线	
5	尺寸标注完整，无遗漏	
6	公差标注合理，无错误	
7	表面结构符号标注正确	
8	技术要求书写规范	

二、问题分析

建议：教师从图框、标题栏、线型、零件轮廓、尺寸和公差标注、表面结构符号、技术要求等方面，引导学生分析绘图过程中出现的问题、产生原因及预防方法。

归纳问题产生的原因和预防方法，填入表 1–8 中。

表 1–8　　问题种类、产生原因及预防方法

问题种类	产生原因	预防方法

三、修改图样

按照绘图检测结果修改图样并保存。

四、打印图形

打印一张手轮手柄零件平面图形，上交技术主管进行审核。审核合格后，打印所需数量的图纸，上交技术主管，并认真填写任务记录单。

学习活动 5　工作总结与评价

学习目标

1. 能按分组情况派代表展示工作成果，讲述本次任务的完成情况，并做分析总结。

2. 能结合自身任务完成情况，正确、规范地撰写工作总结（心得体会）。

3. 能就本次任务中出现的问题提出改进措施。

4. 能对学习与工作进行反思总结，并能与他人开展良好合作，进行有效的沟通。

建议学时：2 学时。

学习过程

一、个人评价

按表 1–9 中的评分标准进行个人评价。

表 1–9　　个人综合评价表

项目	序号	技术要求	配分	评分标准	得分
零件平面图形分析（25%）	1	零件轮廓尺寸分析正确	5	错一处扣 1 分	
	2	定形与定位尺寸分析正确	5	错一处扣 1 分	
	3	线段性质分析正确	5	错一处扣 1 分	
	4	线型分析正确	5	错一处扣 1 分	
	5	绘图思路分析清晰合理	5	错一处扣 1 分	
软件操作（25%）	6	软件安装方法正确	10	错一处扣 1 分	
	7	软件基本操作正确	10	错一处扣 1 分	
	8	基本图形的绘制正确	5	错一处扣 1 分	

续表

项目	序号	技术要求	配分	评分标准	得分
绘图质量（40%）	9	图幅大小合适，布图方案合理	5	不合格，不得分	
	10	标题栏绘制正确，内容填写规范	5	错一处扣 1 分	
	11	绘图所用线型正确	5	错一处扣 1 分	
	12	零件轮廓清晰，无缺线	5	错一处扣 1 分	
	13	尺寸标注完整，无遗漏	5	错一处扣 1 分	
	14	公差标注合理，无错误	5	错一处扣 1 分	
	15	表面结构符号标注正确	5	错一处扣 2 分	
	16	技术要求书写规范	5	错一处扣 2 分	
安全文明生产（10%）	17	操作安全	5	违反一次扣 2 分	
	18	机房清理	5	不合格不得分	
总得分					

二、小组评价

把打印好的手轮手柄零件平面图形先进行分组展示，再由小组推荐代表做必要的介绍。在展示的过程中，以小组为单位进行评价；评价完成后，根据其他小组成员对本组展示的成果进行评价，并将评价意见归纳总结。完成如下项目：

1．本小组展示的手轮手柄零件平面图形符合机械制图标准吗？

很好□　　一般□　　不准确□

2．本小组介绍成果表达是否清晰？

很好□　　一般，常补充□　　不清晰□

3．本小组演示的手轮手柄零件平面图形绘制方法正确吗？

正确□　　部分正确□　　不正确□

4．本小组演示操作时遵循“6S”工作要求吗？

符合工作要求□　　忽略了部分要求□　　完全没有遵循□

5．本小组所用的计算机、打印机保养完好吗？

良好□　　一般□　　不合要求□

6．本小组的成员团队创新精神如何？

良好□　　一般□　　不足□

三、教师评价

教师对展示的图样分别做评价。

1．找出各组的优点进行点评。

2．对展示过程中各组的缺点进行点评，提出改进方法。

3．对整个任务完成中出现的亮点和不足进行点评。

四、总结提升

1．回顾本次学习任务的工作过程，归纳整理所学知识和技能。

建议：教师从软件安装、软件启动与关闭、软件界面功能、图层设置、绘图命令的应用、修改命令的应用、标注命令的应用以及绘图辅助命令的应用等方面，引导学生归纳、整理所学知识和技能。

2．试结合自身任务完成情况，通过交流讨论等方式，较全面、规范地撰写本次任务的工作总结。

工作总结（心得体会）

评价与分析

学习任务一评价表

班级			姓名			学号			
项目	自我评价			小组评价			教师评价		
	10 ~ 9 分	8 ~ 6 分	5 ~ 1 分	10 ~ 9 分	8 ~ 6 分	5 ~ 1 分	10 ~ 9 分	8 ~ 6 分	5 ~ 1 分
	占总评 10%			占总评 30%			占总评 60%		
学习活动 1									
学习活动 2									
学习活动 3									
学习活动 4									
学习活动 5									
表达能力和分析能力									
协作精神									
纪律观念									
工作态度									
任务总体表现									
小计分									
总评分									

任课教师：　　　　年　　月　　日

任务拓展

轮毂零件平面图形的绘制

一、工作情境描述

企业设计部接到一项绘图任务：根据提供的轮毂零件草图（图 1–21）绘制出其零件平面图形，便于生产部门进行批量生产。技术主管将绘图任务分配给绘图员张强，让他应用计算机绘图软件进行绘制，并将零件平面图形打印出来。

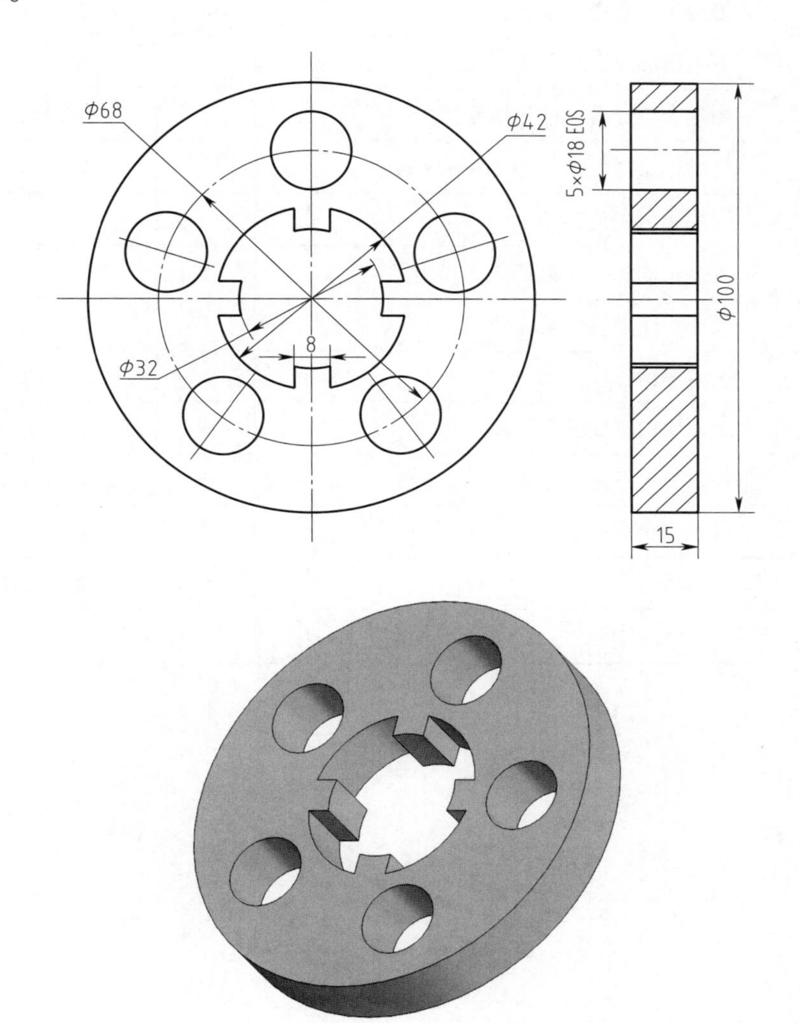

图 1–21　轮毂零件草图

二、评分标准

按表 1–10 所示项目和技术要求，对绘制的轮毂平面图形进行评分。

表 1–10　　轮毂零件平面图形绘制评分标准

项目	序号	技术要求	配分	评分标准	得分
零件平面图形分析（25%）	1	零件轮廓尺寸分析正确	5	错一处扣 1 分	
	2	定形与定位尺寸分析正确	5	错一处扣 1 分	
	3	线段性质分析正确	5	错一处扣 1 分	
	4	线型分析正确	5	错一处扣 1 分	
	5	绘图思路分析清晰合理	5	错一处扣 1 分	
软件操作（25%）	6	软件基本操作正确	5	错一处扣 1 分	
	7	绘图与修改命令应用正确	10	错一处扣 1 分	
	8	基本图形的绘制正确	10	错一处扣 1 分	
绘图质量（40%）	9	图幅大小合适，布图方案合理	5	不合格，不得分	
	10	标题栏绘制正确，内容填写规范	5	错一处扣 1 分	
	11	绘图所用线型正确	5	错一处扣 1 分	
	12	零件轮廓清晰，无缺线	5	错一处扣 1 分	
	13	尺寸标注完整，无遗漏	5	错一处扣 1 分	
	14	公差标注合理，无错误	5	错一处扣 1 分	
	15	表面结构符号标注正确	5	错一处扣 2 分	
	16	技术要求书写规范	5	错一处扣 2 分	
安全文明生产（10%）	17	操作安全	5	违反一次扣 2 分	
	18	机房清理	5	不合格不得分	
总得分					

世赛知识

机械制图国家标准的发展过程

世界技能大赛中使用的机械图样都是按照国际标准（ISO）绘制的。要了解国际标准，首先要了解我国机械制图国家标准的发展历程。机械制图国家标准的发展过程就是与国际标准逐步接轨的过程。

我国机械制图国家标准的发展主要经历了以下三个阶段。

第一阶段（1951—1974 年），为我国机械制图标准的初级阶段。我国第一套机械制图标准是 1959 年批准颁布的。

第二阶段（1974—1985 年），为适应改革开放的需要，跟踪国际标准（ISO）制定了 17 项机械制图国家标准，于 1985 年颁布实施。

第三阶段（2002 年至今），为了与国际接轨，参照国际标准（ISO），2002 年和 2003 年集中修订了一批制图标准，将 17 项国家标准中的 14 项进行了修订，并于 2003 年开始实施。后来又陆续发布了多项技术制图和机械制图标准。现行的国家标准共 37 项，其中技术制图标准 19 项。

学习任务二　传动轴零件平面图形的绘制

学习目标

1. 通过识读标题栏，了解传动轴的材料、绘图比例。

2. 通过识读传动轴零件平面图形，确定传动轴的结构形状、尺寸、几何公差和表面质量要求。

3. 通过识读技术要求，确定传动轴的热处理要求和未注公差尺寸要求。

4. 能独立完成图层、线型、文字样式、标注样式等内容的设置。

5. 能根据传动轴零件的结构，确定绘图方法。

6. 能根据传动轴零件平面图形的分析，做好计算机绘图前的准备工作。

7. 能绘制传动轴零件平面图形的图框和标题栏。

8. 能应用“直线”“圆”“延伸”“等距”“倒角”“图案填充”“镜像”“修剪”等命令绘制传动轴零件平面图形。

9. 能完成传动轴零件平面图形上的尺寸、基准符号、几何公差和表面结构符号等内容的标注。

10. 能应用“多行文字”命令标注技术要求。

11. 能设置“打印”对话框，并打印出传动轴零件平面图形。

12. 能检测和判断绘图质量。

13. 能根据发现的问题，修改所绘制的图形。

14. 能按分组情况，分别派代表展示工作成果，说明本次任务的完成情况并做分析总结。

15. 能按机房操作规程，正确使用、维护和保养计算机、打印机等设备。

16. 能严格执行企业操作规程、企业质量体系管理制度、安全生产制度、环保管理制度、“6S”管理制度等企业管理规定。

建议学时

12 学时。

工作情境描述

企业设计部接到一项绘图任务：根据提供的传动轴零件平面图形（图 2–1）绘制 CAD 图形，便于生产部门进行批量生产。技术主管将绘图任务分配给绘图员张强，让他应用计算机绘图软件进行绘制，并将零件平面图形打印出来。

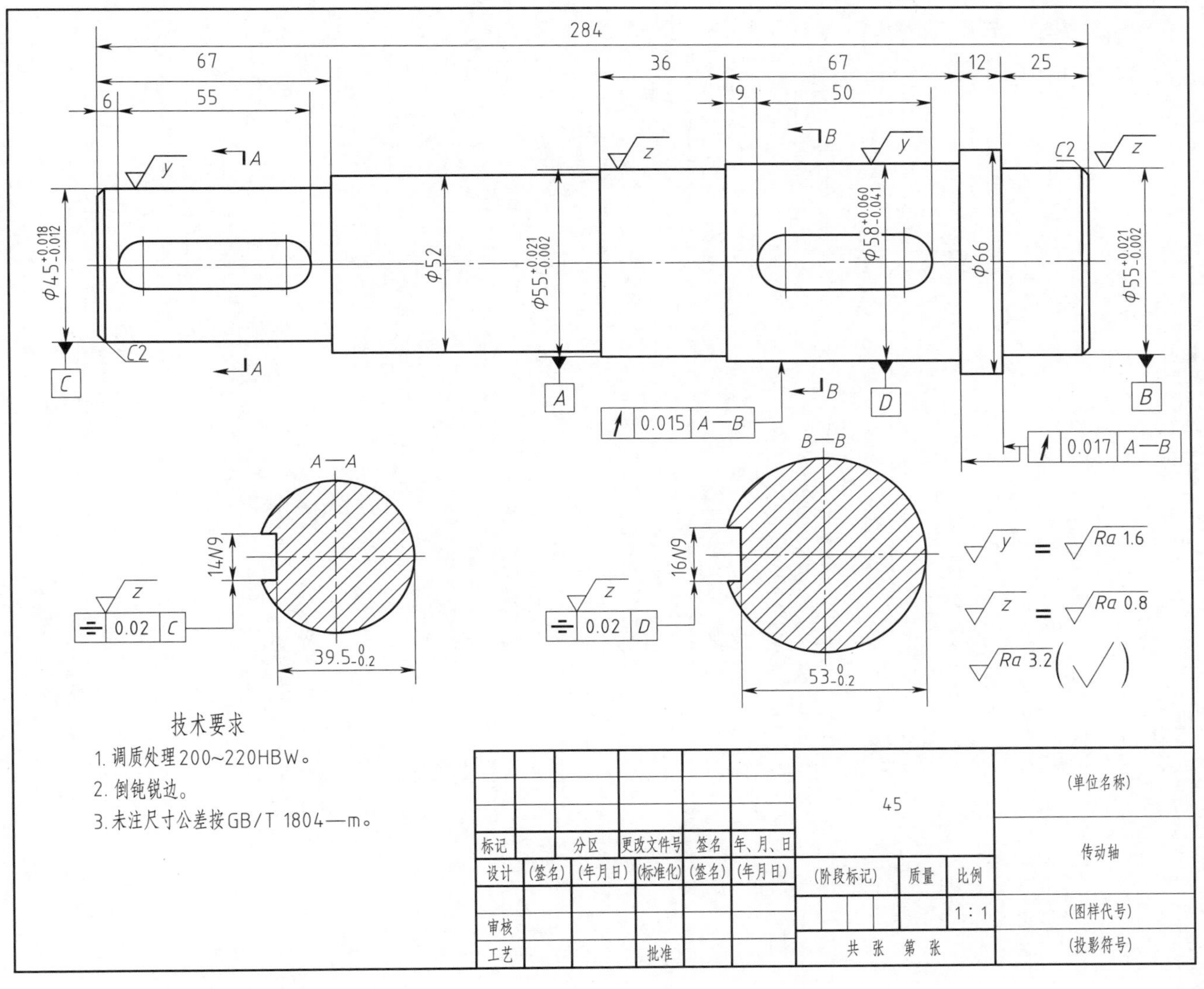

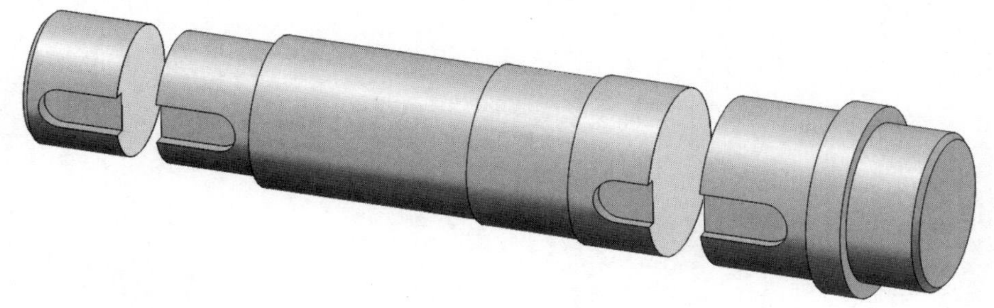

图 2–1　传动轴零件平面图形

工作流程与活动

1．传动轴零件平面图形的分析（2 学时）

2．绘图软件的基本操作（2 学时）

3．传动轴零件平面图形的绘制与打印（4 学时）

4．绘图检测与质量分析（2 学时）

5．工作总结与评价（2 学时）

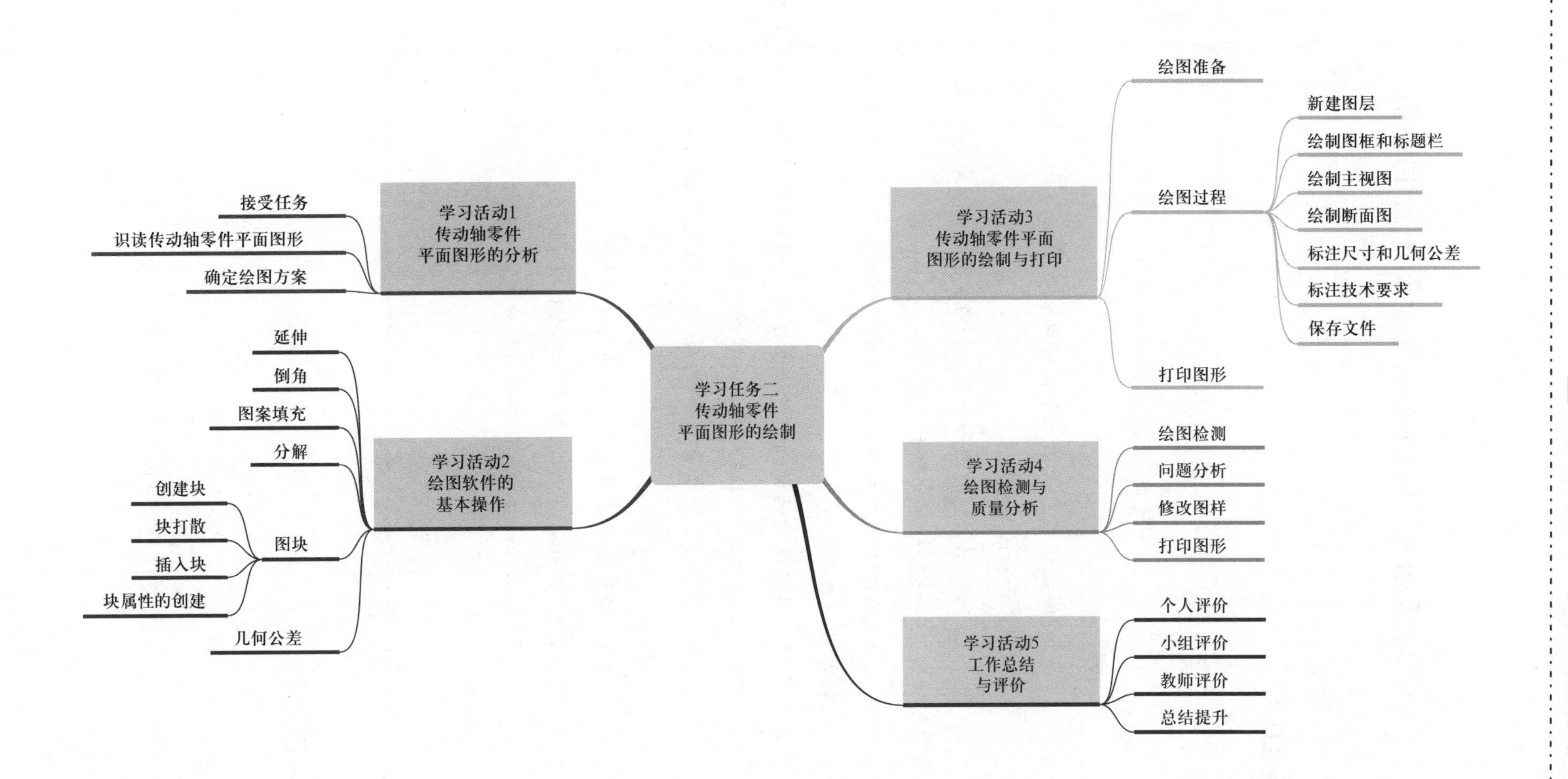
学习任务二
传动轴零件
平面图形的绘制
学习活动1
传动轴零件
平面图形的分析
接受任务
识读传动轴零件平面图形
确定绘图方案
学习活动2
绘图软件的
基本操作
延伸
倒角
图案填充
分解
图块
创建块
块打散
插入块
块属性的创建
几何公差
学习活动3
传动轴零件平面
图形的绘制与打印
绘图准备
绘图过程
新建图层
绘制图框和标题栏
绘制主视图
绘制断面图
标注尺寸和几何公差
标注技术要求
保存文件
打印图形
学习活动4
绘图检测与
质量分析
绘图检测
问题分析
修改图样
打印图形
学习活动5
工作总结
与评价
个人评价
小组评价
教师评价
总结提升

学习活动 1　传动轴零件平面图形的分析

学习目标

1. 通过识读标题栏，了解传动轴的材料、绘图比例。

2. 通过识读主视图，确定传动轴的结构形状、尺寸、几何公差和表面质量要求。

3. 通过识读主视图和断面图，确定传动轴上键槽的尺寸、几何公差和表面质量要求。

4. 通过识读技术要求，确定传动轴的热处理要求和未注公差尺寸要求。

5. 通过识读传动轴零件平面图形，确定图幅、图层、线型、文字样式、标注样式等内容的设置。

6. 能根据传动轴零件的结构，确定绘图方法和步骤。

7. 能与生产技术人员、生产主管等相关人员沟通，了解绘制传动轴零件平面图形所用到的 CAD 指令。

8. 能根据传动轴零件平面图形分析，做好计算机绘图前的准备工作。

建议学时：2 学时。

学习过程

一、接受任务

听技术主管描述本次绘图任务，正确填写任务记录单（表 2–1）。

表 2–1　　任务记录单

部门名称				出图数量	
任务名称	传动轴零件平面图形的绘制			预交付时间	年　月　日
下单人		年　月　日	接单人		年　月　日
制图		年　月　日	审核		年　月　日
批准		年　月　日	交付人		年　月　日

二、识读传动轴零件平面图形

1．查阅资料，询问技术主管，明确传动轴的用途。

传动轴是传动系统中传递动力的重要部件，它通过两端轴承支承，将输入的转矩传递给输出部件。

2．传动轴是由哪种材料制造的？其零件图采用的绘图比例是多少？

图 2–1 所示的传动轴是由 45 钢制成的。45 钢表示平均含碳量为 0.45% 的优质碳素结构钢，这种钢具有较高的强度和硬度，塑性、韧性随含碳量的增加而降低，经热处理后具有良好的综合力学性能，主要用于制造受力较大的零件，如连杆、曲轴、齿轮和联轴器等。

该零件图采用的绘图比例为 1∶1。

3．传动轴零件平面图形采用几个视图来表达零件的形状和结构？

传动轴零件图采用了一个主视图和两个断面图来表达零件的形状和结构。

4．传动轴是由哪几部分构成的？各部分的作用分别是什么？

传动轴由 6 个台阶面组成，左端 $\phi 45^{+0.018}_{-0.012}$ mm 外圆用于安装齿轮；ϕ52 mm 外圆为空台阶，其左端面为齿轮安装限位面；中间和右端 $\phi 55^{+0.021}_{-0.002}$ mm 外圆用于安装轴承；$\phi 58^{+0.060}_{-0.041}$ mm 用于安装齿轮；ϕ66 mm 台阶起限位作用。

5．传动轴的尺寸基准有几处？

传动轴的中心线为直径尺寸的基准，传动轴的左右端面为长度尺寸的基准。

6．传动轴哪些部位有配合要求？各配合表面的表面粗糙度要求分别是多少？

$\phi 45^{+0.018}_{-0.012}$ mm 和 $\phi 58^{+0.060}_{-0.041}$ mm 外圆用来安装齿轮，有配合要求，其配合表面的表面粗糙度值为 Ra1.6 μm；中间和右端 $\phi 55^{+0.021}_{-0.002}$ mm 外圆用来安装轴承，有配合要求，其配合表面的表面粗糙度值为 Ra0.8 μm。

7．传动轴上绘制了两处键槽，各键槽的尺寸分别是多少？键槽上标注哪些几何公差？

左端键槽尺寸为 14N9，中间键槽尺寸为 16N9。键槽上标注了对称度公差。

8．传动轴哪些部位标注了几何公差要求？

$\phi 58^{+0.060}_{-0.041}$ mm 外圆标注了对中心线的径向圆跳动公差，$\phi 66$ mm 台阶两端面标注了轴向圆跳动公差，键槽标注了对称度公差。

9．传动轴零件平面图形的技术要求表达了哪些信息？

（1）热处理要求：调质处理 200 ~ 220HBW。

（2）倒角要求：倒钝锐边。

（3）公差要求：未注尺寸公差按 GB/T 1804—m。

10．绘制传动轴零件平面图形采用了几种线型？各线型分别表达了什么含义？

（1）粗实线：表达零件的可见轮廓。

（2）细实线：用于绘制尺寸标注线、剖面线、基准、几何公差符号等。

（3）细点画线：用于绘制中心线。

三、确定绘图方案

1．绘制传动轴零件平面图形采用哪种图纸幅面最合适？

采用 A4 图幅。

2．如何应用 CAD 绘图软件快速绘制出标题栏？

第一种方法是采用“复制”命令，复制学习任务一中绘制的标题栏，粘贴到绘图指定位置。第二种方法，如未保存学习任务一中的标题栏，可采用“直线”“偏移”“多行文字”等命令，按照国家标准《技术制图 标题栏》（GB/T 10609.1—2008）的规定绘制标题栏。

3．传动轴主视图主要是由直线轮廓组成，与技术主管交流，找出快速绘制传动轴主视图的方法。

应用 AutoCAD 2018 绘制图形时，在正交模式下，用长度方式绘制传动轴主视图二分之一轮廓，然后用“延伸”命令，将各段竖直线延伸至中心线，再用“镜像”命令，快速生成另一端二分之一轮廓。如果用 CAXA 电子图板，可采用“孔 / 轴”命令绘制。

4．简述绘制主视图上键槽的方法。

根据尺寸，先用“圆心、半径”命令绘制两圆，再用“直线”命令，绘制键槽两侧直线轮廓，最后用“修剪”命令修剪多余的圆弧线。

5．如何绘制断面图上的剖面线?

可用“图案填充”命令绘制剖面线。

6．如何快速标注基准符号和表面结构符号?

按机械制图标准，绘制基准和表面结构符号，然后用“创建块”命令将其创建为图块，再用“插入图块”命令，可快速绘制图样中的基准和表面结构符号。

7．如何标注传动轴零件平面图形上的几何公差?

用菜单栏中的“标注”主菜单中的“公差”命令，可以快速标注传动轴零件图上的几何公差。

8．简述绘制传动轴零件平面图形的步骤。

（1）新建粗实线、细实线、中心线和尺寸线 4 个图层。

（2）绘制图框和标题栏。

（3）绘制主视图。

（4）绘制断面图。

（5）标注尺寸和几何公差。

（6）标注技术要求。

（7）保存文件。

9．与生产技术人员、生产主管等相关人员沟通，了解绘制传动轴零件平面图形所用到的 CAD 指令有哪些。

有“直线”“圆”“复制”“偏移”“延伸”“修剪”“创建块”“插入块”“线性标注”“公差”“多行文字”等功能指令。

学习活动 2　绘图软件的基本操作

1. 能利用“延伸”命令将对象延伸至选择的边界。

2. 能按选择对象的次序应用指定的距离和角度进行倒角。

3. 能利用“填充图案”或“填充”命令对封闭区域或选定对象进行填充。

4. 能将表面结构符号和基准符号创建为图块，并将创建的图块插入到指定位置。

5. 能利用“公差”命令，标注几何公差。

6. 能利用“分解”命令，将图块、标注等复合对象进行分解。

7. 能按机房操作规程和“6S”管理要求，正确使用、维护和保养计算机、打印机等设备。

建议学时：2 学时。

学习过程

一、延伸

“延伸”命令用于将线段、曲线等对象延伸到指定边界对象上，使其与指定的边界对象相交。

1. 执行“延伸”命令的方式有哪几种?

（1）单击“默认”功能区中“修改”面板上的“延伸”按钮。

（2）单击菜单栏中的“修改”主菜单中的“延伸”命令。

（3）在命令行中执行“EXTEND”命令。

2．应用“延伸”命令，将图 2–2a 所示竖直线和斜线延伸至与中心线相交或与中心线的延长线相交，结果如图 2–2b 所示。竖直线可以直接延伸，斜线可以直接延伸吗？需要怎样操作才能将其延伸？

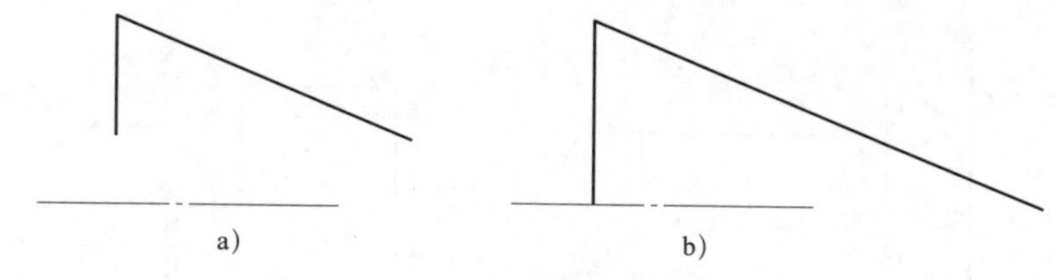

图 2–2 “延伸”命令应用示例一

a）延伸前　b）延伸后

默认情况下，竖直线可以直接延伸，斜线不可以直接延伸。执行下列操作，可以实现斜线延伸。

执行“延伸”命令后，拾取延伸“边界”，系统提示如下。

选择要延伸的对象，或按住 Shift 键选择要修剪的对象，或［栏选（F）/ 窗交（C）/ 投影（P）/ 边（E）/ 放弃（U）］：e［输入“e”，启动“边（E）”选项］

输入隐含边延伸模式［延伸（E）/ 不延伸（N）］<不延伸>：e（输入“e”确定延伸）

执行上述操作后，斜线也可以直接延伸至与水平线相交处。

3．利用“延伸”命令，将图 2–3a 中的短竖直线延伸至中心线，结果如图 2–3b 所示。

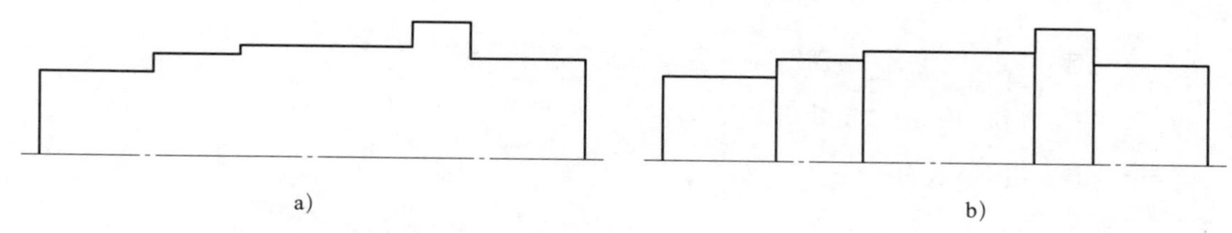

图 2–3 “延伸”命令应用示例二

a）延伸前　b）延伸后

二、倒角

“倒角”命令用于以一条斜线连接两条非平行的直线。

1．执行“倒角”命令方式有哪些？

功能区：“默认”→“修改”→“倒角”按钮。

菜单栏：“修改”→“倒角”命令。

命令行：“CHA（或 CHAMFER）”。

2．利用“倒角”命令绘制图 2–4a 所示台阶轴两端 $C2$ mm 和中间两处 $C1$ mm 倒角，绘制结果如图 2–4b 所示。

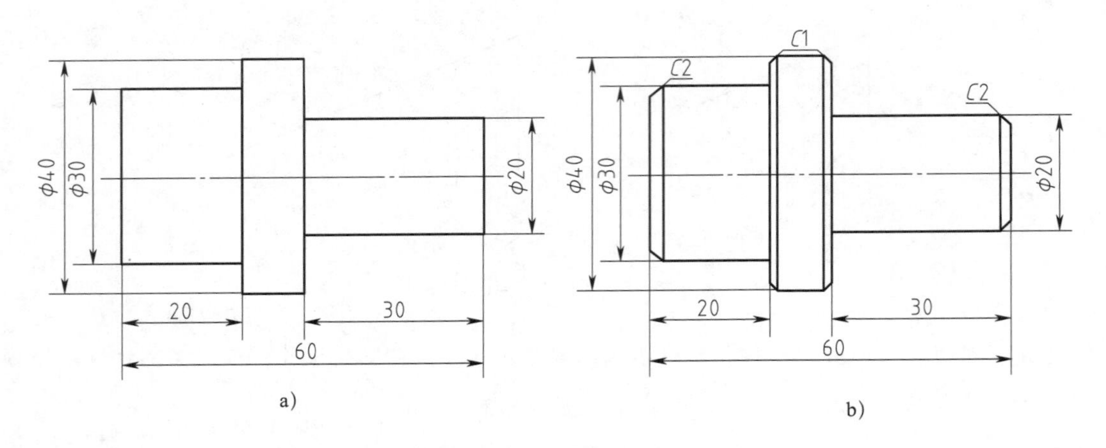

图 2–4 “倒角”命令应用示例

a）倒角前 b）倒角后

三、图案填充

绘制物体的剖面或断面时，常常需要使用某一种图案来充满某个指定区域，这个过程即为图案填充。

1．执行“图案填充”命令的方式有哪几种?

功能区：“默认”→“绘图”→“图案填充”按钮。

菜单栏：“绘图”→“图案填充”命令。

命令行：“BHATCH”。

2．利用“图案填充”命令在图 2–5a 中 ϕ40 mm 圆与 ϕ60 mm 圆之间的环形区域绘制剖面线，结果如图 2–5b 所示。

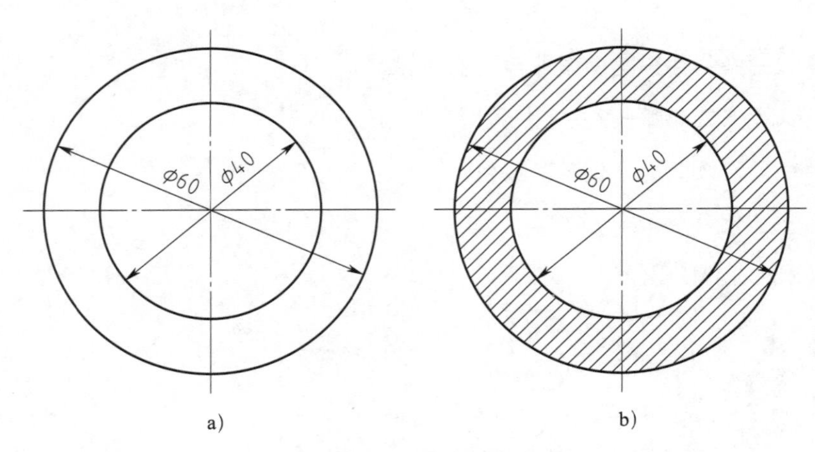

图 2–5 “图案填充”命令应用示例

a）图案填充前 b）图案填充后

四、分解

"分解"命令可以将多段线、标注、图案填充或块等复合对象转变为基本图形对象。

1．执行"分解"命令的方法有哪几种?

功能区："默认"→"修改"→"分解"按钮 。

菜单栏："修改"→"分解"命令。

命令行："X（或 EXPLODE）"。

2．利用"分解"命令将图 2-6 所示复合对象分解为基本图形对象。

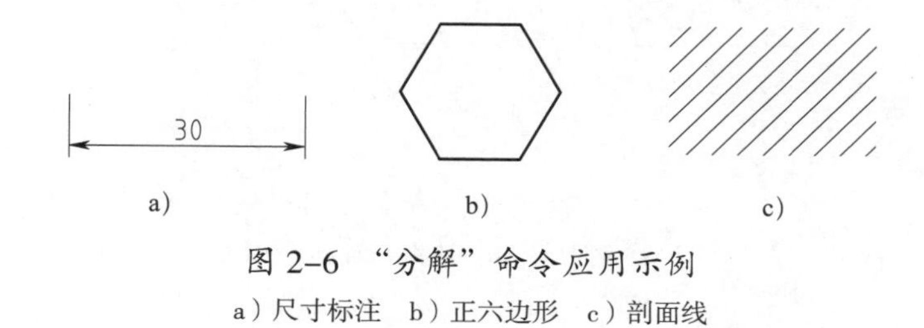

图 2-6 "分解"命令应用示例

a）尺寸标注　b）正六边形　c）剖面线

五、图块

图块又称为块，它是将多个图形元素组合在一起，形成一个整体的图形单元。用户可以将这个图形集合单元作为单一的图形对象进行编辑和使用。用户可以根据绘图需要把块插入到图中的指定位置，在插入时还可以指定不同的缩放比例和旋转角度。

1．创建块

创建块是指将一组图形对象定义为一个块对象。每个块对象包含块名称、一个或者多个对象、用于插入块的基点坐标值和相关的属性数据。

（1）执行"创建块"命令的方式有哪几种?

功能区："默认"→"块"→"创建"按钮 。

菜单栏："绘图"→"块"→"创建"命令。

命令行："B（或 BLOCK）"。

（2）将图 2-7 所示图形创建为块。

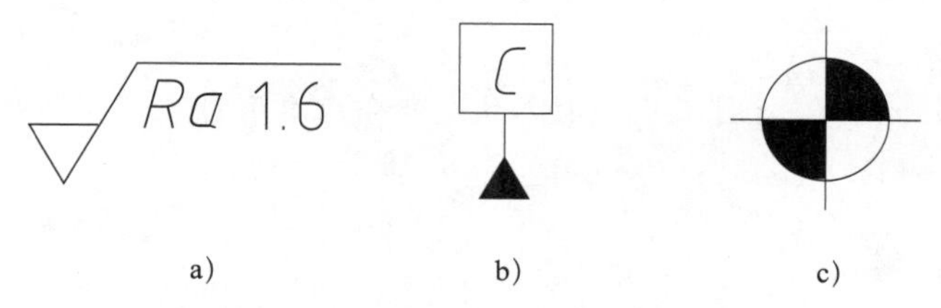

图 2-7 "创建块"命令应用示例

a）表面结构符号　b）基准符号　c）坐标系原点符号

2．块打散

块打散是指将已经存在的块打散成为单个的实体，块打散是块生成的逆过程。

（1）利用什么指令可将块打散?

用“分解”命令可将块打散。

（2）将图 2–8a 所示图块打散，并修改为图 2–8b 所示图形。

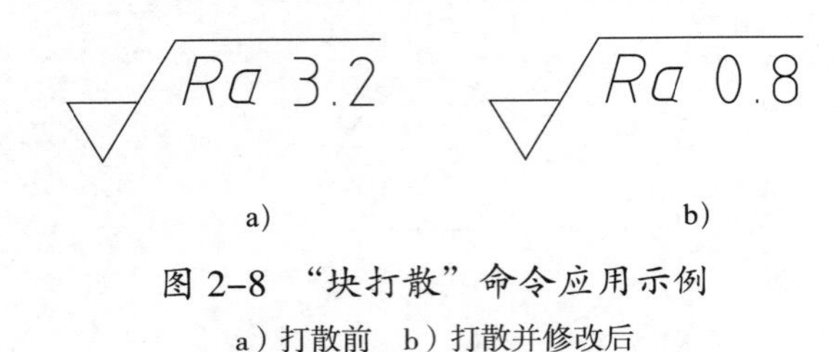

图 2–8 “块打散”命令应用示例

a）打散前 b）打散并修改后

3．插入块

插入块是指选择一个块并插入当前图形中。

（1）执行“插入块”命令的方式有哪几种?

功能区：“默认”→“块”→“插入”按钮 。

菜单栏：“插入”→“块”命令。

命令行：“I（或 INSERT）”。

（2）利用“插入块”命令标注图 2–9a 所示图形的表面结构符号，结果如图 2–9b 所示。

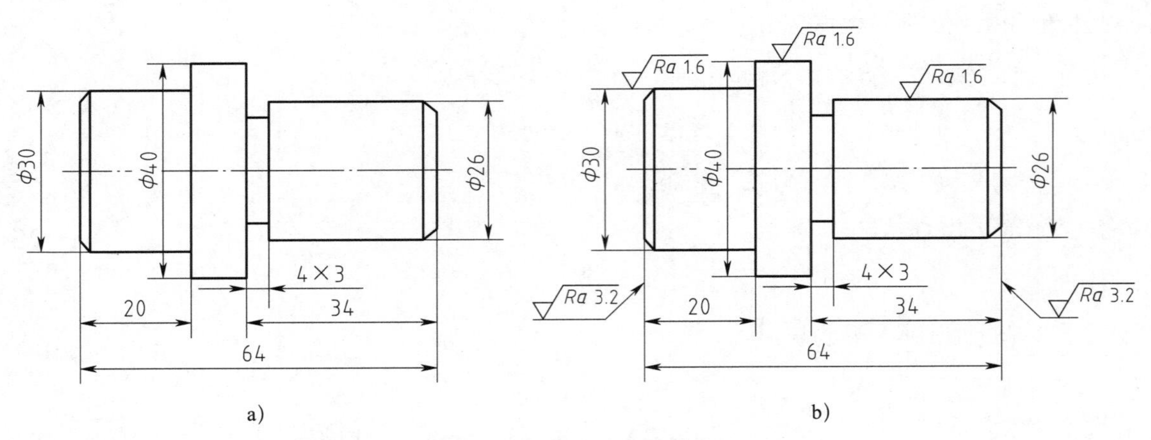

图 2–9 “插入块”命令应用示例

a）插入前 b）插入后

4．块属性的创建

在制图过程中，经常遇到图形中的一些重复单元虽具有相同的形状，但其表达的含义不尽相同。为加以区别，需要在重复单元上标注文字信息以表达该单元的特殊属性。例如，机械图样标注中表面结构符号上标注的表面粗糙度值、基准符号中标注的基准字母。

（1）执行“定义属性”命令的方式有哪几种?

功能区：“默认”→“块”→“定义属性”按钮。

菜单栏：“绘图”→“块”→“定义属性”命令。

命令行：“ATT（或 ATTDEF）”。

（2）以“FH”为重复单元上标注的文字信息，对图 2–10 所示的表面结构符号进行属性定义。标记为“FH”，提示为“表面结构符号”，默认为“*Ra*1.6”，文字对正为“左对正”，文字样式为“Standard”，字高为“3.5”。

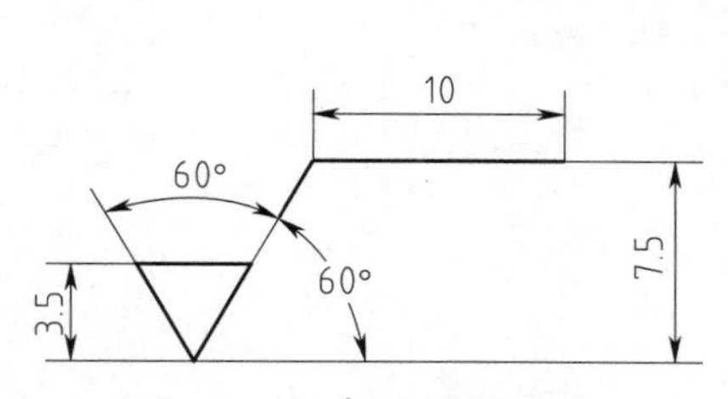

图 2–10　表面结构符号

（3）标注图 2–11a 所示各面的表面结构符号，结果如图 2–11b 所示。

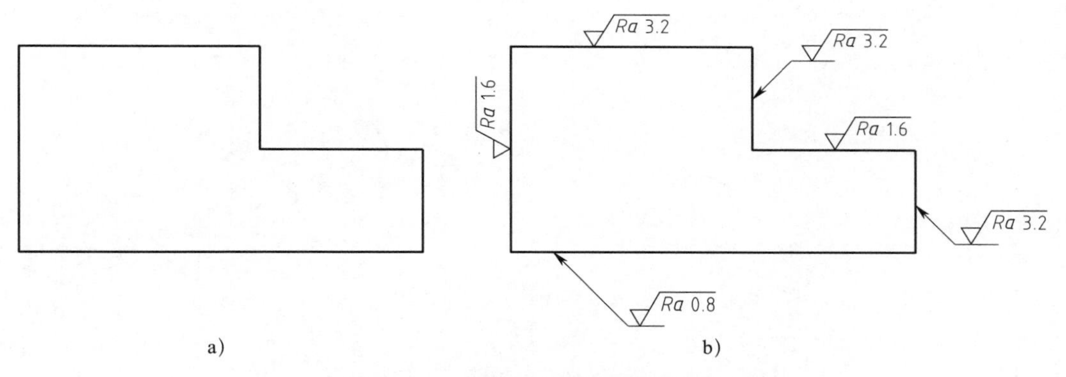

图 2–11　表面结构符号标注示例

a）标注前　b）标注后

六、几何公差

利用“公差”命令，可创建包含在特征控制框中的几何公差。国家标准规定，几何公差包括形状公差、方向公差、位置公差和跳动公差四项内容。

1．执行“公差”命令的方式有哪几种?

功能区：“注释”→“标注”→“公差”按钮。

菜单栏：“标注”→“公差”命令。

2．利用“公差”命令标注图 2–12 中的几何公差。

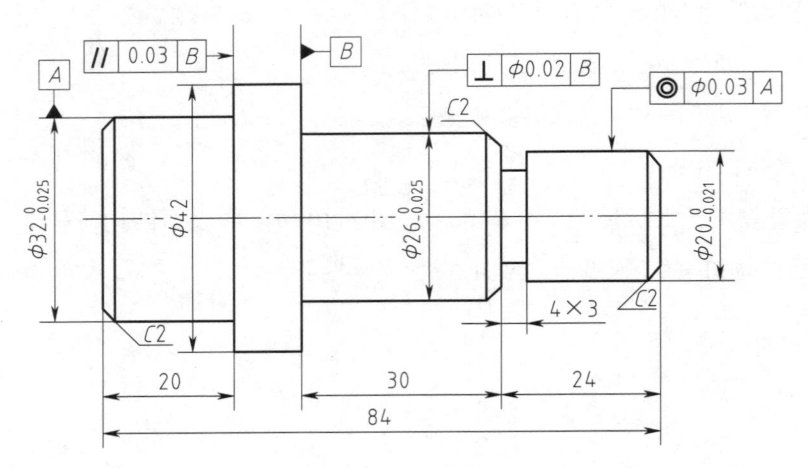

图 2–12　几何公差标注示例

学习活动 3　传动轴零件平面图形的绘制与打印

学习目标

1. 能绘制传动轴零件平面图形的图框和标题栏。

2. 能根据传动轴零件平面图形所用线型新建图层。

3. 能正确应用“直线”“延伸”“倒角”“镜像”等命令绘制主视图。

4. 能正确应用“直线”“圆”“等距”“图案填充”等命令绘制断面图。

5. 能正确应用“线性”标注命令，完成主视图和断面图的线性尺寸标注。

6. 能创建基准和表面结构符号图块，并能应用“插入块”命令完成基准和表面结构符号的标注。

7. 能正确应用“公差”命令标注几何公差。

8. 能正确应用“多行文字”命令标注传动轴零件平面图形中的技术要求。

9. 能完成“打印”对话框的设置，并能打印传动轴零件平面图形。

建议学时：4 学时。

学习过程

一、绘图准备

工具：CAD 绘图软件。

材料：传动轴零件平面图形。

设备：计算机、打印机。

资料：工作任务书、传动轴零件生产工艺文件、计算机安全操作规程。

二、绘图过程

1．新建图层

启动 CAD 绘图软件，根据表 2–2 要求，新建四个图层。

表 2–2　　图层参数要求

图层名称	颜色	线型	线宽
粗实线	黑色（或白色）	CONTINUOUS	0.5 mm
细实线	黑色（或白色）	CONTINUOUS	0.25 mm
中心线	红色	CENTER	0.25 mm
尺寸线	绿色	CONTINUOUS	0.25 mm

2．绘制图框和标题栏

根据传动轴零件平面图形的轮廓尺寸，绘制图框和标题栏。标题栏按国家标准《技术制图　标题栏》（GB/T 10609.1—2008）的规定绘制。

3．绘制主视图

（1）绘制长为 290 mm 的中心线。

（2）利用“直线”命令，绘制如图 2–13 所示主视图上半部分轮廓。

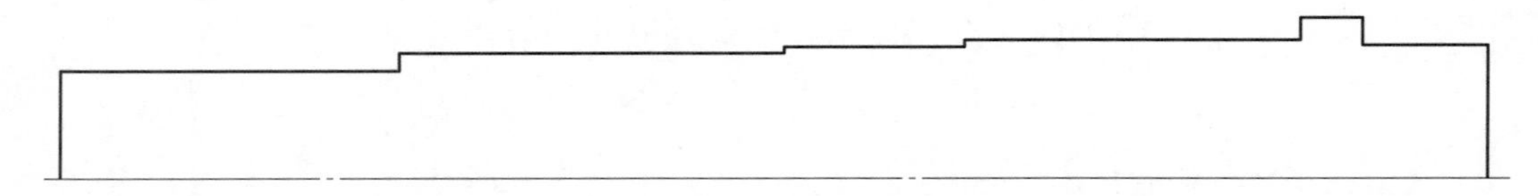

图 2–13　绘制主视图上半部分轮廓

（3）利用“延伸”命令，延伸短竖直线至中心线，如图 2–14 所示。

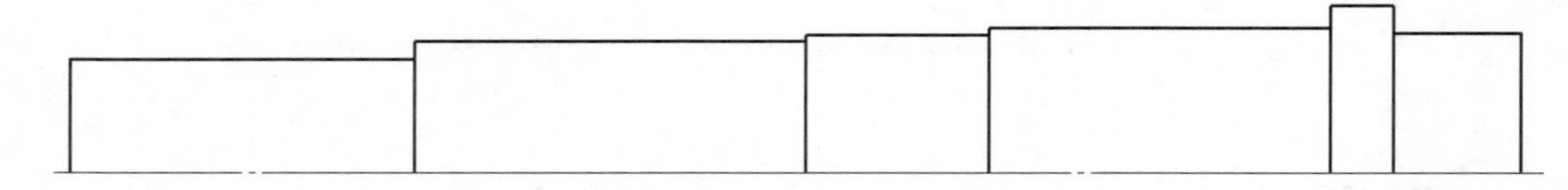

图 2–14　延伸短竖直线至中心线

（4）利用“倒角”命令绘制两端 *C*2 mm 倒角，并绘制倒角线，如图 2–15 所示。

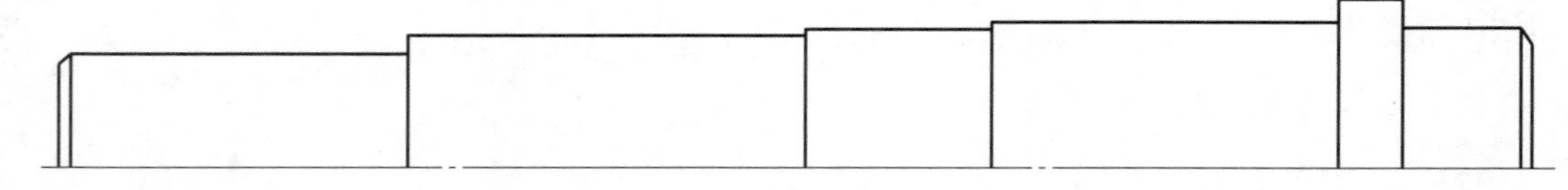

图 2–15　倒角

（5）利用“镜像”命令，将主视图上半部分轮廓镜像生成下半部分轮廓，如图 2–16 所示。

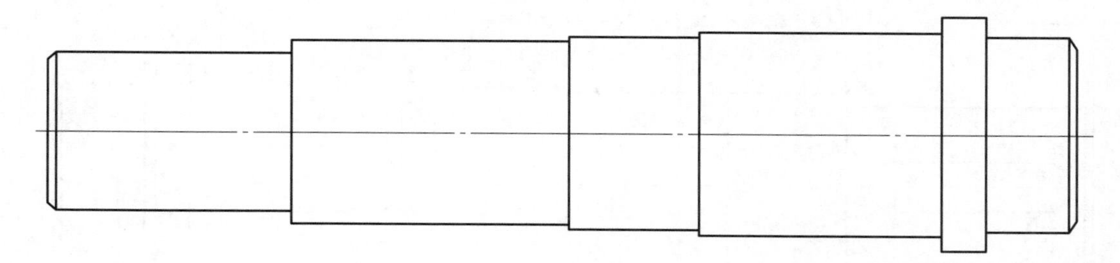

图 2–16　镜像生成下半部分轮廓

（6）绘制主视图上的两处键槽，如图 2–17 所示。

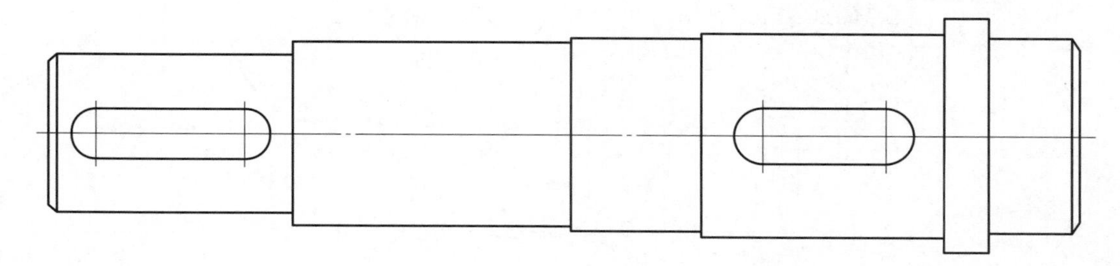

图 2–17　绘制主视图上的两处键槽

4．绘制断面图

利用“直线”“圆”“等距”“图案填充”等命令绘制两断面图，如图 2–18 所示。

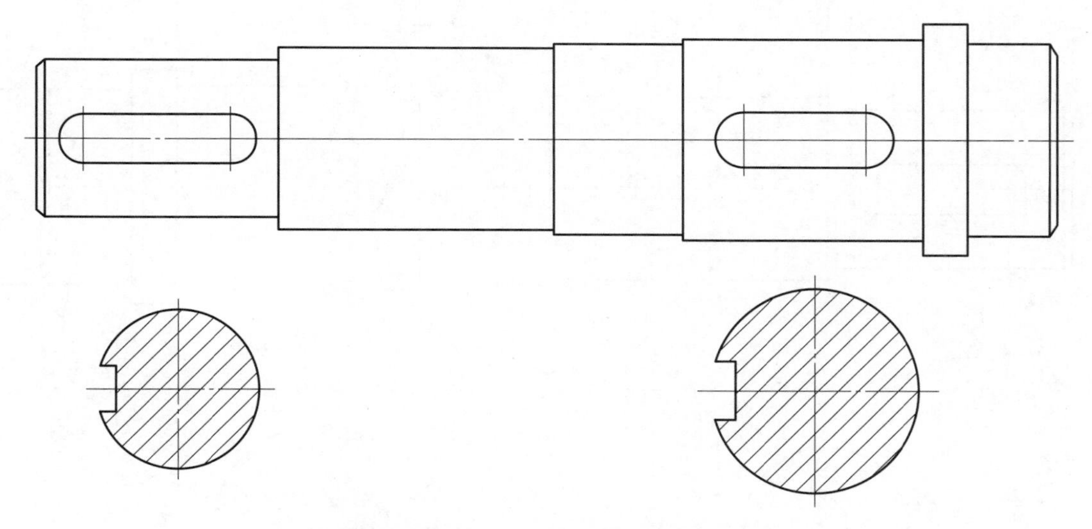

图 2–18　绘制两断面图

5．标注尺寸和几何公差

（1）标注线性尺寸

利用“线性”标注命令，标注传动轴零件平面图形中的线性尺寸及公差，如图 2–19 所示。

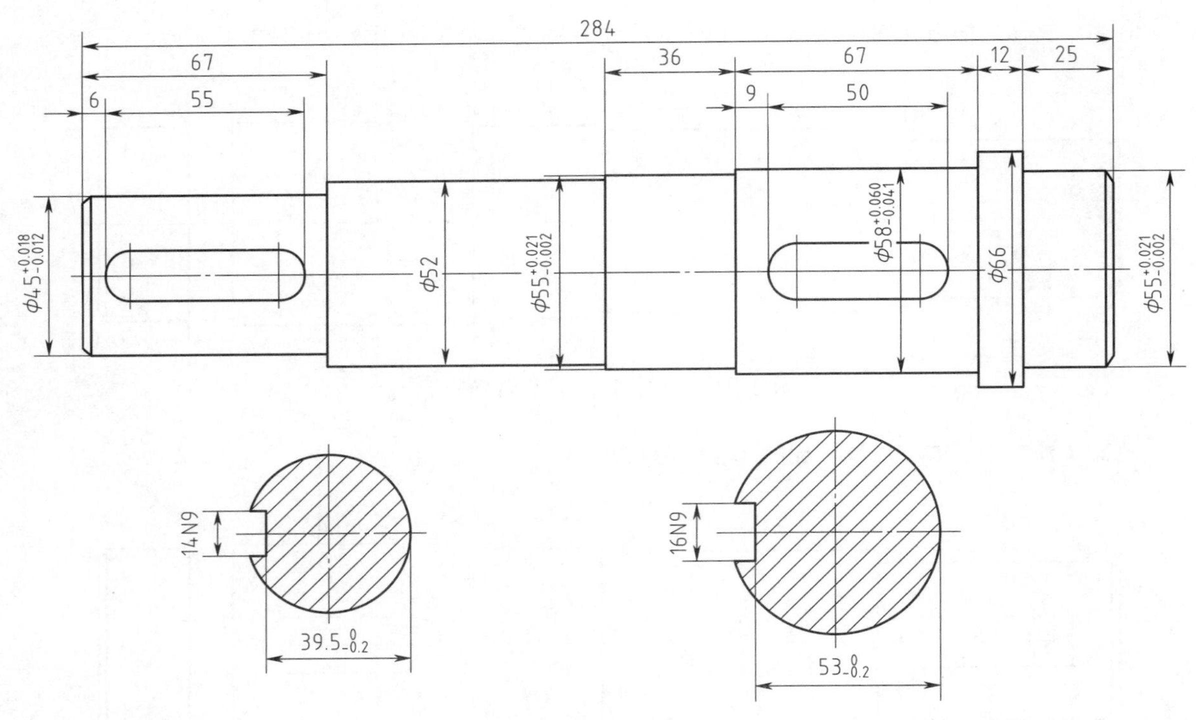

图 2-19　标注线性尺寸

（2）标注基准符号

创建基准符号图块并对基准符号中的字母定义属性，在主视图中插入四处基准符号图块，如图 2-20 所示。

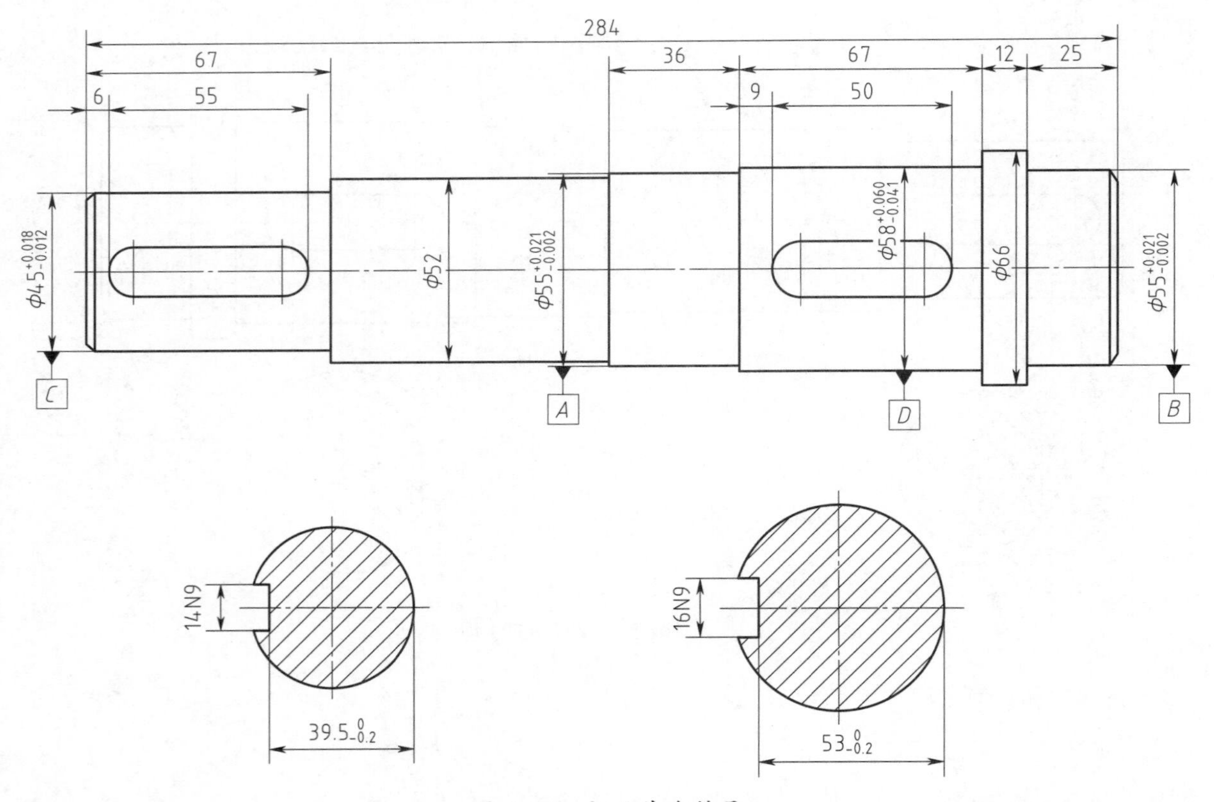

图 2-20　标注基准符号

（3）标注几何公差

利用“公差”命令，标注主视图和断面图上的几何公差，如图 2-21 所示。

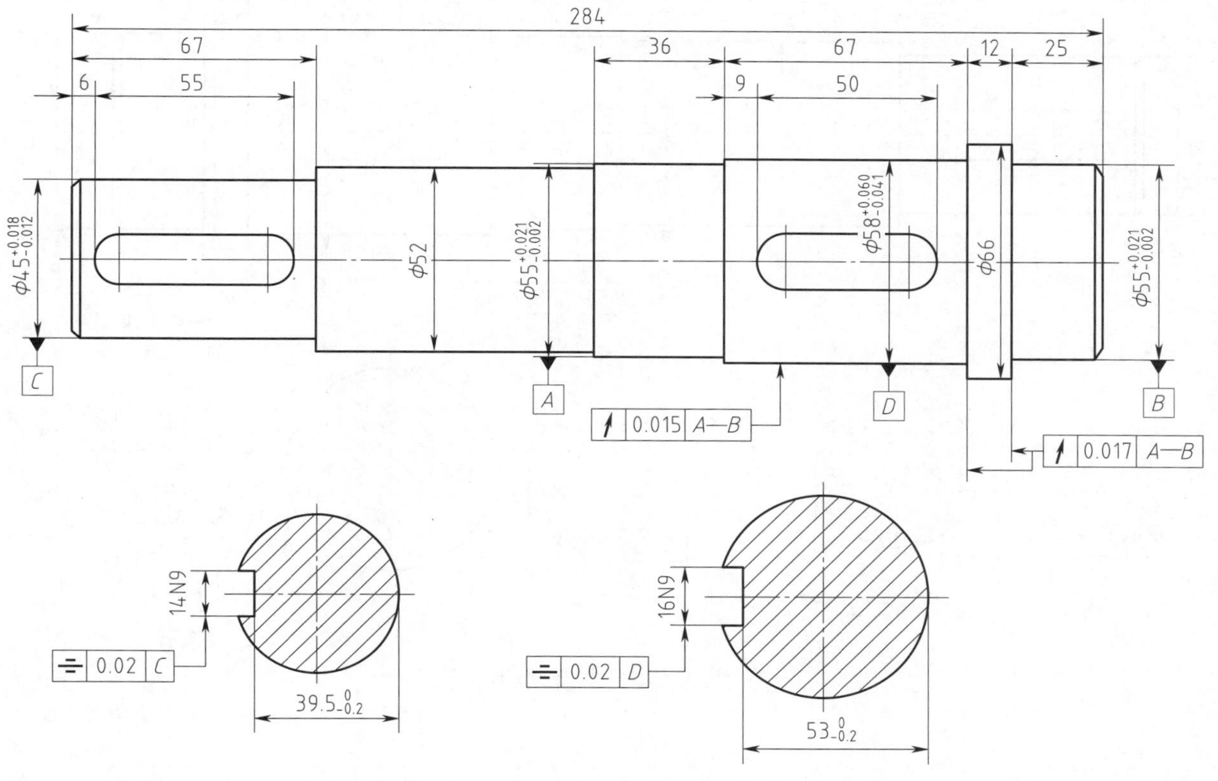

图 2-21　标注几何公差

（4）标注表面结构符号

创建表面结构符号图块，并将其插入到标注位置，如图 2-22 所示。

（5）标注倒角及断面符号

利用“直线”和“多行文字”命令，标注两端 *C*2 mm 倒角及断面符号，如图 2-23 所示。

6．标注技术要求

利用“多行文字”命令 **A**，标注传动轴零件平面图形中的技术要求。

7．保存文件

将绘制的传动轴零件平面图形保存到指定位置。

三、打印图形

设置打印机，打印一张传动轴零件平面图形以供检测和质量分析用。

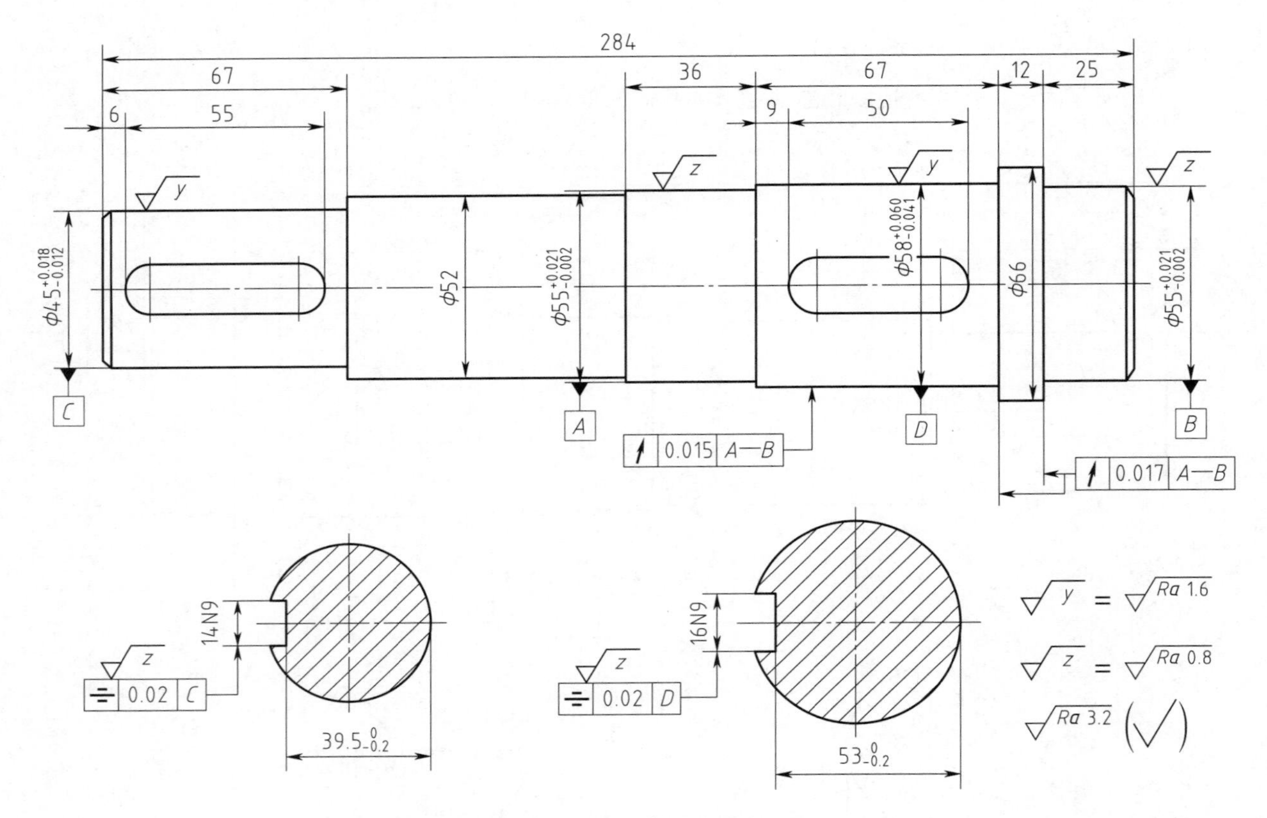

图 2-22 标注表面结构符号

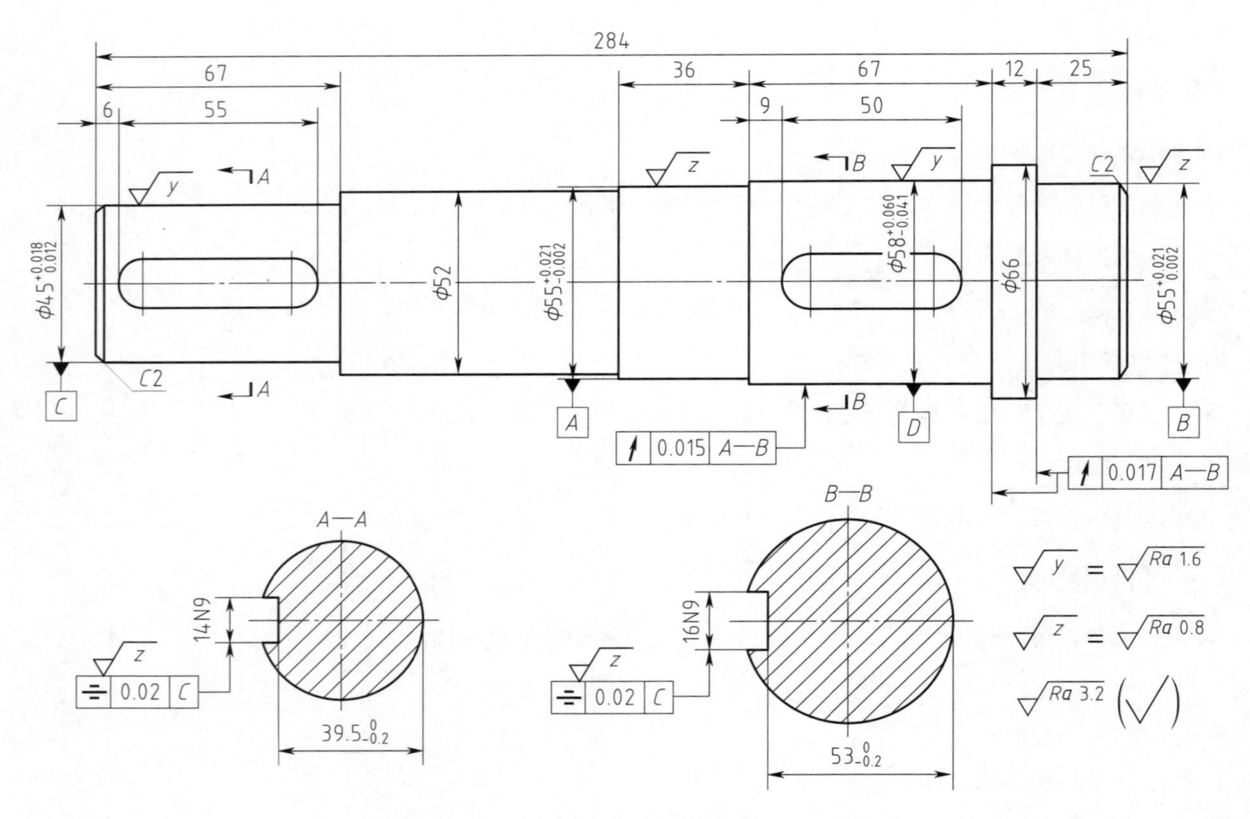

图 2-23 标注倒角及断面符号

学习活动 4　绘图检测与质量分析

学习目标

1. 能判别图幅大小是否合适，布图方案是否合理。
2. 能判别标题栏绘制是否正确，内容填写是否规范。
3. 能判别绘图所用线型是否正确，零件轮廓是否清晰。
4. 能判别尺寸标注是否完整。
5. 能判别公差标注是否合理。
6. 能判别表面结构符号标注是否正确。
7. 能判别所标注的技术要求是否规范。
8. 能根据发现的问题，修改所绘制的图形。
9. 能正确填写任务记录单。

建议学时：2 学时。

学习过程

一、绘图检测（表 2–3）

建议：由教师或组长根据绘图要求逐条对学生绘制的传动轴零件平面图形进行检测，找出问题并及时改正，避免以后再出现类似错误。

表 2–3　　绘图检测内容及检测结果

序号	绘图要求	绘图检测
1	图幅大小合适，布图方案合理	
2	标题栏绘制正确，内容填写规范	
3	绘图所用线型正确	
4	零件轮廓清晰，无缺线	
5	尺寸标注完整，无遗漏	
6	公差标注合理，无错误	
7	表面结构符号和基准符号标注正确	
8	技术要求书写规范	

二、问题分析

建议：教师从图框、标题栏、线型、零件轮廓、尺寸和公差标注、表面结构符号、技术要求等方面，引导学生分析绘图过程中出现的问题、产生原因及预防方法。

归纳问题产生的原因和预防方法，填入表 2–4 中。

表 2–4　　问题种类、产生原因及预防方法

问题种类	产生原因	预防方法

三、修改图样

按照绘图检测结果修改图样并保存。

四、打印图形

打印一张传动轴零件平面图形，上交技术主管进行审核。审核合格后，打印所需数量的图纸，上交技术主管，并认真填写任务记录单。

学习活动 5　工作总结与评价

学习目标

1. 能按分组情况派代表展示工作成果，讲述本次任务的完成情况，并做分析总结。

2. 能结合自身任务完成情况，正确、规范地撰写工作总结（心得体会）。

3. 能就本次任务中出现的问题提出改进措施。

4. 能对学习与工作进行反思总结，并能与他人开展良好合作，进行有效的沟通。

建议学时：2 学时。

学习过程

一、个人评价

按表 2–5 中的评分标准进行个人评价。

表 2–5　个人综合评价表

项目	序号	技术要求	配分	评分标准	得分
零件平面图形分析（25%）	1	零件轮廓尺寸分析正确	5	错一处扣 1 分	
	2	定形与定位尺寸分析正确	5	错一处扣 1 分	
	3	键槽尺寸分析正确	5	错一处扣 1 分	
	4	线型分析正确	5	错一处扣 1 分	
	5	尺寸标注及几何公差分析正确	5	错一处扣 1 分	
软件操作（25%）	6	基本绘图命令执行方法正确	10	错一处扣 1 分	
	7	软件基本操作正确	10	错一处扣 1 分	
	8	基本图形的绘制正确	5	错一处扣 1 分	

续表

项目	序号	技术要求	配分	评分标准	得分
绘图质量（40%）	9	图幅大小合适，布图方案合理	5	不合格，不得分	
	10	标题栏绘制正确，内容填写规范	5	错一处扣1分	
	11	绘图所用线型正确	5	错一处扣1分	
	12	零件轮廓清晰，无缺线	5	错一处扣1分	
	13	尺寸标注完整，无遗漏	5	错一处扣1分	
	14	几何公差标注合理，无错误	5	错一处扣1分	
	15	表面结构符号和基准符号标注正确	5	错一处扣1分	
	16	技术要求书写规范	5	错一处扣2分	
安全文明生产（10%）	17	操作安全	5	违反一处扣2分	
	18	机房清理	5	不合格不得分	
总得分					

二、小组评价

把打印好的传动轴零件平面图形先进行分组展示，再由小组推荐代表做必要的介绍。在展示的过程中，以小组为单位进行评价；评价完成后，根据其他小组成员对本组展示的成果进行评价，并将评价意见归纳总结。完成如下项目：

1．本小组展示的传动轴零件平面图形符合机械制图标准吗?

很好□　　一般□　　不准确□

2．本小组介绍成果表达是否清晰?

很好□　　一般，常补充□　　不清晰□

3．本小组演示的传动轴零件平面图形绘制方法正确吗?

正确□　　部分正确□　　不正确□

4．本小组演示操作时遵循“6S”工作要求吗?

符合工作要求□　　忽略了部分要求□　　完全没有遵循□

5．本小组所用的计算机、打印机保养完好吗?

良好□　　一般□　　不合要求□

6．本小组的成员团队创新精神如何?

良好□　　一般□　　不足□

三、教师评价

教师对展示的图样分别做评价。

1．找出各组的优点进行点评。

2．对展示过程中各组的缺点进行点评，提出改进方法。

3．对整个任务完成中出现的亮点和不足进行点评。

四、总结提升

1．回顾本次学习任务的工作过程，归纳整理所学知识和技能。

建议：教师从图形编辑命令、图层设置、图框的绘制、标题栏的绘制、传动轴零件平面图形的绘制、尺寸标注等方面，引导学生归纳、整理所学知识和技能。

2．试结合自身任务完成情况，通过交流讨论等方式，较全面、规范地撰写本次任务的工作总结。

工作总结（心得体会）

评价与分析

学习任务二评价表

<table>
<tr><td>班级</td><td colspan="3"></td><td>姓名</td><td colspan="2"></td><td>学号</td><td colspan="2"></td></tr>
<tr><td rowspan="3">项目</td><td colspan="3">自我评价</td><td colspan="3">小组评价</td><td colspan="3">教师评价</td></tr>
<tr><td>10 ~ 9 分</td><td>8 ~ 6 分</td><td>5 ~ 1 分</td><td>10 ~ 9 分</td><td>8 ~ 6 分</td><td>5 ~ 1 分</td><td>10 ~ 9 分</td><td>8 ~ 6 分</td><td>5 ~ 1 分</td></tr>
<tr><td colspan="3">占总评 10%</td><td colspan="3">占总评 30%</td><td colspan="3">占总评 60%</td></tr>
<tr><td>学习活动 1</td><td></td><td></td><td></td><td></td><td></td><td></td><td></td><td></td><td></td></tr>
<tr><td>学习活动 2</td><td></td><td></td><td></td><td></td><td></td><td></td><td></td><td></td><td></td></tr>
<tr><td>学习活动 3</td><td></td><td></td><td></td><td></td><td></td><td></td><td></td><td></td><td></td></tr>
<tr><td>学习活动 4</td><td></td><td></td><td></td><td></td><td></td><td></td><td></td><td></td><td></td></tr>
<tr><td>学习活动 5</td><td></td><td></td><td></td><td></td><td></td><td></td><td></td><td></td><td></td></tr>
<tr><td>表达能力和分析能力</td><td></td><td></td><td></td><td></td><td></td><td></td><td></td><td></td><td></td></tr>
<tr><td>协作精神</td><td></td><td></td><td></td><td></td><td></td><td></td><td></td><td></td><td></td></tr>
<tr><td>纪律观念</td><td></td><td></td><td></td><td></td><td></td><td></td><td></td><td></td><td></td></tr>
<tr><td>工作态度</td><td></td><td></td><td></td><td></td><td></td><td></td><td></td><td></td><td></td></tr>
<tr><td>任务总体表现</td><td></td><td></td><td></td><td></td><td></td><td></td><td></td><td></td><td></td></tr>
<tr><td>小计分</td><td colspan="3"></td><td colspan="3"></td><td colspan="3"></td></tr>
<tr><td>总评分</td><td colspan="9"></td></tr>
</table>

任课教师：　　　　年　　月　　日

任务拓展

曲轴零件平面图形的绘制

一、工作情境描述

企业设计部接到一项绘图任务：根据提供的曲轴零件平面图形（图 2–24）绘制 CAD 图形，便于生产部门进行批量生产。技术主管将绘图任务分配给绘图员张强，让他应用计算机绘图软件进行绘制，并将零件平面图形打印出来。

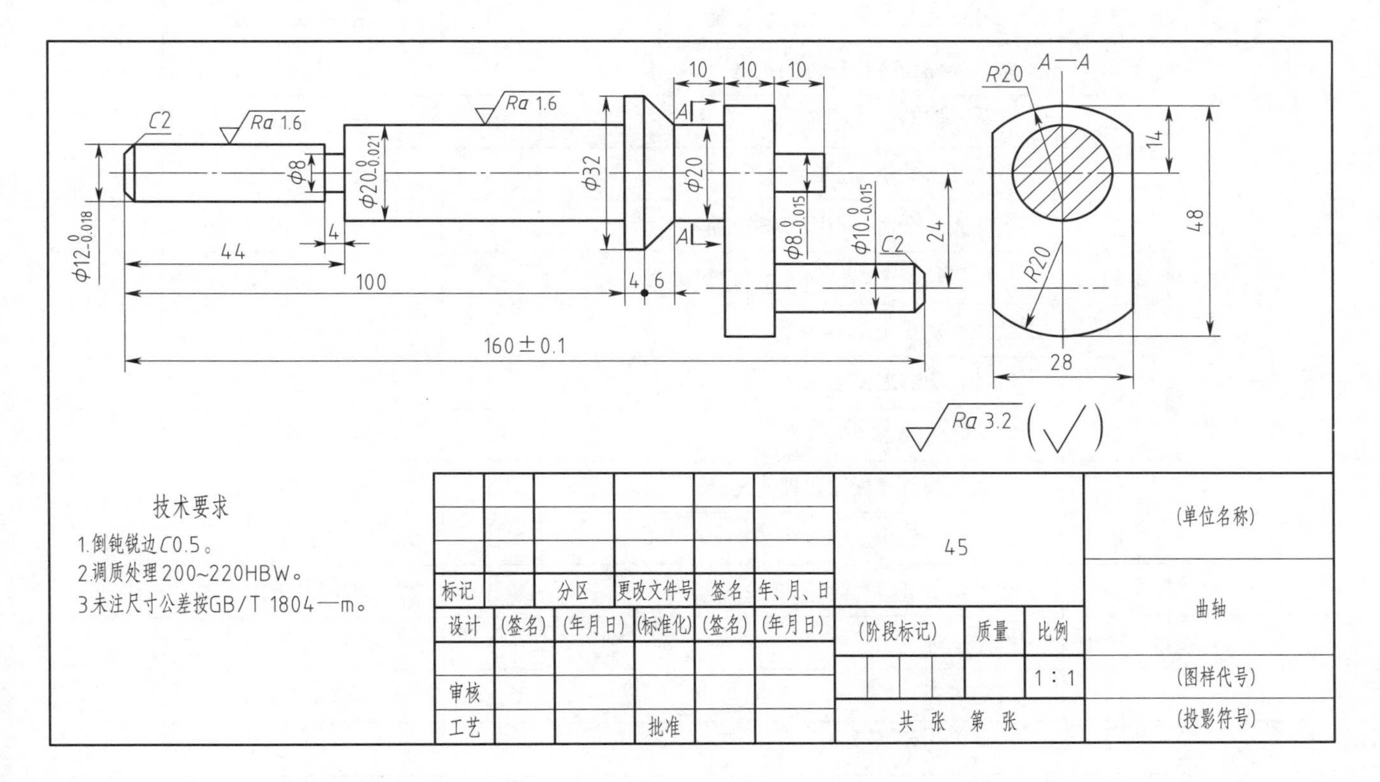

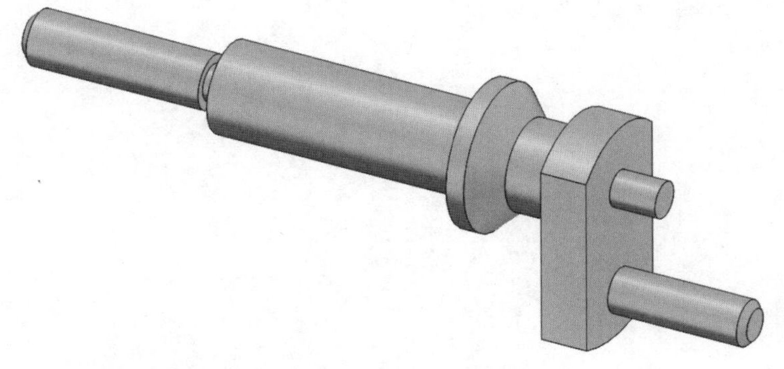

图 2–24　曲轴零件平面图形

二、评分标准

按表 2–6 所示项目和技术要求，对绘制的曲轴零件平面图形进行评分。

表 2–6　　曲轴零件平面图形绘制评分标准

项目	序号	技术要求	配分	评分标准	得分
零件平面图形分析（25%）	1	零件轮廓尺寸分析正确	5	错一处扣 1 分	
	2	定形与定位尺寸分析正确	5	错一处扣 1 分	
	3	连接板尺寸分析正确	5	错一处扣 1 分	
	4	线型分析正确	5	错一处扣 1 分	
	5	尺寸标注及几何公差分析正确	5	错一处扣 1 分	
软件操作（25%）	6	基本绘图命令执行方法正确	10	错一处扣 1 分	
	7	基本绘图命令操作正确	10	错一处扣 1 分	
	8	基本图形的绘制正确	5	错一处扣 1 分	
绘图质量（40%）	9	图幅大小合适，布图方案合理	5	不合格，不得分	
	10	标题栏绘制正确，内容填写规范	5	错一处扣 1 分	
	11	绘图所用线型正确	5	错一处扣 1 分	
	12	零件轮廓清晰，无缺线	5	错一处扣 1 分	
	13	尺寸标注完整，无遗漏	5	错一处扣 1 分	
	14	表面结构符号标注合理，无错误	5	错一处扣 1 分	
	15	剖切符号标注正确	5	错一处扣 1 分	
	16	技术要求书写规范	5	错一处扣 2 分	
安全文明生产（10%）	17	操作安全	5	违反一处扣 2 分	
	18	机房清理	5	不合格不得分	
总得分					

世赛知识

现行机械制图国家标准与国际标准的一致性程度

世界技能大赛使用的机械图样都是按照国际标准（ISO）绘制的。若要看懂世界技能大赛图样，需要了解我国现行机械制图标准与国际标准（ISO）的一致性程度。

现行机械制图国家标准的修订基本都是参照国际标准（ISO）进行的。根据与国际标准（ISO）相比变动的程度区分，现行机械制图国家标准与国际标准的关系有等同采用、等效采用和参照采用三种类型，其符号及含义见表 2–7。

表 2–7　　机械制图国家标准与国际标准一致性程度的标识

一致性程度	符号	含义
等同采用	IDT	与国际标准完全相同
等效采用	MOD	与国际标准相比，在技术上很少有变动
参照采用	NEQ	根据我国自然资源、经济条件和传统产品的特色，必须相对于国际标准有些变动，但在产品性能和质量指标上同国际标准相当，并在通用性、互换性和安全性等方面与国际标准协调一致

例如，《技术制图　图线》（GB/T 17450—1998）等同采用了 ISO 128—20：1996，《技术制图　图纸幅面和格式》（GB/T 14689—2008）等效采用了 ISO 5457：1999，《技术制图　图样画法　视图》（GB/T 17451—1998）参照采用了 ISO/DIS 11947—1：1995。

学习任务三　球阀体零件平面图形的绘制

学习目标

1. 通过识读标题栏，了解球阀体的材料、绘图比例。

2. 通过识读球阀体零件平面图形，确定球阀体的结构形状、尺寸、几何公差和表面质量要求。

3. 通过识读技术要求，确定球阀体的热处理要求和未注公差尺寸要求。

4. 能独立完成图层、线型、文字样式、标注样式等内容的设置。

5. 能根据球阀体零件的结构，确定绘图方法。

6. 能根据球阀体零件平面图形的分析，做好计算机绘图前的准备工作。

7. 能绘制球阀体零件平面图形的图框和标题栏。

8. 能应用“直线”“圆”“延伸”“等距”“倒角”“图案填充”“打断”等命令绘制球阀体零件平面图形。

9. 能完成球阀体零件平面图形上的尺寸、基准符号、几何公差和表面结构符号等内容的标注。

10. 能应用“多行文字”命令标注技术要求。

11. 能设置“打印”对话框，并打印出球阀体零件平面图形。

12. 能检测和判断绘图质量。

13. 能根据发现的问题，修改所绘制的图形。

14. 能按分组情况，分别派代表展示工作成果，说明本次任务的完成情况，并做分析总结。

15. 能按机房操作规程，正确使用、维护和保养计算机、打印机等设备。

16. 能严格执行企业操作规程、企业质量体系管理制度、安全生产制度、环保管理制度、“6S”管理制度等企业管理规定。

建议学时

12 学时。

工作情境描述

企业设计部接到一项绘图任务：根据提供的球阀体零件平面图形（图 3–1）绘制 CAD 图形，便于生产部门进行批量生产。技术主管将绘图任务分配给绘图员张强，让他应用计算机绘图软件进行绘制，并将零件平面图形打印出来。

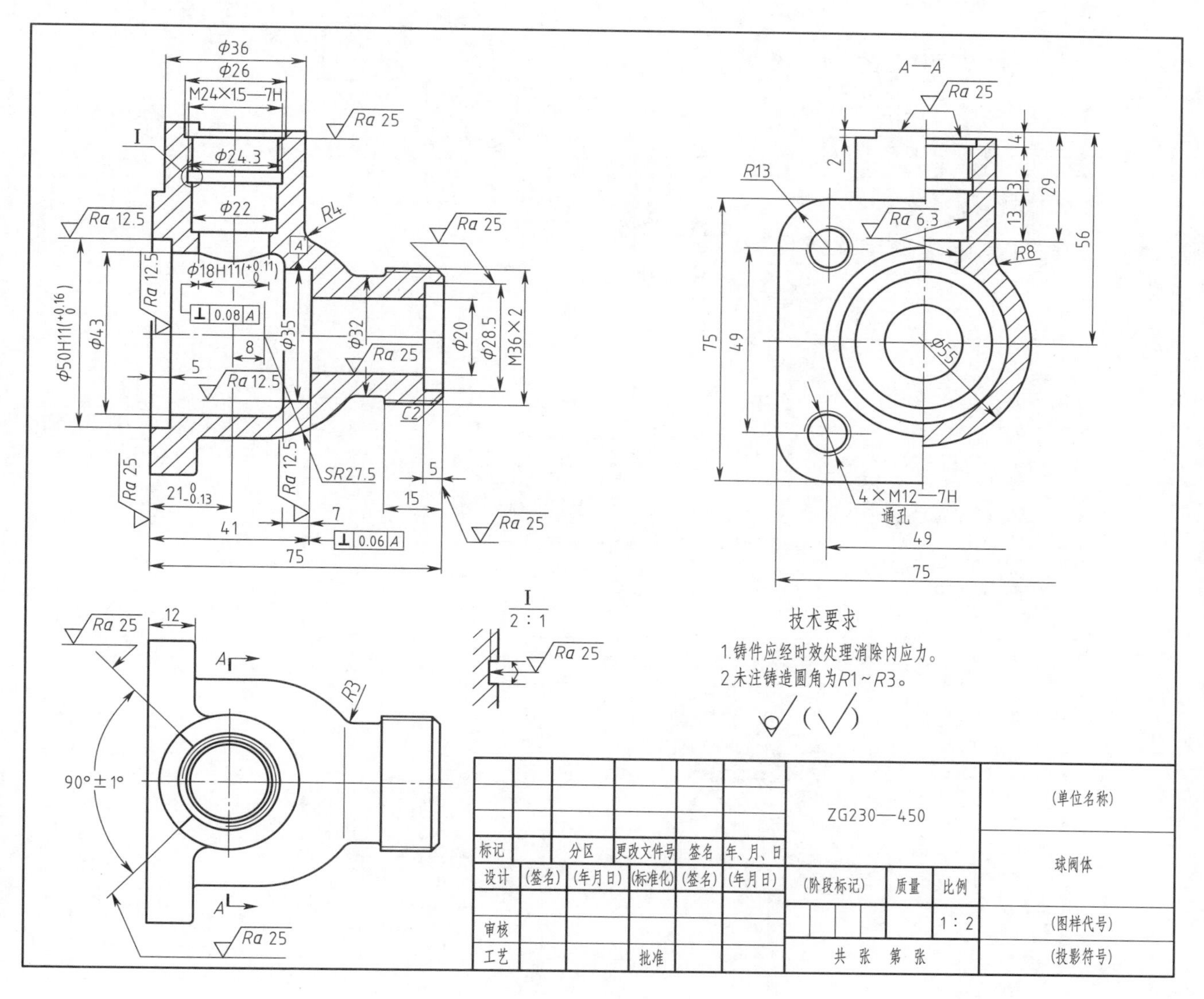

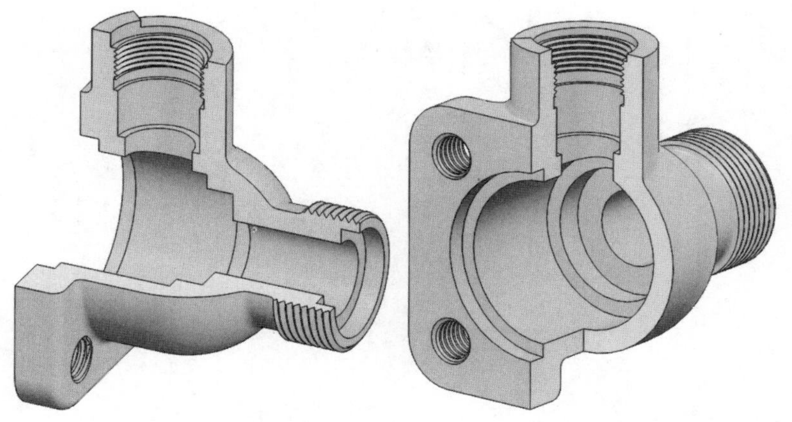

图 3-1　球阀体零件平面图形

工作流程与活动

1．球阀体零件平面图形的分析（2 学时）

2．绘图软件的基本操作（2 学时）

3．球阀体零件平面图形的绘制与打印（4 学时）

4．绘图检测与质量分析（2 学时）

5．工作总结与评价（2 学时）

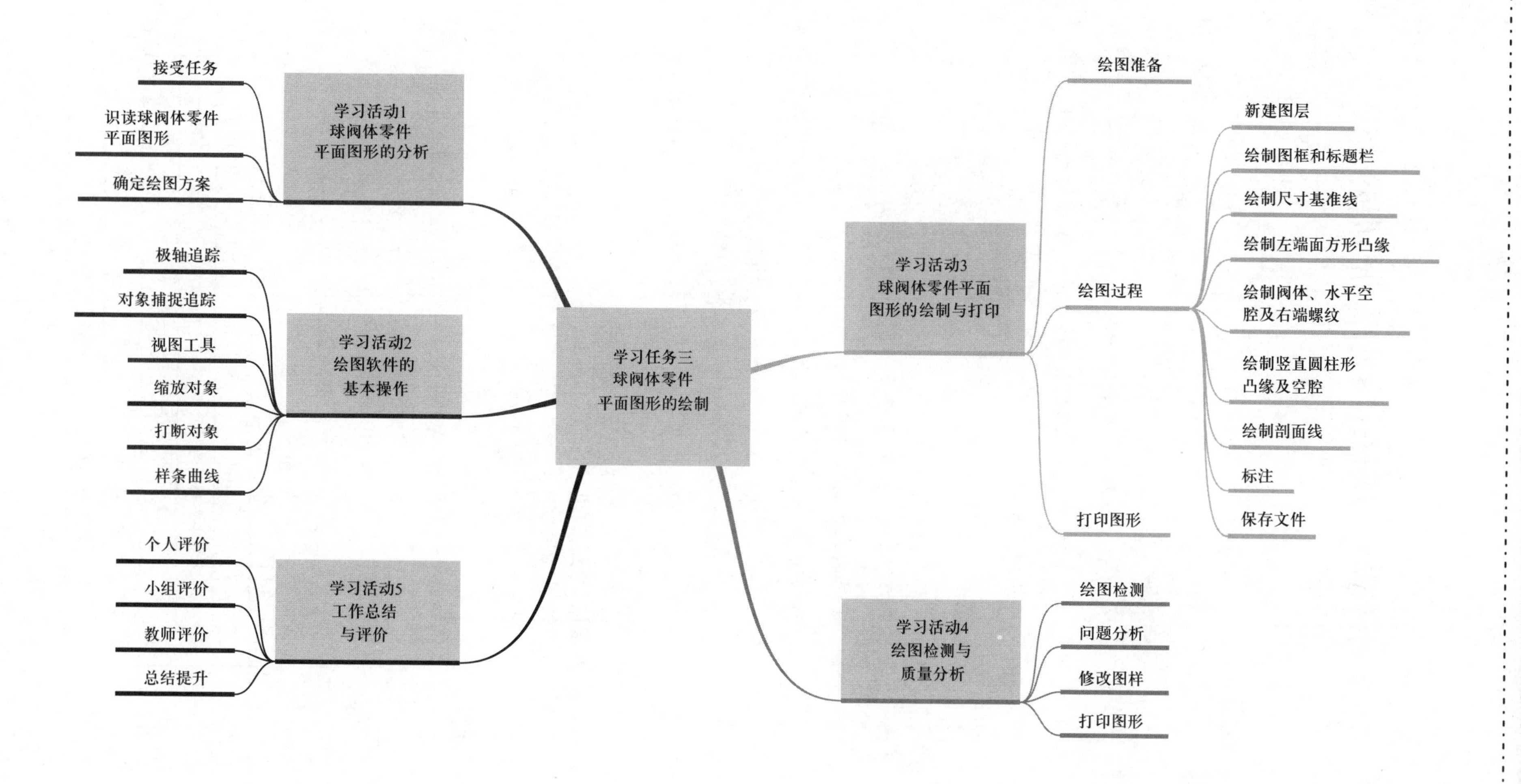
学习任务三
球阀体零件
平面图形的绘制
学习活动1
球阀体零件
平面图形的分析
接受任务
识读球阀体零件
平面图形
确定绘图方案
学习活动2
绘图软件的
基本操作
极轴追踪
对象捕捉追踪
视图工具
缩放对象
打断对象
样条曲线
学习活动5
工作总结
与评价
个人评价
小组评价
教师评价
总结提升
学习活动3
球阀体零件平面
图形的绘制与打印
绘图准备
绘图过程
新建图层
绘制图框和标题栏
绘制尺寸基准线
绘制左端面方形凸缘
绘制阀体、水平空
腔及右端螺纹
绘制竖直圆柱形
凸缘及空腔
绘制剖面线
标注
保存文件
打印图形
学习活动4
绘图检测与
质量分析
绘图检测
问题分析
修改图样
打印图形

学习活动 1　球阀体零件平面图形的分析

学习目标

1. 通过识读标题栏，了解球阀体的材料、绘图比例。

2. 通过识读球阀体三视图，确定球阀体的结构形状、尺寸、几何公差和表面质量要求。

3. 通过识读技术要求，确定球阀体的热处理要求和未注铸造圆角大小。

4. 通过识读球阀体零件平面图形，确定图幅、图层、线型、文字样式、标注样式等内容的设置。

5. 能根据球阀体零件的结构，确定绘图方法和步骤。

6. 能与生产技术人员、生产主管等相关人员沟通，了解绘制球阀体零件平面图形所用到的 CAD 指令。

7. 能根据传动轴零件平面图形分析，做好计算机绘图前的准备工作。

建议学时：2 学时。

学习过程

一、接受任务

听技术主管描述本次绘图任务，正确填写任务记录单（表 3–1）。

表 3–1　　任务记录单

部门名称				出图数量	
任务名称	球阀体零件平面图形的绘制			预交付时间	年　月　日
下单人		年　月　日	接单人		年　月　日
制图		年　月　日	审核		年　月　日
批准		年　月　日	交付人		年　月　日

二、识读球阀体零件平面图形

1．查阅资料，询问技术主管，明确球阀体的用途。

球阀体的作用是支承和包容其他零件，它属于箱体类零件。阀体的结构特征明显，是一个具有三通管式空腔的零件。水平方向空腔容纳阀芯和密封圈（在空腔右侧 ϕ35mm 圆柱形槽内放密封圈）；阀体右侧有外管螺纹与管道相通，形成流体通道；阀体左侧有 $\phi 50^{+0.16}_{0}$ mm 圆柱形槽与阀盖右侧 $\phi 50^{0}_{-0.16}$ mm 圆柱形凸缘相配合。竖直方向的空腔容纳阀杆、填料和填料压紧套等零件，$\phi 18^{+0.11}_{0}$ mm 孔与阀杆下部 $\phi 18^{-0.095}_{-0.205}$ mm 凸缘相配合，阀杆凸缘在这个孔内转动。

2．球阀体是由哪种材料制造的？该种材料有什么特性？

球阀体是由 ZG230—450 制造的。铸造碳钢的含碳量一般在 0.20% ~ 0.60%。如果含碳量过高，则塑性变差，铸造时易产生裂纹。铸造碳钢广泛用于制造重型机械的某些零件，如箱体、曲轴、轧钢机机架、水压机横梁、锻锤砧座等。

3．球阀体零件平面图形采用几个视图来表达零件的形状和结构？主视图和左视图各采用了什么表达方法？

球阀体零件平面图形采用三个基本视图。主视图采用全剖视，表达零件的空腔结构；左视图的图形对称，采用半剖视，既表达零件的空腔结构形状，也表达零件的外部结构形状；俯视图表达阀体俯视方向的外形。要将三个视图综合起来想象球阀体的结构形状，并仔细看懂各部分的局部结构，如俯视图中标注 90°±1° 的两段粗短线，对照主视图和左视图看，是表示 90° 扇形限位块，它用来控制扳手和阀杆的旋转角度。

4．球阀体高度方向的尺寸基准线是哪条直线？以高度方向的尺寸基准线为基准标注了哪些尺寸？

球阀体水平孔的中心线为高度方向的主要基准。标注出了水平方向孔的尺寸 ϕ50H11、ϕ43 mm、ϕ35 mm、ϕ32 mm、ϕ20 mm、ϕ28.5 mm 以及右端外螺纹 M36×2 等，同时标注出了水平中心线到顶端的高度尺寸 56 mm（在左视图上）。

5．球阀体长度方向的尺寸基准线是哪条直线？以长度方向的尺寸基准线为基准标注了哪些尺寸？

球阀体铅垂孔的中心线为长度方向的主要基准。标注出了竖直方向孔的尺寸 ϕ36 mm、ϕ26 mm、M24×1.5—7H、ϕ22 mm、ϕ18H11 等，同时标注出了铅垂孔中心线到左端面的距离 $21^{0}_{-0.13}$ mm。

6．球阀体宽度方向的尺寸基准线是哪条直线？以宽度方向的尺寸基准线为基准标注了哪些尺寸？

球阀体前后对称面为宽度方向的主要基准，在左视图上标注出了球阀体的圆柱体外形尺寸 ϕ55 mm、左端面方形凸缘外形尺寸 75 mm×75 mm 以及 4 个螺纹孔的宽度方向定位尺寸 49 mm，同时在俯视图上标注出了前后对称的扇形限位块的角度尺寸 90°±1°。

7．球阀体零件平面图形的主视图中的标注“M36×2”表示什么含义？除了主视图还有哪个视图中含有“M36×2”所示结构？

“M36×2”表示公称直径为 36 mm、导程为 2 mm 的普通细牙螺纹。除了主视图还有俯视图中含有“M36×2”所示结构。

8．球阀体零件平面图形的左视图中的标注“4×M12—7H”表示什么含义？

“4×M12—7H”表示 4 个公称直径为 12 mm 的普通粗牙内螺纹，螺纹中径和顶径公差等级为 7H。

9．球阀体零件平面图形的主视图中的标注“M24×1.5—7H”表示什么含义？除了主视图还有哪些视图中含有“M24×1.5—7H”所示结构？

“M24×1.5—7H”表示公称直径为 24 mm、导程（螺距）为 1.5 mm、中径和顶径公差等级为 7H 的普通细牙螺纹。除了主视图还有俯视图和左视图中含有“M24×1.5”所示结构。

10．球阀体零件哪些部位有配合要求？各配合表面的表面粗糙度值是多少？

球阀体左端和空腔右端的阶梯孔 $\phi 50^{+0.16}_{0}$ mm、$\phi 35$ mm 分别与密封圈（垫）有配合关系，但因密封圈的材料为塑料，因此相应的表面粗糙度要求稍低，Ra 的上限值为 12.5 μm。零件上不太重要的加工表面的表面粗糙度 Ra 值一般为 25 μm。

11．球阀体零件哪些部位标注了几何公差要求？

空腔右端面相对于 $\phi 35$ mm 轴线的垂直度公差为 0.06 mm；$\phi 18$H11 圆柱孔轴线相对于 $\phi 35$ mm 圆柱孔轴线的垂直度公差为 0.08 mm。

12．球阀体零件平面图形的技术要求表达了哪些信息？

（1）铸件应经时效处理，消除内应力。

（2）未注铸造圆角为 $R1 \sim 3$ mm。

三、确定绘图方案

1．应采用哪种图幅绘制球阀体零件平面图形？

因绘图比例为 1∶2，可采用 A4 图幅绘制球阀体零件平面图形。

2．绘制球阀体零件平面图形需要建立几个图层？

粗实线层、细点画线层、细实线层、标注层。

3．简述绘制球阀体零件平面图形的步骤。

（1）绘制尺寸基准线。

（2）绘制左端面方形凸缘。

（3）绘制阀体、水平空腔及右端管螺纹。

（4）绘制圆柱形凸缘及空腔。

（5）绘制剖面线。

（6）标注尺寸、表面结构符号、基准和几何公差等内容，编写技术要求。

4．绘制三视图时，采用 CAD 软件中的什么功能可以快速保证“长对正、高平齐、宽相等”的投影规律?

采用 CAD 软件中的“正交”“对象捕捉追踪”“对象捕捉”功能可快速保证“长对正、高平齐、宽相等”的投影规律。

5．如何绘制 M36×2、M24×1.5 和 M12 螺纹?

M36×2 为外螺纹，绘制时，螺纹大径用粗实线绘制，螺纹小径用细实线绘制，要绘制出螺杆的倒角。在投影为圆的视图中，表示牙底圆的细实线只画约 3/4 圈，此时轴上的倒角省略不画。螺纹终止线用粗实线绘制。画图时，螺纹小径的大小应为大径的 85%。

M24×1.5 和 M12 为内螺纹，在剖视图中，螺纹牙顶线（小径）用粗实线绘制，牙底线（大径）用细实线绘制，剖面线画到牙顶粗实线处。在投影为圆的视图中，牙顶线（小径）用粗实线绘制，表示牙底圆（大径）的细实线只画约 3/4 圈，孔口倒角省略不画。

6．球阀体零件平面图形中的局部放大图可采用什么指令绘制?

在 AutoCAD 中，局部放大图可采用“复制”和“缩放”命令绘制，在 CAXA 电子图板中可采用“局部放大”命令绘制。

7．当标注尺寸或表面结构符号时，若尺寸数字或符号与轮廓线、中心线相交应如何处理?

标注尺寸或表面结构符号时，若有轮廓线或中心线与尺寸数字或符号相交，应将轮廓线或中心线部分删除。

8．与生产技术人员、生产主管等相关人员沟通，了解绘制球阀体零件平面图形所用到的 CAD 指令有哪些。

有“直线”“圆”“样条曲线”“偏移”“复制”“修剪”“延伸”“缩放”“标注”“图案填充”“创建块”“插入块”“旋转”等功能指令。

学习活动 2　绘图软件的基本操作

学习目标

1. 能利用“极轴追踪”功能绘制图形。

2. 能利用“对象捕捉追踪”功能绘制图形。

3. 能利用视图工具对图形进行缩放、平移等操作。

4. 能利用“缩放”命令创建形状相同、大小不同的图形。

5. 能利用“打断”命令打断对象。

6. 能按机房操作规程和“6S”管理要求，正确使用、维护和保养计算机、打印机等设备。

建议学时：2 学时。

学习过程

一、极轴追踪

“极轴追踪”功能可以根据当前设置的追踪角度，引出相应的极轴追踪线，追踪定位目标点，如图 3–2 所示。

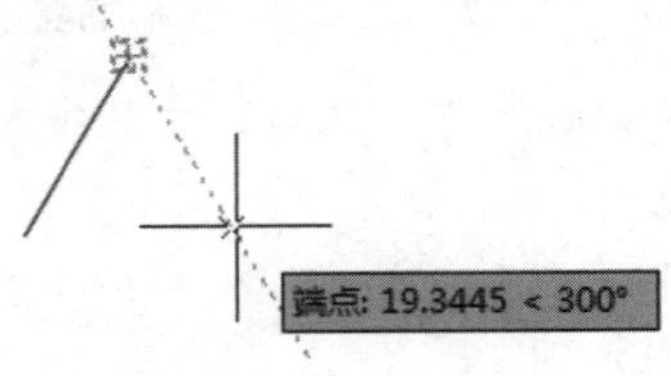

图 3–2　极轴追踪

1. 执行“极轴追踪”功能的方法有哪几种?

（1）辅助工具栏：“极轴追踪”按钮 。

（2）快捷键：F10。

（3）菜单栏：“工具”→“绘图设置”，在打开的“草图设置”对话框中单击“极轴追踪”选项卡，勾选“启用极轴追踪”复选框。

2．“正交”模式与“极轴追踪”功能能否同时执行?

“正交”模式和“极轴追踪”功能不能同时打开，因为前者是使光标限制在水平或垂直轴上，而后者则可以追踪任意方向的矢量。

3．利用“极轴追踪”功能绘制如图 3–3 所示菱形。

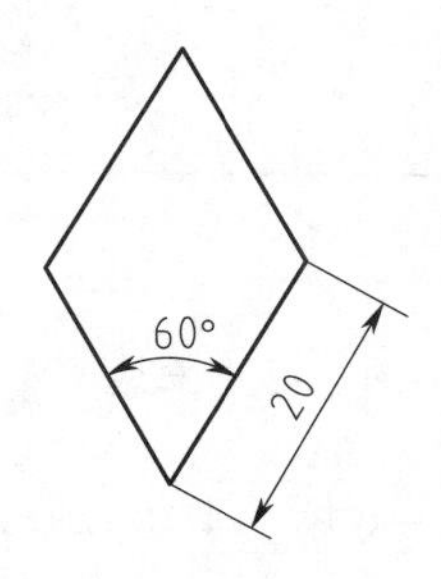

图 3–3　菱形

二、对象捕捉追踪

“对象捕捉追踪”功能是指以捕捉到的特殊位置点为基点，按指定的极轴角或极轴角的倍数对齐要指定点的路径，如图 3–4 所示，捕捉点极轴角为 0°、15° 和 90° 时的状态。

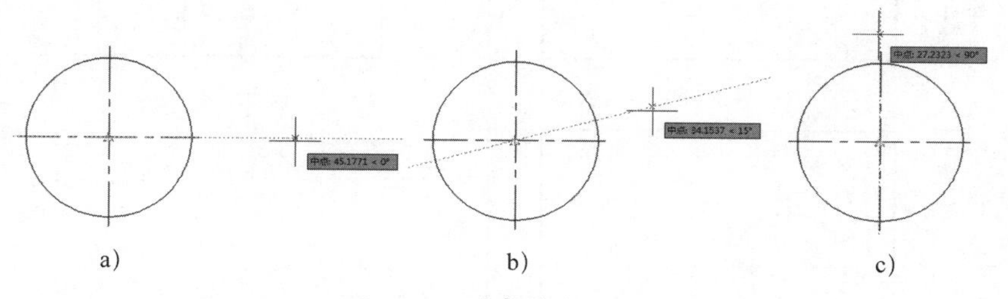

图 3–4　对象捕捉追踪

a）追踪点的 0° 极轴角　b）追踪点的 15° 极轴角　c）追踪点的 90° 极轴角

1．执行“对象捕捉追踪”功能的方法有哪几种?

（1）辅助工具栏：“对象捕捉追踪”按钮 。

（2）菜单栏：“工具”→“绘图设置”，在打开的“草图设置”对话框中单击“对象捕捉”选项卡，勾选“启用对象捕捉追踪”复选框。

（3）快捷键：F11。

2．“对象捕捉追踪”功能是否必须配合“对象捕捉”功能一起使用?

“对象捕捉追踪”功能必须配合“对象捕捉”功能一起使用，即状态栏中的“对象捕捉”和“对象捕捉追踪”按钮都处于打开状态。

3．利用“对象捕捉追踪”功能绘制如图 3-5 所示五边形。

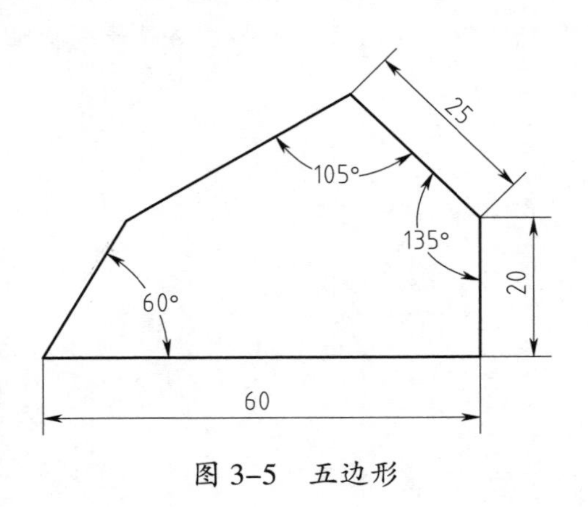

图 3-5　五边形

4．利用“对象捕捉追踪”功能绘制如图 3-6 所示弯板三视图。

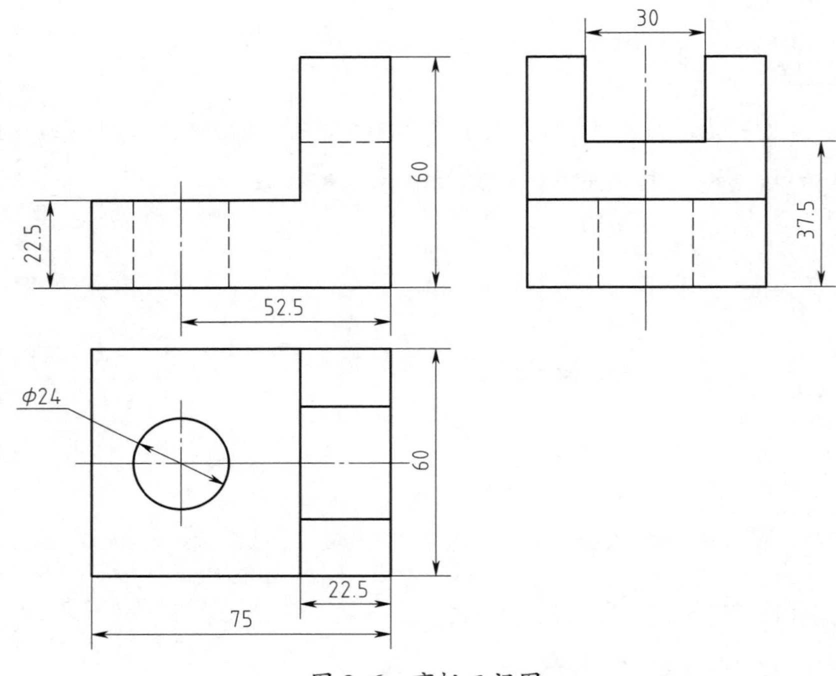

图 3-6　弯板三视图

三、视图工具

1．在绘图时，由于绘图的需要，绘图者有时需要改变图形在屏幕上的大小、位置等特性，所用 CAD 绘图软件在这方面提供了哪些功能？

AutoCAD 2018 提供了“缩放”和“平移”功能。“缩放”命令是将图形放大或缩小显示，以便观察和绘制图形，该命令并不改变图形的实际位置和尺寸，只是变更图形的视图比例。“平移”命令用于移动图形在屏幕上的显示位置，该命令不改变图形的实际位置。

2．“视图”命令与“绘制”命令、“编辑”命令有何不同？

“视图”命令不改变图形的实际位置和尺寸，只是改变图形的显示位置和视图比例。而“绘制”命令是以绘图为目的，“编辑”命令是以修改图形为目的。

3．执行“视图”命令的方法有哪几种？

（1）单击导航栏中的“缩放”或“平移”命令。

（2）单击菜单栏中的“视图”主菜单中的“缩放”或“平移”命令。

（3）在命令行中输入“ZOOM”（缩放）或“PAN”（平移）。

四、缩放对象

“缩放”命令用于将所选对象绕缩放基点按照指定的比例因子进行放大或缩小，以创建形状相同、大小不同的图形。

1．执行“缩放”命令的方式有哪几种？

功能区：“默认”→“修改”→“缩放”按钮。

菜单栏：“修改”→“缩放”命令。

命令行：“SC（或 SCALE）”。

2．利用“缩放”命令绘制如图 3–7 所示图形。

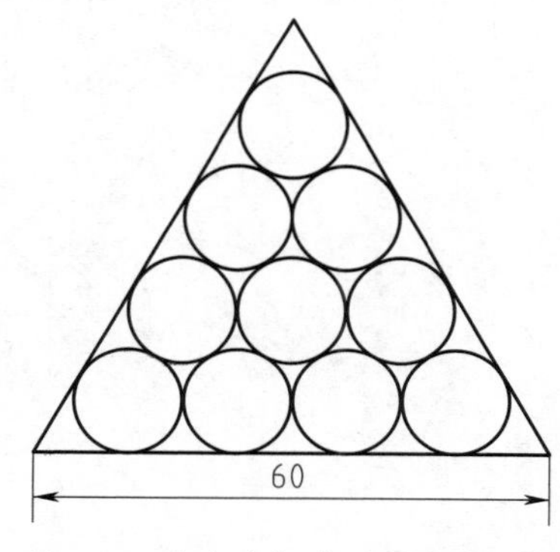

图 3–7　“缩放”命令应用示例

五、打断对象

“打断”命令用于通过指定两点将对象上两点间的部分删除。

1．执行“打断”命令的方法有哪几种？

功能区：“默认”→“修改”→“打断”按钮。

菜单栏：“修改”→“打断”命令。

命令行：“BR（或 BREAK）”。

2．利用“打断”命令将如图 3–8a 所示图形修改成如图 3–8b 所示图形。

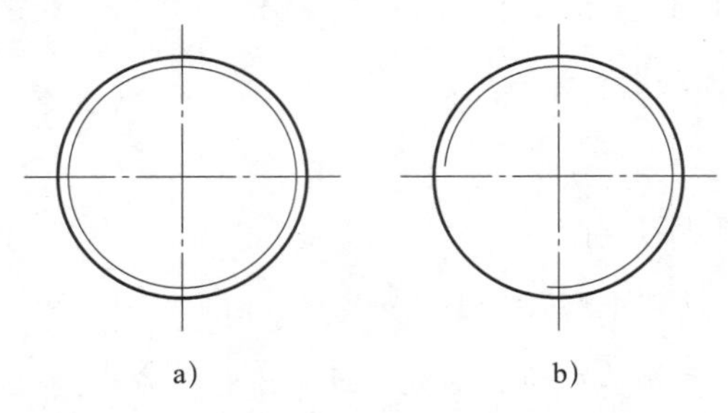

图 3–8 “打断”命令应用示例
a）打断前 b）打断后

六、样条曲线

样条曲线主要用于绘制相贯线、截交线以及波浪线。绘制样条曲线可以使用“样条曲线拟合”或“样条曲线控制点”命令。在启动“样条曲线拟合”或“样条曲线控制点”命令后，必须给定三个以上的点来确定一条多段线。

1．执行“样条曲线拟合”命令的方法有哪几种？

功能区：“默认”→“绘图”→“样条曲线拟合”按钮。

菜单栏：“绘图”→“样条曲线”→“拟合点”命令。

命令行：“SPL（或 SPLINE）”。

2．利用样条曲线绘制如图 3–9 所示图形中的波浪线。

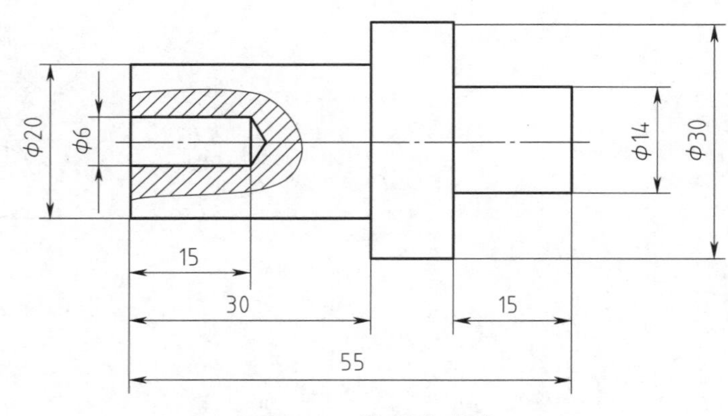

图 3–9 绘制波浪线

学习活动 3　球阀体零件平面图形的绘制与打印

学习目标

1. 能绘制球阀体零件平面图形的图框和标题栏。

2. 能根据球阀体零件平面图形所用线型新建图层。

3. 能正确应用“直线”“圆”“圆角”“倒角”“等距”“对象捕捉追踪”等命令绘制球阀体零件三视图。

4. 能正确应用“缩放”命令绘制局部放大图。

5. 能正确应用“线性”标注命令，完成球阀体零件三视图的尺寸标注。

6. 能创建基准和表面结构符号图块，并能应用“插入块”命令完成基准和表面结构符号的标注。

7. 能正确应用“公差”命令标注几何公差。

8. 能正确应用“多行文字”命令标注球阀体零件平面图形中的技术要求。

9. 能完成“打印”对话框的设置，并能打印球阀体零件平面图形。

建议学时：4 学时。

学习过程

一、绘图准备

工具：CAD 绘图软件。

材料：球阀体零件平面图形。

设备：计算机、打印机。

资料：工作任务书、球阀体零件生产工艺文件、计算机安全操作规程。

二、绘图过程

1．新建图层

启动 CAD 绘图软件，根据表 3–2 要求，新建四个图层。

表 3–2　　图层参数要求

图层名称	颜色	线型	线宽
粗实线	黑色（或白色）	CONTINUOUS	0.5 mm
细实线	黑色（或白色）	CONTINUOUS	0.25 mm
中心线	红色	CENTER	0.25 mm
尺寸线	绿色	CONTINUOUS	0.25 mm

2．绘制图框和标题栏

根据球阀体零件平面图形的轮廓尺寸及绘图比例，绘制图框和标题栏。标题栏根据国家标准《技术制图　标题栏》（GB/T 10609.1—2008）的规定绘制。

3．绘制尺寸基准线

将中心线层置为当前图层，利用“直线”命令和“对象捕捉追踪”功能，绘制三视图的尺寸基准线，如图 3–10 所示。

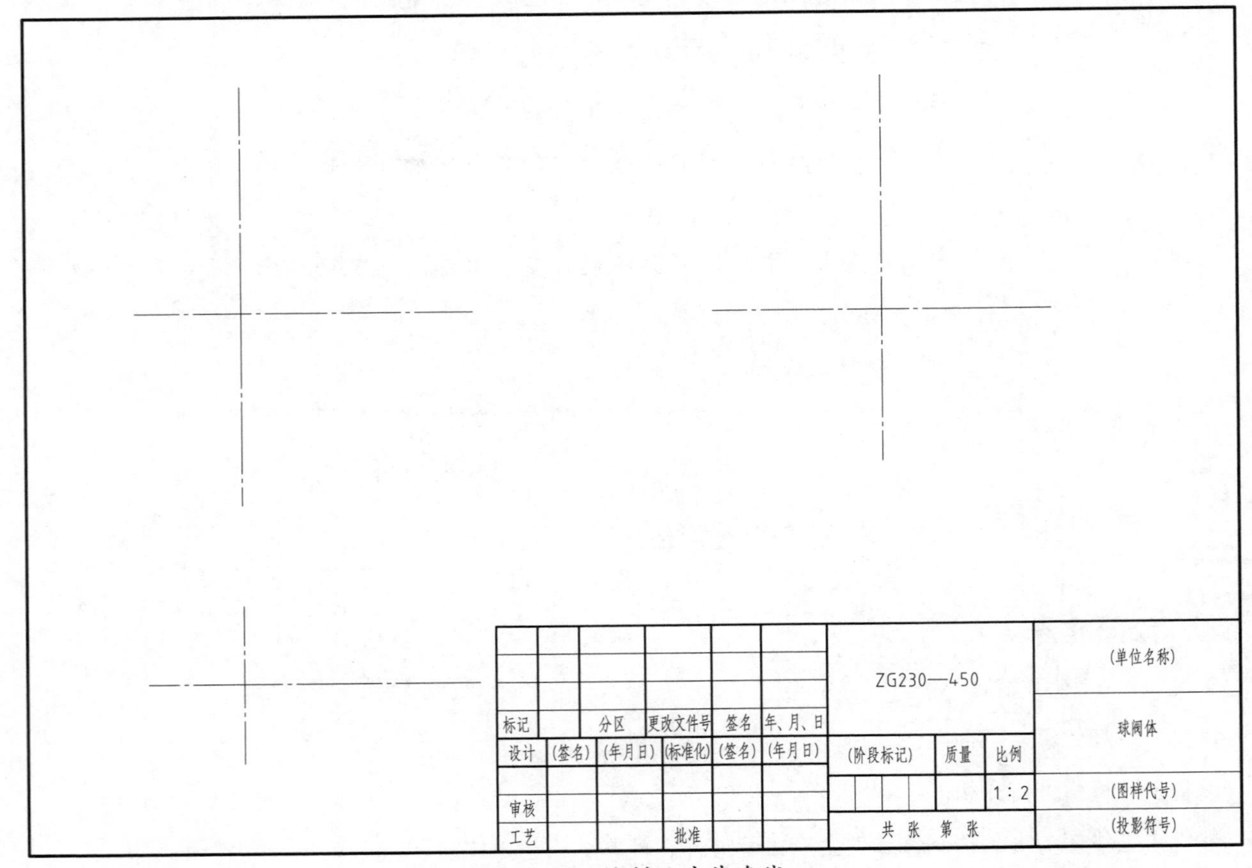

图 3–10　绘制尺寸基准线

4．绘制左端面方形凸缘

将粗实线层置为当前图层，利用“直线”“圆”“等距”及“对象捕捉追踪”命令，绘制左端面方形凸缘，如图 3-11 所示。

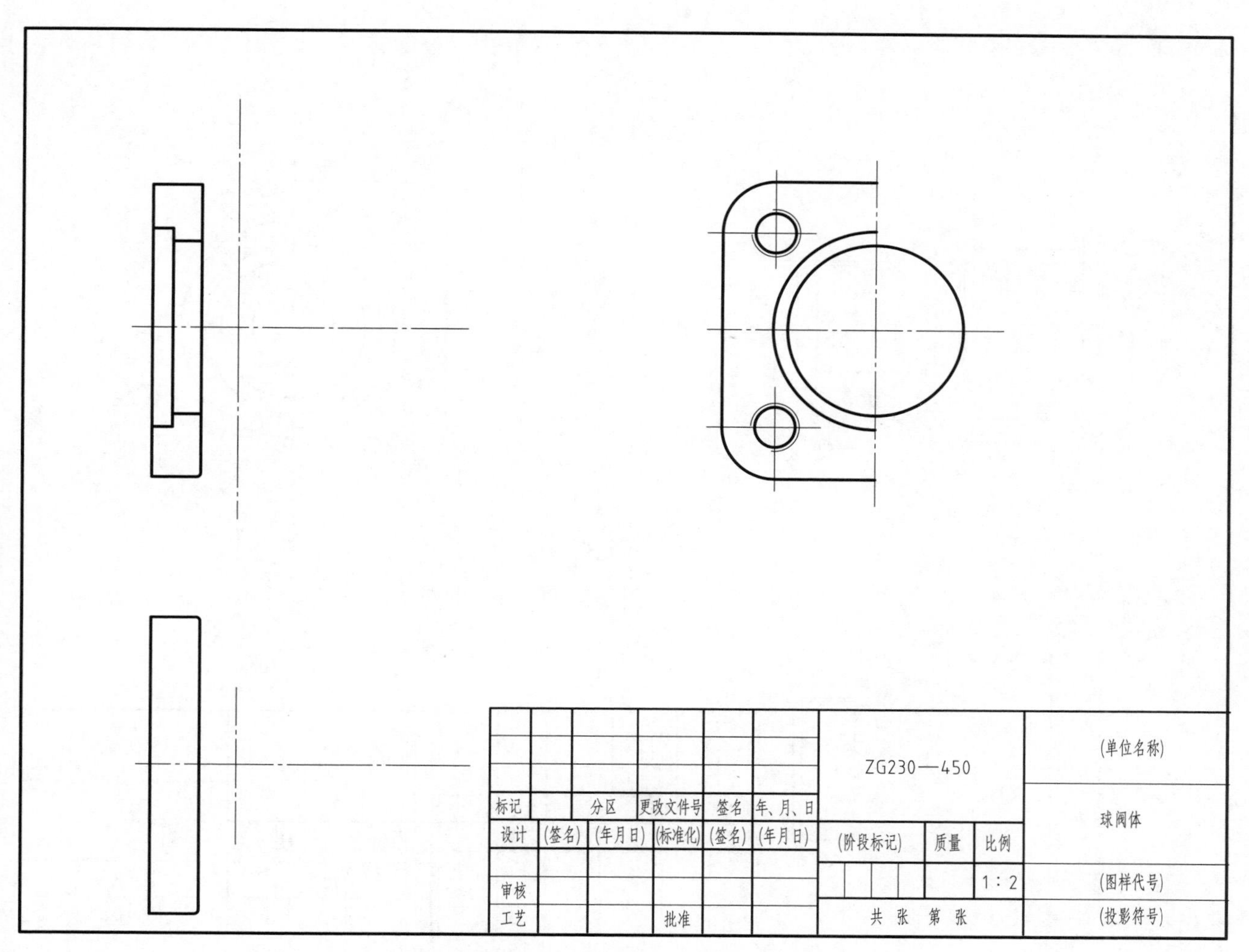

图 3-11　绘制左端面方形凸缘

5．绘制阀体、水平空腔及右端螺纹

利用“直线”“圆”“等距”“圆角”及“对象捕捉追踪”命令，绘制阀体、水平空腔及右端螺纹，如图3-12所示。

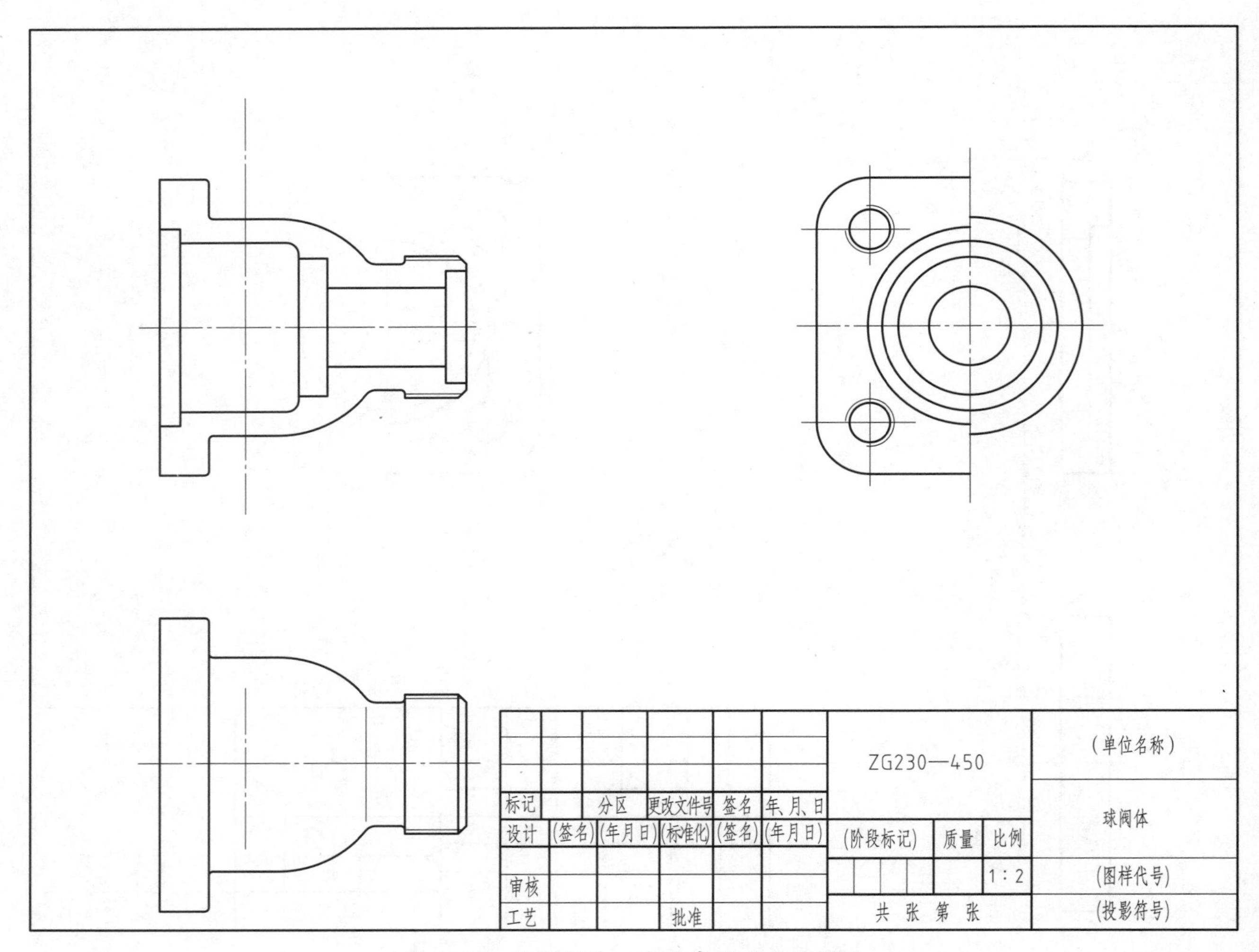

图3-12 绘制阀体、水平空腔及右端螺纹

6．绘制竖直圆柱形凸缘及空腔

利用“直线”“圆”“等距”“圆角”及“对象捕捉追踪”命令，绘制竖直圆柱形凸缘及空腔，如图 3-13 所示。

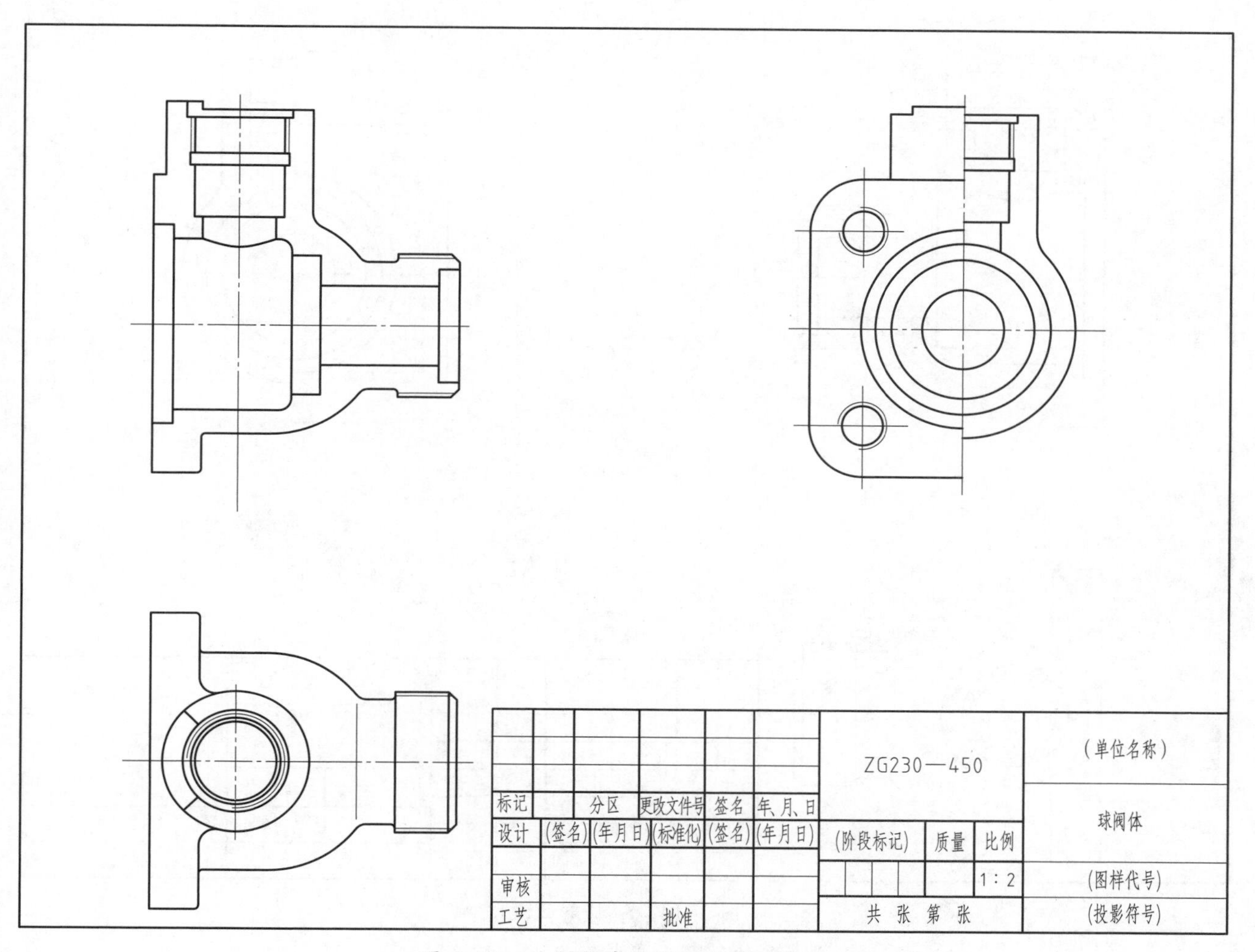

图 3-13　绘制竖直圆柱形凸缘及空腔

7．绘制剖面线

将细实线层置为当前图层，应用“图案填充”命令绘制主视图和左视图中的剖面线，如图 3–14 所示。

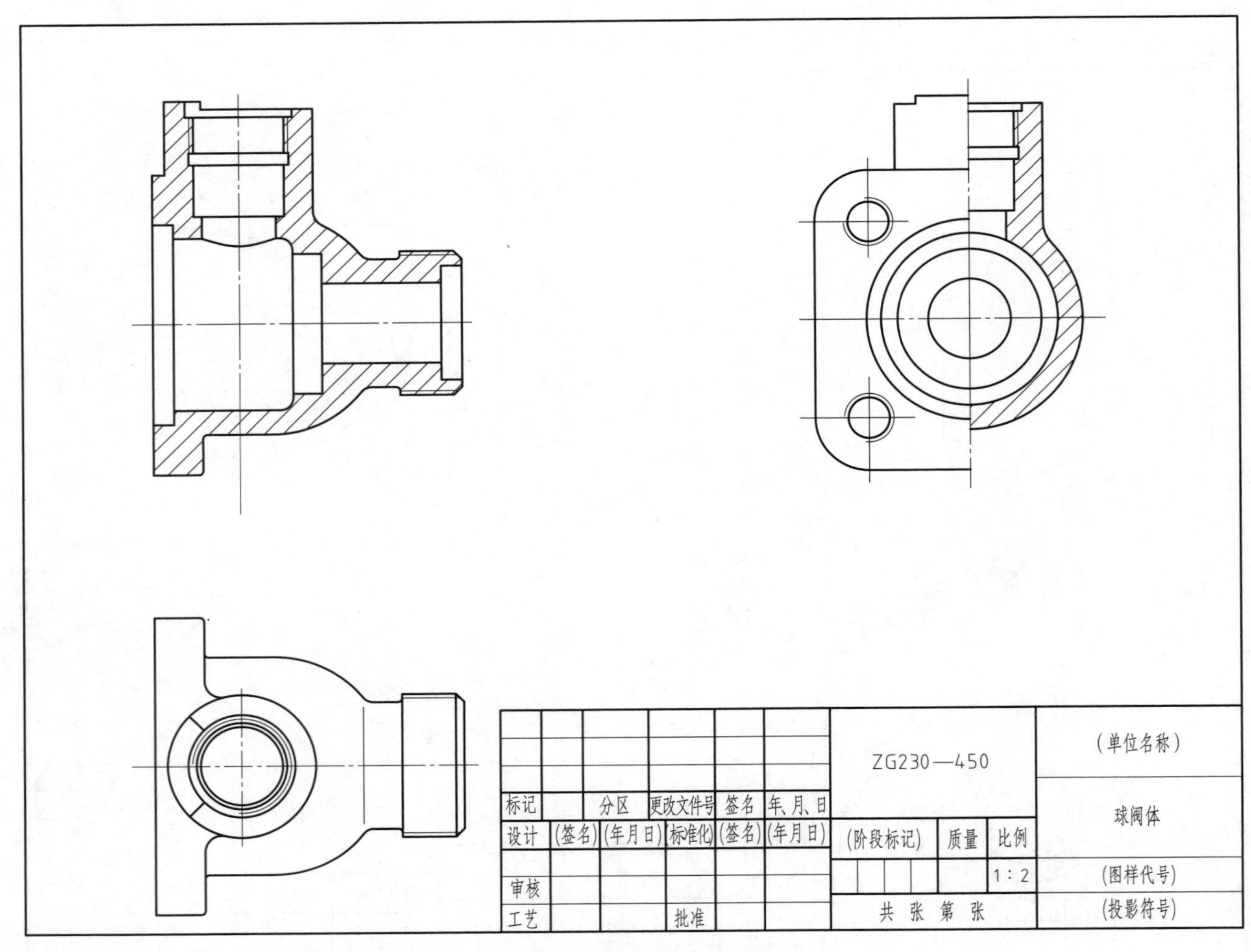

图 3–14 绘制剖面线

8．标注

（1）标注尺寸

将尺寸线层置为当前图层，标注球阀体零件平面图形上的尺寸及公差，如图 3–15 所示。

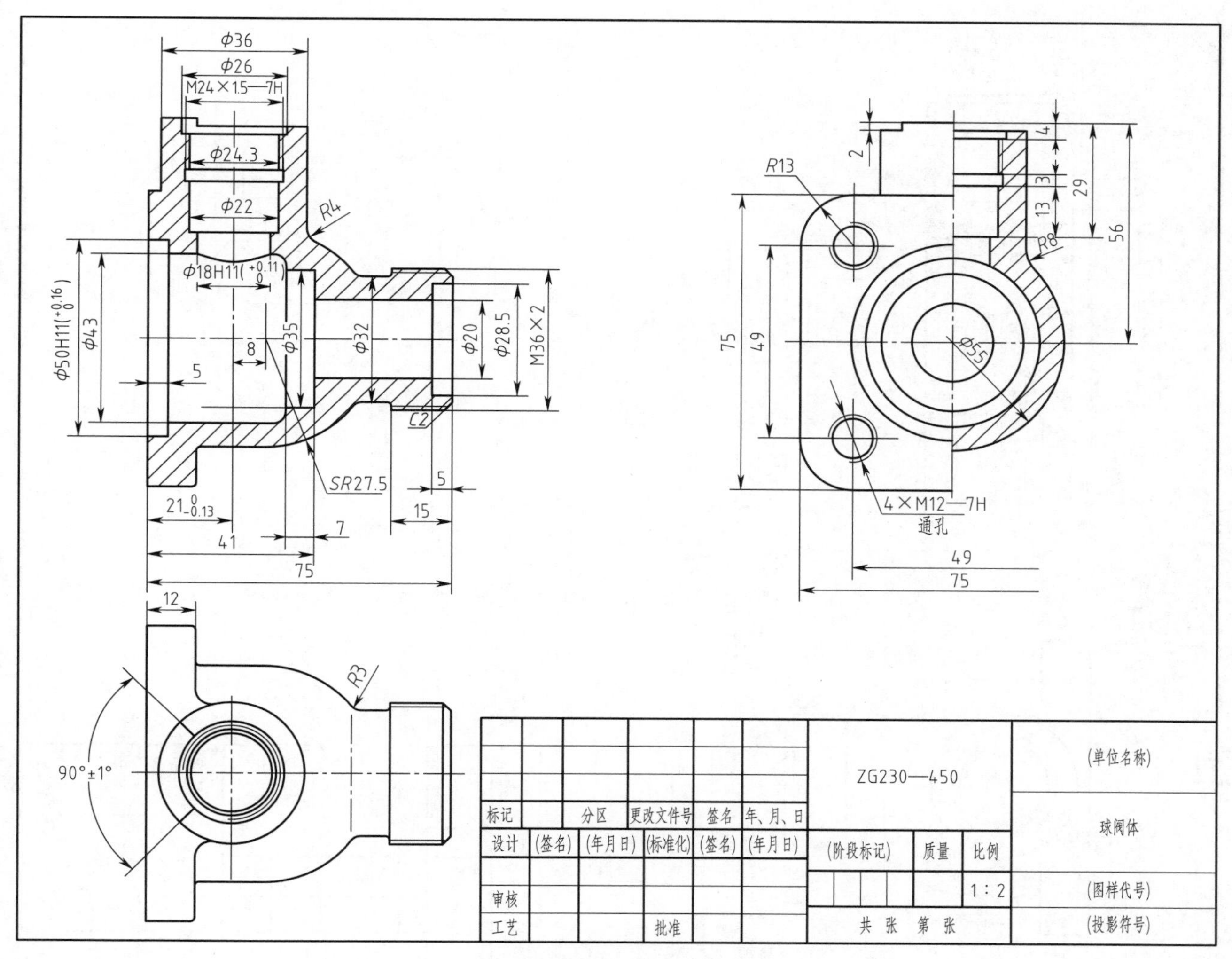

图 3–15　标注尺寸

（2）标注表面结构符号

创建表面结构符号图块，并将其插入到相应位置，如图 3-16 所示。

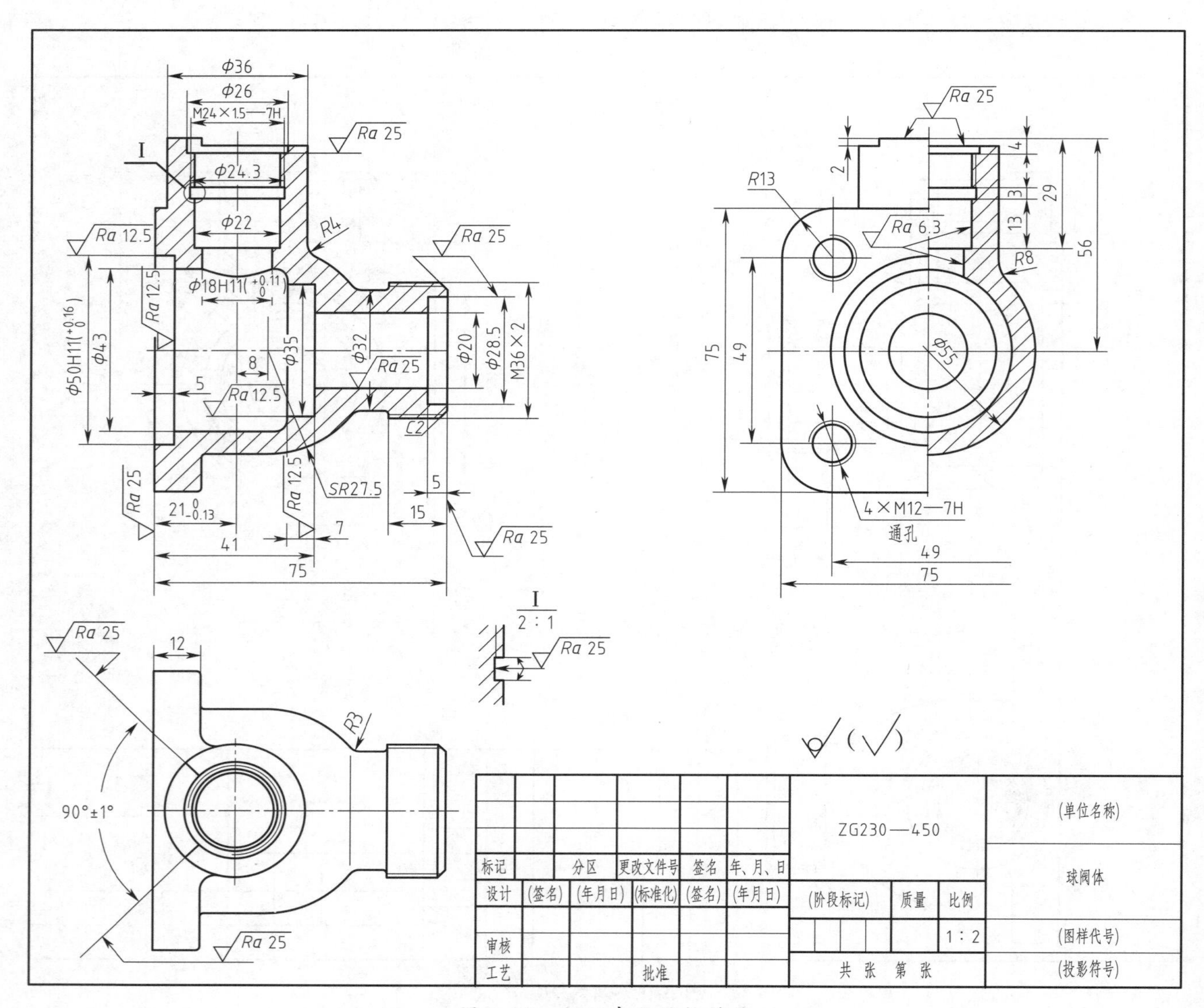

图 3-16　标注表面结构符号

（3）标注基准及几何公差

创建基准图块，标注基准符号，并利用“公差”命令标注几何公差，如图 3–17 所示。

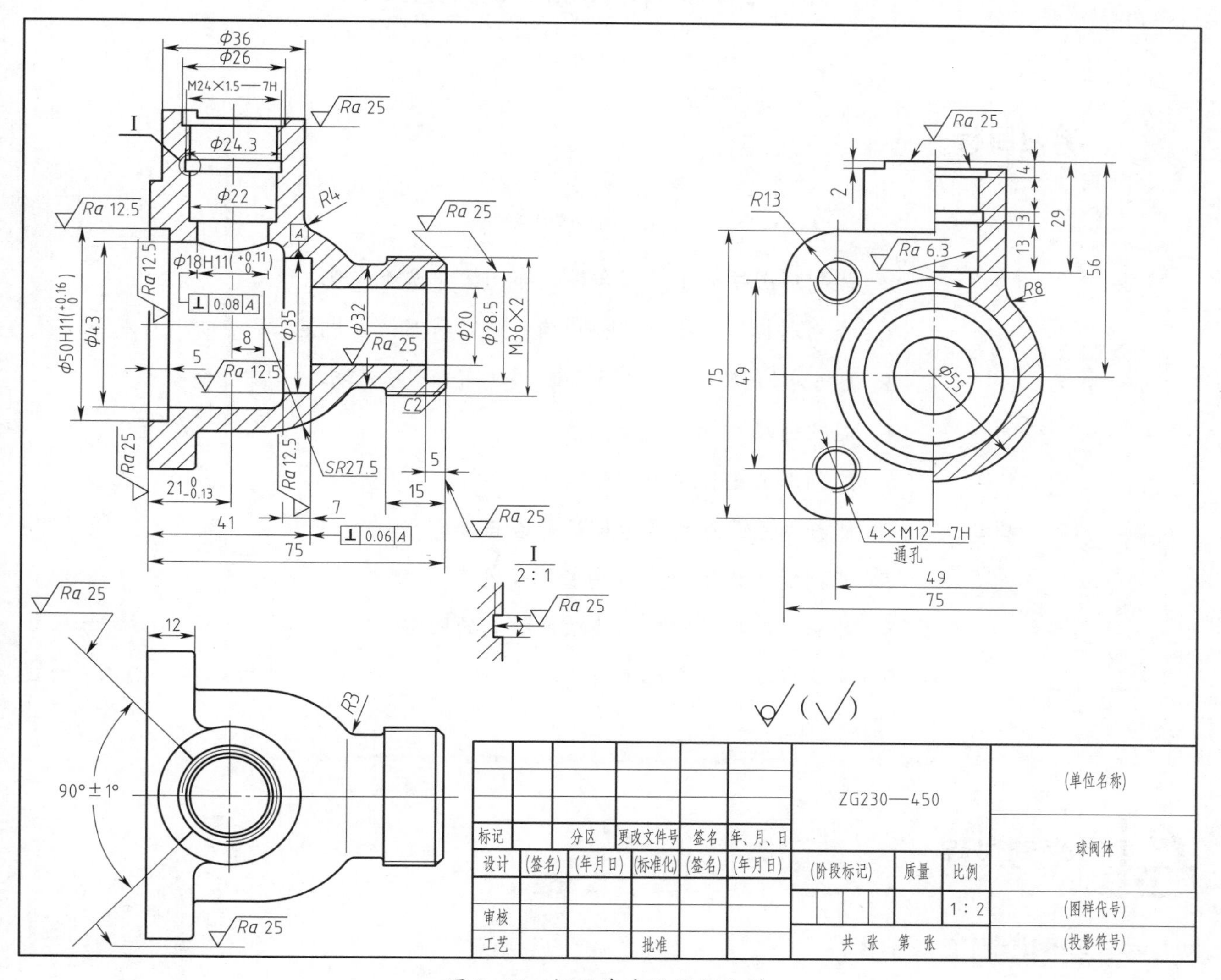

图 3–17　标注基准及几何公差

（4）标注剖切面符号和技术要求

利用“多行文字”命令 **A**，标注剖切面符号和技术要求，绘制结果如图 3–1 所示。

9．保存文件

将绘制的球阀体零件平面图形保存到指定位置。

三、打印图形

设置打印机，打印一张球阀体零件平面图形以供检测和质量分析用。

学习活动 4　绘图检测与质量分析

学习目标

1. 能判别图幅大小是否合适，布图方案是否合理。
2. 能判别标题栏绘制是否正确，内容填写是否规范。
3. 能判别绘图所用线型是否正确，零件轮廓是否清晰。
4. 能判别尺寸标注是否完整。
5. 能判别公差标注是否合理。
6. 能判别表面结构符号标注是否正确。
7. 能判别所标注的技术要求是否规范。
8. 能根据发现的问题，修改所绘制的图形。
9. 能正确填写任务记录单。

建议学时：2 学时。

学习过程

一、绘图检测（表 3–3）

建议：由教师或组长根据绘图要求逐条对学生绘制的球阀体零件平面图形进行检测，找出问题并及时改正，避免以后再出现类似错误。

表 3–3　　绘图检测内容及检测结果

序号	绘图要求	绘图检测
1	图幅大小合适，布图方案合理	
2	标题栏绘制正确，内容填写规范	
3	绘图所用线型正确	
4	零件轮廓清晰，无缺线	
5	尺寸标注完整，无遗漏	
6	公差标注合理，无错误	
7	表面结构符号和基准符号标注正确	
8	技术要求书写规范	

二、问题分析

建议：教师从图框、标题栏、线型、零件轮廓、尺寸和公差标注、表面结构符号、技术要求等方面，引导学生分析绘图过程中出现的问题、产生原因及预防方法。

归纳问题产生的原因和预防方法，填入表 3–4 中。

表 3–4　　问题种类、产生原因及预防方法

问题种类	产生原因	预防方法

三、修改图样

按照绘图检测结果修改图样并保存。

四、打印图形

打印一张球阀体零件平面图形，上交技术主管进行审核。审核合格后，打印所需数量的图纸，上交技术主管，并认真填写任务记录单。

学习活动 5　工作总结与评价

学习目标

1. 能按分组情况派代表展示工作成果，讲述本次任务的完成情况并做分析总结。

2. 能结合自身任务完成情况，正确、规范地撰写工作总结（心得体会）。

3. 能就本次任务中出现的问题提出改进措施。

4. 能对学习与工作进行反思总结，并能与他人开展良好合作，进行有效的沟通。

建议学时：2 学时。

学习过程

一、个人评价

按表 3–5 中的评分标准进行个人评价。

表 3–5　　个人综合评价表

项目	序号	技术要求	配分	评分标准	得分
零件平面图形的分析（25%）	1	零件轮廓尺寸分析正确	5	错一处扣 1 分	
	2	定形尺寸与定位尺寸分析正确	5	错一处扣 1 分	
	3	基准尺寸分析正确	5	错一处扣 1 分	
	4	线型分析正确	5	错一处扣 1 分	
	5	尺寸标注及几何公差分析正确	5	错一处扣 1 分	
软件操作（25%）	6	基本绘图命令执行方法正确	10	错一处扣 1 分	
	7	软件基本操作正确	10	错一处扣 1 分	
	8	基本图形的绘制正确	5	错一处扣 1 分	

续表

项目	序号	技术要求	配分	评分标准	得分
绘图质量（40%）	9	图幅大小合适，布图方案合理	5	不合格，不得分	
	10	标题栏绘制正确，内容填写规范	5	错一处扣 1 分	
	11	绘图所用线型正确	5	错一处扣 1 分	
	12	零件轮廓清晰，无缺线	5	错一处扣 1 分	
	13	尺寸标注完整，无遗漏	5	错一处扣 1 分	
	14	几何公差标注合理，无错误	5	错一处扣 1 分	
	15	表面结构符号和基准符号标注正确	5	错一处扣 1 分	
	16	技术要求书写规范	5	错一处扣 2 分	
安全文明生产（10%）	17	操作安全	5	违反一处扣 2 分	
	18	机房清理	5	不合格不得分	
总得分					

二、小组评价

把打印好的球阀体零件平面图形先进行分组展示，再由小组推荐代表做必要的介绍。在展示的过程中，以小组为单位进行评价；评价完成后，根据其他小组成员对本组展示的成果进行评价，并将评价意见归纳总结。完成如下项目：

1．本小组展示的球阀体零件平面图形符合机械制图标准吗？

很好□　　一般□　　不准确□

2．本小组介绍成果表达是否清晰？

很好□　　一般，常补充□　　不清晰□

3．本小组演示的球阀体零件平面图形绘制方法正确吗？

正确□　　部分正确□　　不正确□

4．本小组演示操作时遵循“6S”工作要求吗？

符合工作要求□　　忽略了部分要求□　　完全没有遵循□

5．本小组所用的计算机、打印机保养完好吗？

良好□　　一般□　　不合要求□

6．本小组的成员团队创新精神如何？

良好□　　一般□　　不足□

三、教师评价

教师对展示的图样分别做评价。

1．找出各组的优点进行点评。

2．对展示过程中各组的缺点进行点评，提出改进方法。

3．对整个任务完成中出现的亮点和不足进行点评。

四、总结提升

1．回顾本次学习任务的工作过程，归纳整理所学知识和技能。

建议：教师从极轴追踪、对象捕捉追踪、视图工具、缩放对象、打断对象、样条曲线等绘图命令的应用和球阀体零件平面图形的绘制等方面，引导学生归纳、整理所学知识和技能。

2．试结合自身任务完成情况，通过交流讨论等方式，较全面、规范地撰写本次任务的工作总结。

工作总结（心得体会）

评价与分析

学习任务三评价表

<table>
<tr><td>班级</td><td colspan="3"></td><td colspan="2">姓名</td><td colspan="2"></td><td>学号</td><td colspan="2"></td></tr>
<tr><td rowspan="3">项目</td><td colspan="3">自我评价</td><td colspan="3">小组评价</td><td colspan="3">教师评价</td></tr>
<tr><td>10 ~ 9 分</td><td>8 ~ 6 分</td><td>5 ~ 1 分</td><td>10 ~ 9 分</td><td>8 ~ 6 分</td><td>5 ~ 1 分</td><td>10 ~ 9 分</td><td>8 ~ 6 分</td><td>5 ~ 1 分</td></tr>
<tr><td colspan="3">占总评 10%</td><td colspan="3">占总评 30%</td><td colspan="3">占总评 60%</td></tr>
<tr><td>学习活动 1</td><td></td><td></td><td></td><td></td><td></td><td></td><td></td><td></td><td></td></tr>
<tr><td>学习活动 2</td><td></td><td></td><td></td><td></td><td></td><td></td><td></td><td></td><td></td></tr>
<tr><td>学习活动 3</td><td></td><td></td><td></td><td></td><td></td><td></td><td></td><td></td><td></td></tr>
<tr><td>学习活动 4</td><td></td><td></td><td></td><td></td><td></td><td></td><td></td><td></td><td></td></tr>
<tr><td>学习活动 5</td><td></td><td></td><td></td><td></td><td></td><td></td><td></td><td></td><td></td></tr>
<tr><td>表达能力和分析能力</td><td></td><td></td><td></td><td></td><td></td><td></td><td></td><td></td><td></td></tr>
<tr><td>协作精神</td><td></td><td></td><td></td><td></td><td></td><td></td><td></td><td></td><td></td></tr>
<tr><td>纪律观念</td><td></td><td></td><td></td><td></td><td></td><td></td><td></td><td></td><td></td></tr>
<tr><td>工作态度</td><td></td><td></td><td></td><td></td><td></td><td></td><td></td><td></td><td></td></tr>
<tr><td>任务总体表现</td><td></td><td></td><td></td><td></td><td></td><td></td><td></td><td></td><td></td></tr>
<tr><td>小计分</td><td colspan="3"></td><td colspan="3"></td><td colspan="3"></td></tr>
<tr><td>总评分</td><td colspan="9"></td></tr>
</table>

任课教师：　　　　年　　月　　日

任务拓展

多孔轴零件平面图形的绘制

一、工作情境描述

企业设计部接到一项绘图任务：根据提供的多孔轴零件平面图形（图 3–18）绘制 CAD 图形，便于生产部门进行批量生产。技术主管将绘图任务分配给绘图员张强，让他应用计算机绘图软件进行绘制，并将零件平面图形打印出来。

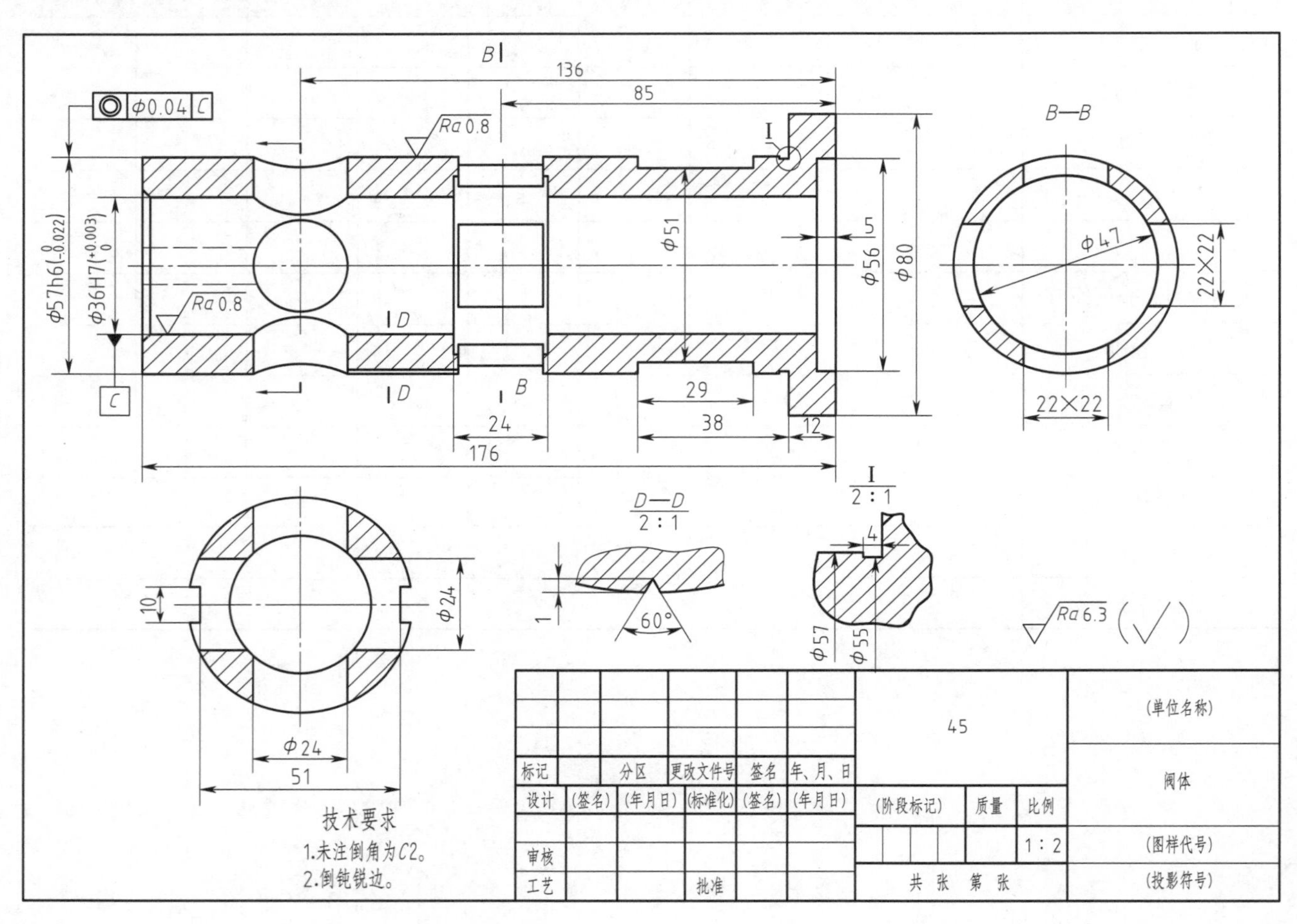

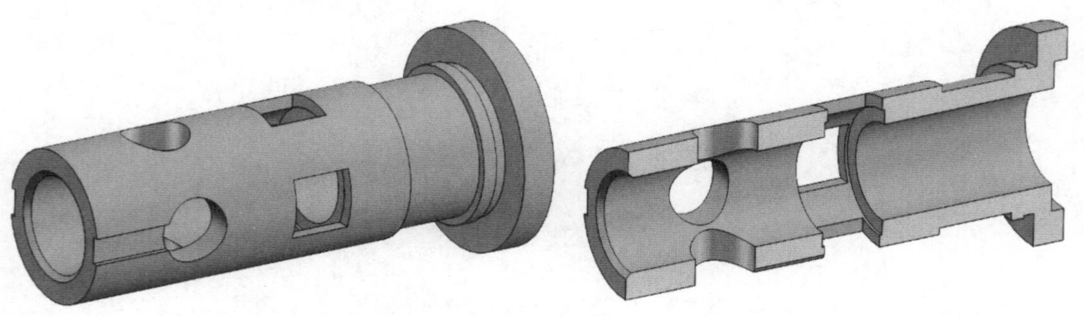

图 3–18 多孔轴零件平面图形

二、评分标准

按表 3–6 所示项目和技术要求，对绘制的多孔轴零件平面图形进行评分。

表 3–6　　多孔轴零件平面图形绘制评分标准

项目	序号	技术要求	配分	评分标准	得分
零件平面图形分析（25%）	1	零件轮廓尺寸分析正确	5	错一处扣 1 分	
	2	定形与定位尺寸分析正确	5	错一处扣 1 分	
	3	孔的尺寸分析正确	5	错一处扣 1 分	
	4	线型分析正确	5	错一处扣 1 分	
	5	尺寸标注及几何公差分析正确	5	错一处扣 1 分	
软件操作（25%）	6	基本绘图命令执行方法正确	10	错一处扣 1 分	
	7	基本绘图命令操作正确	10	错一处扣 1 分	
	8	基本图形的绘制正确	5	错一处扣 1 分	
绘图质量（40%）	9	图幅大小合适，布图方案合理	5	不合格，不得分	
	10	标题栏绘制正确，内容填写规范	5	错一处扣 1 分	
	11	绘图所用线型正确	5	错一处扣 1 分	
	12	零件轮廓清晰，无缺线	5	错一处扣 1 分	
	13	尺寸标注完整，无遗漏	5	错一处扣 1 分	
	14	表面结构符号标注合理，无错误	5	错一处扣 1 分	
	15	剖切符号标注正确	5	错一处扣 1 分	
	16	技术要求书写规范	5	错一处扣 2 分	
安全文明生产（10%）	17	操作安全	5	违反一处扣 2 分	
	18	机房清理	5	不合格不得分	
总得分					

世赛知识

现行机械制图国家标准修订向国际标准靠拢的主要体现

世界技能大赛使用的机械图样都是按照国际标准（ISO）绘制的。若要看懂世赛图样，需要了解我国现行机械制图国家标准的修订向国际标准靠拢的主要体现。

1．投影体系和国际标准等同

我国采用第一角投影法绘图，而国外很多国家多采用第三角投影法。为了向国际标准靠拢，国家标准《技术制图　图线》（GB/T 17451—1998）中规定了机械制图必须采用正投影法绘图，并优先采用第一角投影法绘图，必要时允许使用第三角投影法绘图。这样第三角投影法与第一角投影法具有同等效力，改变了我国一直采用第一角投影法的单一投影体制，为与国际间的交流提供了便利。

同时，国家标准《技术制图　标题栏》（GB/T 10609.1—2008）中增加了“投影符号”（第一角，第三角）的标注项，标注位置在原标题栏中“图样代号”一栏，在标题栏中画有标记符号，根据标记符号可识别图样的投影画法。

2．去掉汉字，以简便易懂为原则

随着对外技术交流不断增多，国家标准的修订几乎等同于国际标准，所以国家标准中尽量减少汉字，如在新国家标准《产品几何技术规范（GPS）技术产品文件中表面结构的表示法》（GB/T 131—2006）对表面结构的标注原则中规定：当零件表面多数具有相同表面要求时，可以统一标注。在旧国家标准的图样标注中，把使用最多的一种要求统一注写在图样的右上角，并加注“其余”两字，而新国家标准就把“其余”两字去掉，改为在标题栏附近标注符号，去掉汉字，更加简洁明了，如图 3–19 所示。

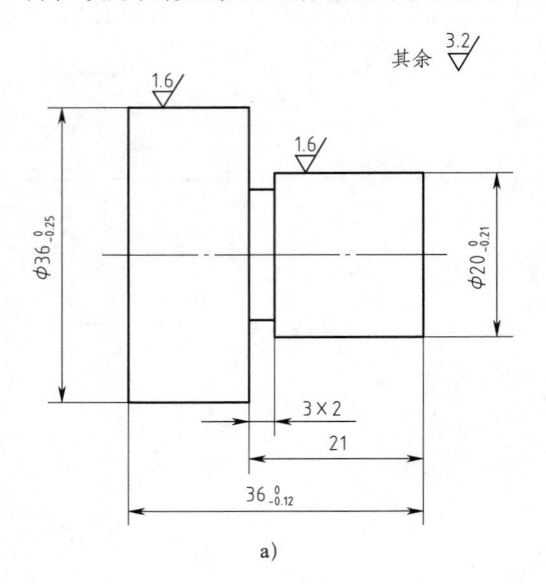

a）

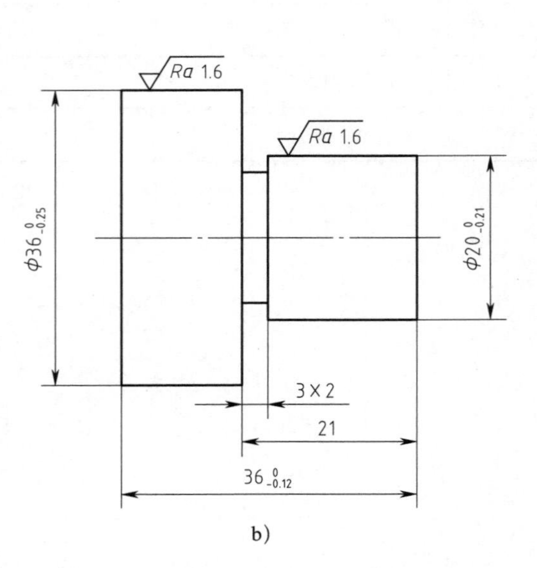

b）

Ra 3.2（√）

图 3–19　新旧国标的标注比较

a）旧国家标准　b）新国家标准

另外，国家标准《机械制图　图样画法　视图》（GB/T 4458.1—2002）中规定：向视图和斜视图的名称由原来的“× 向”改为“×”，取消了名称中的“向”字；斜视图原标注“× 向旋转”现改为旋转符号，旋转符号的箭头与旋转方向一致，大写拉丁字母应紧靠旋转符号的箭头端，要加旋转角度时，角度应注写在字母之后，如图 3-20 所示。

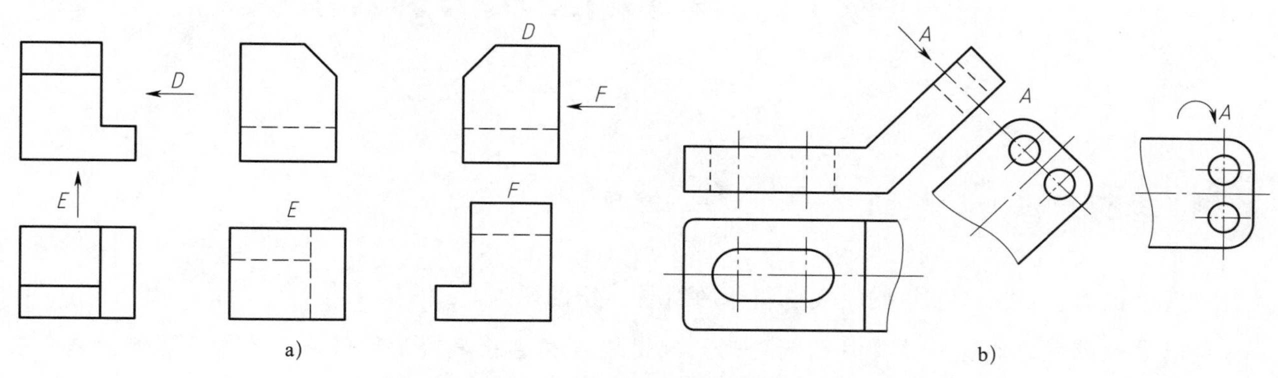

图 3-20　新国家标准向视图和斜视图的标注方法

a）向视图　b）斜视图

3．新国家标准符号和国际标准符号统一

旧国家标准中一些符号已经沿用了很长时间，并且和国际标准符号有些区别，为了和国际标准统一，新国家标准中采用了国际标准符号。

如国家标准《产品几何技术规范（GPS）几何公差　形状、方向、位置和跳动公差标注》（GB/T 1182—2008）（现行标准为 GB/T 1182—2018）中的几何公差符号，其基准符号做了修改，基准符号改为与国际标准一致，如图 3-21 所示。

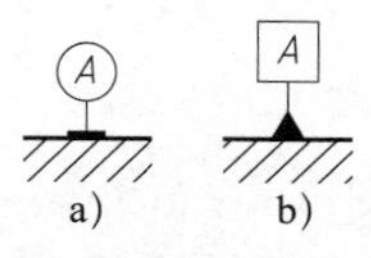

图 3-21　新旧国家标准基准符号标注比较

a）旧国家标准　b）新国家标准

学习任务四　蜗轮减速箱体零件平面图形的绘制

学习目标

1. 通过识读标题栏，了解蜗轮减速箱体的材料、绘图比例。

2. 通过识读蜗轮减速箱体零件平面图形，确定蜗轮减速箱体的结构形状、尺寸、几何公差和表面质量要求。

3. 通过识读技术要求，确定蜗轮减速箱体的热处理要求和未注公差尺寸要求。

4. 能独立完成图层、线型、文字样式、标注样式等内容的设置。

5. 能根据蜗轮减速箱体的结构，确定绘图方法。

6. 能根据蜗轮减速箱体零件平面图形的分析，做好计算机绘图前的准备工作。

7. 能绘制蜗轮减速箱体零件平面图形的图框和标题栏。

8. 能应用“直线”“矩形”“圆”“复制”“旋转”“阵列”“图案填充”“打断”等命令绘制蜗轮减速箱体零件平面图形。

9. 能完成蜗轮减速箱体零件平面图形上的尺寸、基准符号、几何公差和表面结构符号等内容的标注。

10. 能应用“多行文字”命令标注技术要求。

11. 能完成“打印”对话框的设置，并打印出蜗轮减速箱体零件平面图形。

12. 能检测和判断绘图质量。

13. 能根据发现的问题，修改所绘制的图形。

14. 能按分组情况，分别派代表展示工作成果，说明本次任务的完成情况，并做分析总结。

15. 能按机房操作规程，正确使用、维护和保养计算机、打印机等设备。

16. 能严格执行企业操作规程、企业质量体系管理制度、安全生产制度、环保管理制度、“6S”管理制度等企业管理规定。

12 学时。

工作情境描述

企业设计部接到一项任务：根据提供的蜗轮减速箱体零件平面图形（图 4-1）绘制 CAD 图形，便于生产部门进行批量生产。技术主管将绘制任务分配给绘图员张强，让他应用计算机绘图软件进行绘制，并将零件平面图形打印出来。

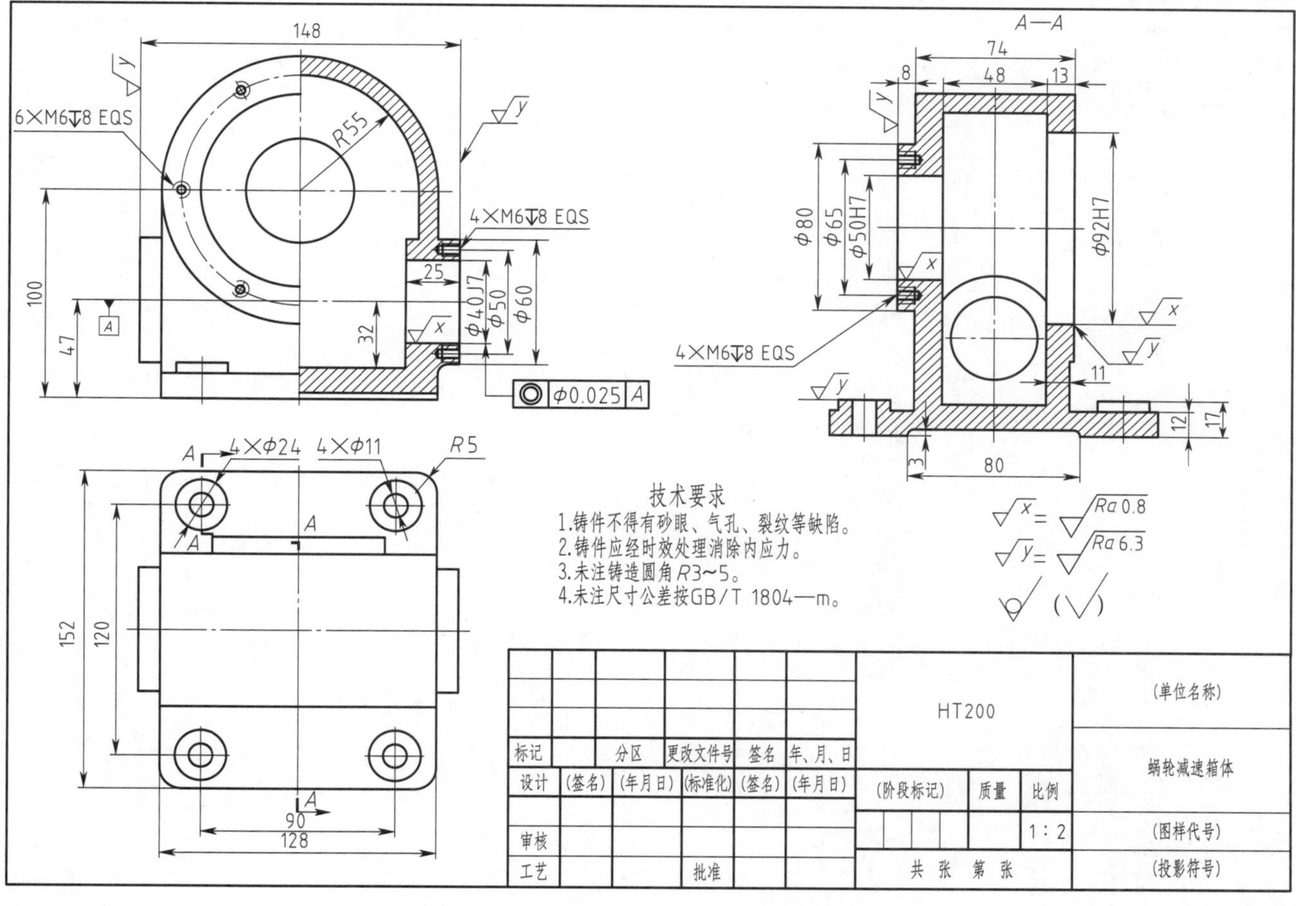

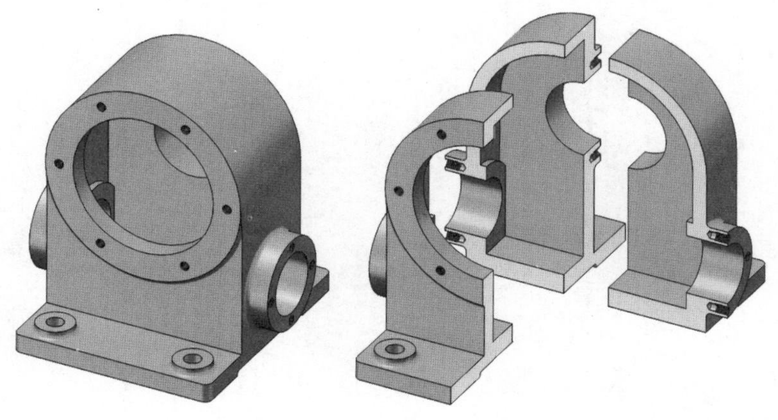

图 4-1　蜗轮减速箱体零件平面图形

工作流程与活动

1．蜗轮减速箱体零件平面图形的分析（2 学时）

2．绘图软件的基本操作（2 学时）

3．蜗轮减速箱体零件平面图形的绘制与打印（4 学时）

4．绘图检测与质量分析（2 学时）

5．工作总结与评价（2 学时）

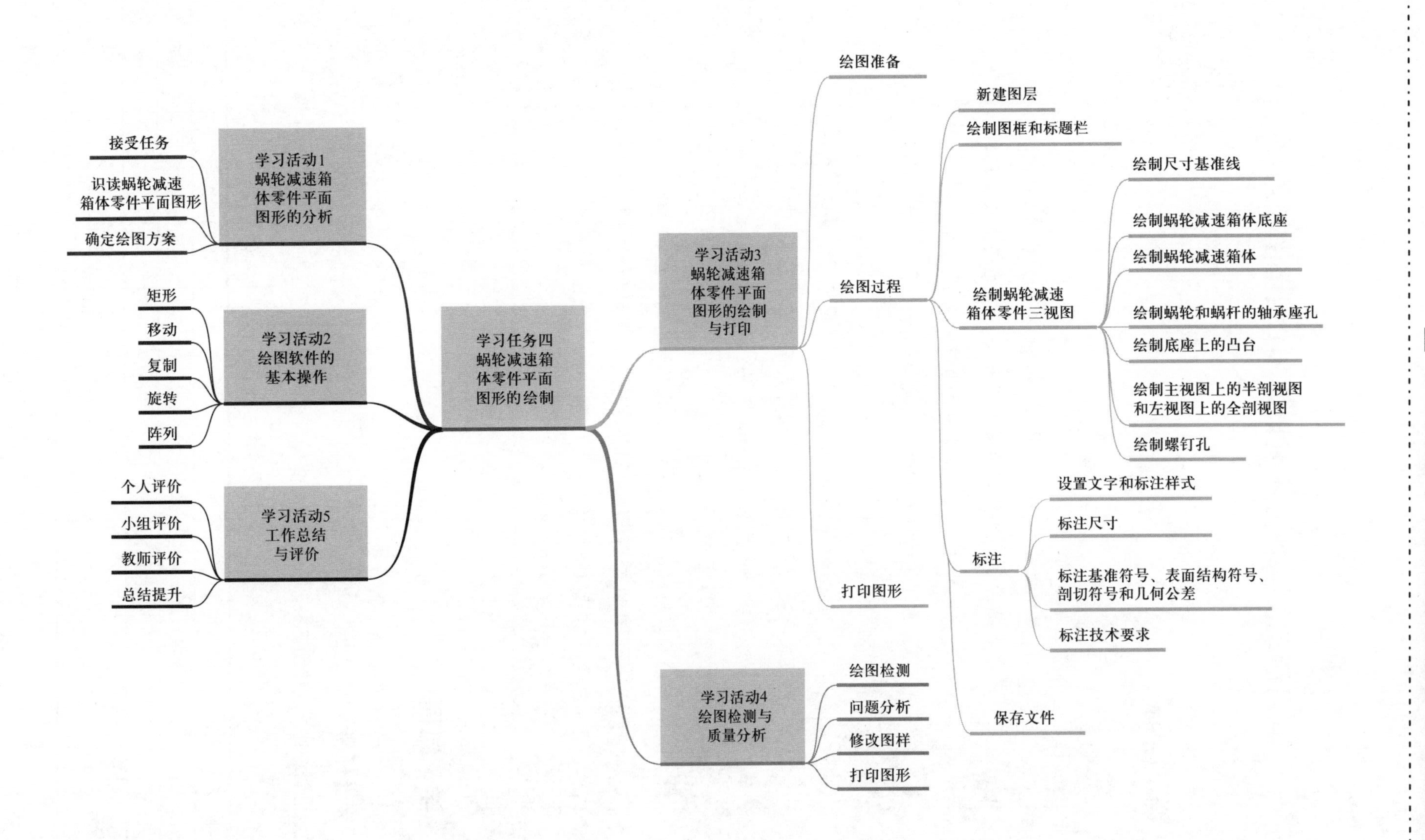

学习任务四 蜗轮减速箱体零件平面图形的绘制
学习活动1 蜗轮减速箱体零件平面图形的分析
接受任务
识读蜗轮减速箱体零件平面图形
确定绘图方案
学习活动2 绘图软件的基本操作
矩形
移动
复制
旋转
阵列
学习活动5 工作总结与评价
个人评价
小组评价
教师评价
总结提升
学习活动3 蜗轮减速箱体零件平面图形的绘制与打印
绘图准备
新建图层
绘制图框和标题栏
绘图过程
绘制蜗轮减速箱体零件三视图
绘制尺寸基准线
绘制蜗轮减速箱体底座
绘制蜗轮减速箱体
绘制蜗轮和蜗杆的轴承座孔
绘制底座上的凸台
绘制主视图上的半剖视图和左视图上的全剖视图
绘制螺钉孔
标注
设置文字和标注样式
标注尺寸
标注基准符号、表面结构符号、剖切符号和几何公差
标注技术要求
保存文件
打印图形
学习活动4 绘图检测与质量分析
绘图检测
问题分析
修改图样
打印图形

学习活动1　蜗轮减速箱体零件平面图形的分析

学习目标

1. 通过识读标题栏，了解蜗轮减速箱体的材料、绘图比例。

2. 通过识读蜗轮减速箱体三视图，确定蜗轮减速箱的结构形状、尺寸、几何公差和表面质量要求。

3. 通过识读技术要求，确定蜗轮减速箱体的热处理要求和未注铸造圆角大小。

4. 通过识读蜗轮减速箱体零件平面图形，确定图幅、图层、线型、文字样式、标注样式等内容的设置。

5. 能根据蜗轮减速箱体的结构，确定绘图方法和步骤。

6. 能与生产技术人员、生产主管等相关人员沟通，了解绘制蜗轮减速箱体零件平面图形所用到的CAD指令。

7. 能根据蜗轮减速箱体零件平面图形分析，做好计算机绘图前的准备工作。

建议学时：2学时。

学习过程

一、接受任务

听技术主管描述本次绘图任务，正确填写任务记录单（表4–1）。

表4–1　　任务记录单

部门名称			出图数量		
任务名称	蜗轮减速箱体零件平面图形的绘制		预交付时间		年　月　日
下单人		年　月　日	接单人		年　月　日
制图		年　月　日	审核		年　月　日
批准		年　月　日	交付人		年　月　日

二、识读蜗轮减速箱体零件平面图形

1．查阅资料，询问技术主管，明确蜗轮减速箱体的用途。

蜗轮减速箱体用于支承蜗轮和蜗杆等零件，蜗杆为传动系统输入端，蜗轮为传动系统输出端，蜗轮减速箱体零件起减速作用，常用于齿轮减速器的减速传动系统当中，如数控机床、汽车变速器、纺纱设备、建筑起重机等机械设备。

2．蜗轮减速箱体是由哪种材料制造的？该种材料有什么特性？

蜗轮减速箱体是由HT200制造的，这种材料具有良好的铸造性能和切削性能，较高的耐磨性、减振性，缺口敏感性低，常用于制造机床床身、支柱、底柱、刀架、齿轮箱、轴承座和泵体等。

3．蜗轮减速箱体零件平面图形采用几个视图来表达零件的形状和结构？主视图和左视图各采用了什么表达方法？

蜗轮减速箱体零件平面图形采用了三个基本视图来表达其形状和结构。主视图采用半剖，它表达了蜗轮减速箱体主视方向的外形和内腔结构；左视图采用了阶梯剖视，它表达了蜗轮减速箱体内部基本形状、蜗轮和蜗杆轴承孔的位置及大小、底座螺栓孔的形状；俯视图表达了蜗轮减速箱体俯视方向的外形。

4．蜗轮减速箱体高度方向的尺寸基准线是哪条直线？以高度方向的尺寸基准线为基准标注了哪些尺寸？

蜗轮减速箱体高度方向的尺寸基准线为蜗杆轴承座孔中心线，以该基准线为基准标注了47 mm、32 mm、ϕ40J7、ϕ60 mm尺寸。

5．蜗轮减速箱体长度方向的尺寸基准线是哪条直线？以长度方向的尺寸基准线为基准标注了哪些尺寸？

蜗轮减速箱体长度方向的尺寸基准线为箱体左右对称中心线，以该基准线为基准标注了90 mm、128 mm、148 mm尺寸。

6．蜗轮减速箱体宽度方向的尺寸基准线是哪条直线？以宽度方向的尺寸基准线为基准标注了哪些尺寸？

蜗轮减速箱体宽度方向的尺寸基准线为箱体前后对称中心线，以该基准线为基准标注了48 mm、74 mm、80 mm、120 mm、152 mm尺寸。

7．蜗轮减速箱体零件平面图形的主视图中的标注“6×M6⊤8　EQS”表示什么含义？

主视图中的标注“6×M6⊤8 EQS”表示在R55mm圆上均布了6个M6粗牙螺纹孔，螺纹长度为8 mm。

8．蜗轮减速箱体哪些部位有配合要求？各配合表面的表面粗糙度值是多少？

ϕ50H7、ϕ92H7 蜗轮轴承孔和 ϕ40J7 蜗杆轴承孔有配合要求，各表面的表面粗糙度值为 Ra0.8 μm。

9．蜗轮减速箱体零件哪些部位标注了几何公差要求？

蜗杆轴承孔对轴线有 ϕ0.025 mm 的同轴度要求。

10．蜗轮减速箱体零件平面图形的技术要求表达了哪些信息？

蜗轮减速箱体零件平面图形的技术要求表达了 4 点，铸件不得有砂眼、气孔、裂纹等缺陷；铸件应经时效处理消除内应力；未注铸造圆角 R3 ~ 5 mm；未注尺寸公差按 GB/T 1804—m。

三、确定绘图方案

1．应采用哪种图幅绘制蜗轮减速箱体零件平面图形？

采用 A4 图幅绘制蜗轮减速箱体零件平面图形，绘图比例采用 1∶2。

2．绘制蜗轮减速箱体零件平面图形需要建立几个图层？

绘制蜗轮减速箱体零件平面图形需要建立粗实线层、细实线层、细点画线层、标注层。

3．试简述绘制蜗轮减速箱体零件平面图形的步骤。

（1）绘制尺寸基准线。

（2）绘制蜗轮减速箱体底座。

（3）绘制蜗轮减速箱体。

（4）绘制蜗轮和蜗杆的轴承座孔。

（5）绘制底座上的凸台。

（6）绘制主视图上的半剖视图和左视图上的全剖视图。

（7）绘制螺钉孔。

（8）标注尺寸、表面结构符号、基准符号和几何公差等内容。

4．与生产技术人员、生产主管等相关人员沟通，了解绘制蜗轮减速箱体零件平面图形所用到的 CAD 指令有哪些。

有“直线”“圆”“偏移”“旋转”“移动”“复制”“修剪”“阵列”“延伸”“标注”“图案填充”“创建块”“插入块”“旋转”等功能指令。

学习活动 2　绘图软件的基本操作

学习目标

1. 能利用“矩形”命令绘制矩形。

2. 能利用“移动”命令将图形对象从一个位置移动到另一位置。

3. 能利用“复制”命令绘制多个相同轮廓的图形。

4. 能利用“旋转”命令旋转图形。

5. 能利用“阵列”命令阵列图形。

6. 能按机房操作规程和“6S”管理要求，正确使用、维护和保养计算机、打印机等设备。

建议学时：2 学时。

学习过程

一、矩形

“矩形”命令用于绘制矩形。绘制时，可通过指定矩形的参数（长度、宽度、旋转角度）或指定矩形的角点类型（圆角、倒角或直角）来创建矩形。

1．执行“矩形”命令的方法有哪几种?

功能区：“默认”→“绘图”→“矩形”按钮 ▭。

菜单栏：“绘图”→“矩形”命令。

命令行：“REC（或 RECTANG）”。

2．利用“矩形”命令绘制如图 4–2a、图 4–2b 所示矩形。

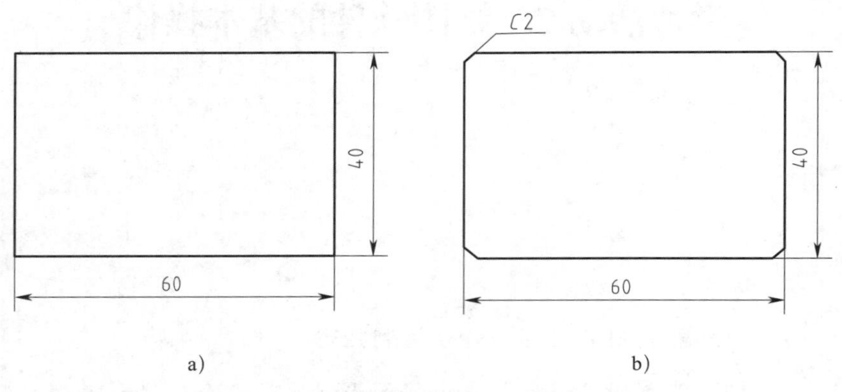

图 4–2 “矩形”命令应用示例一

a）直角矩形 b）倒角矩形

3．利用“矩形”命令绘制如图 4–3 所示矩形。

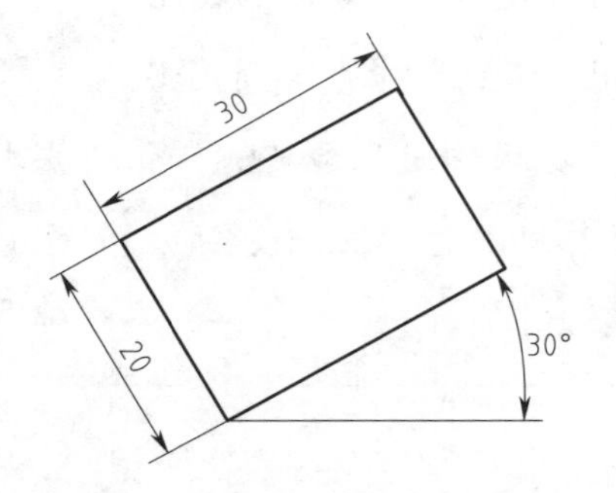

图 4–3 “矩形”命令应用示例二

二、移动

“移动”命令用于在不改变图形对象大小和形状的情况下，将图形对象从一个位置移动到另一位置。

1．执行“移动”命令的方法有哪几种?

功能区：“默认”→“修改”→“移动”按钮 。

菜单栏：“修改”→“移动”命令。

命令行：“M（或 MOVE）”。

2．利用“移动”命令将图 4–4a 所示 ϕ20 mm 圆及其标注移动至图 4–4b 所示位置。

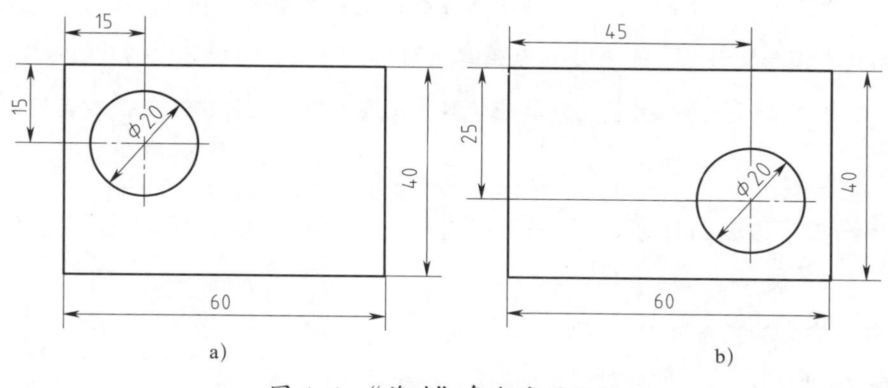

图 4–4　“移动”命令应用示例
a）移动前　b）移动后

三、复制

“复制”命令用于将选择的图形对象从一个位置复制到其他位置，执行一次“复制”命令可以相对于基点多次复制所选择的目标对象。

1．执行“复制”命令的方式有哪几种?

功能区：“默认”→“修改”→“复制”按钮 。

菜单栏：“修改”→“复制”命令。

命令行：“COPY”。

2．利用“复制”命令，将图 4–5a 所示 ϕ10 mm 圆复制到其他三处的中心线交点处，绘制结果如图 4–5b 所示。

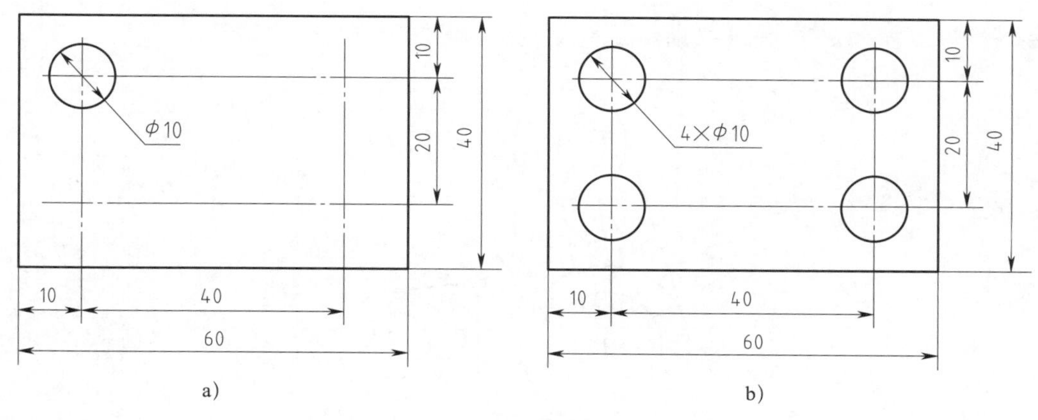

图 4–5　“复制”命令应用示例
a）复制前　b）复制后

3．“编辑”菜单中的“复制”命令与“修改”面板中的“复制”命令有何不同?

菜单栏中的“编辑”主菜单中的“复制”命令用于将选定的对象复制到剪切板上，可应用“粘贴”命令将复制的对象粘贴到本图形文件中，也可以粘贴到其他图形文件中。功能区中的“修改”面板中的“复制”按钮用于将选择的图形对象从一个位置复制到其他位置，仅在本图形文件中复制，不能用于其他图形文件。

四、旋转

“旋转”命令用于在不改变图形对象大小和形状的前提下，将图形对象绕某一基点旋转一定角度并改变对象的位置，可以一次旋转一个或多个对象。

1．执行“旋转”命令的方法有哪几种?

功能区：“默认”→“修改”→“旋转”按钮。

菜单栏：“修改”→“旋转”命令。

命令行：“RO（或 ROTATE）”。

2．利用“旋转”命令将图 4-6a 所示图形旋转 15°，绘制结果如图 4-6b 所示。

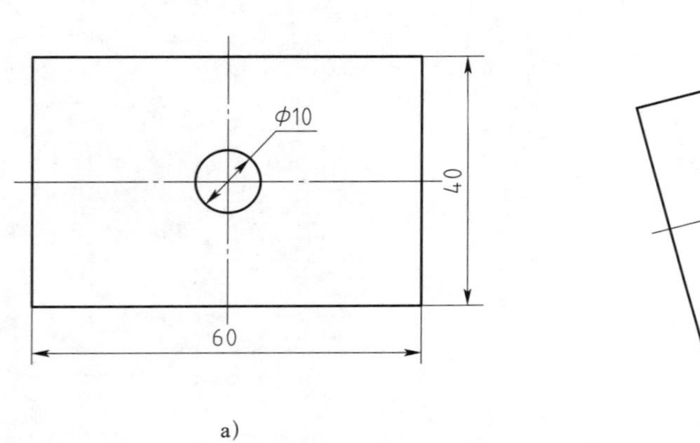

a）

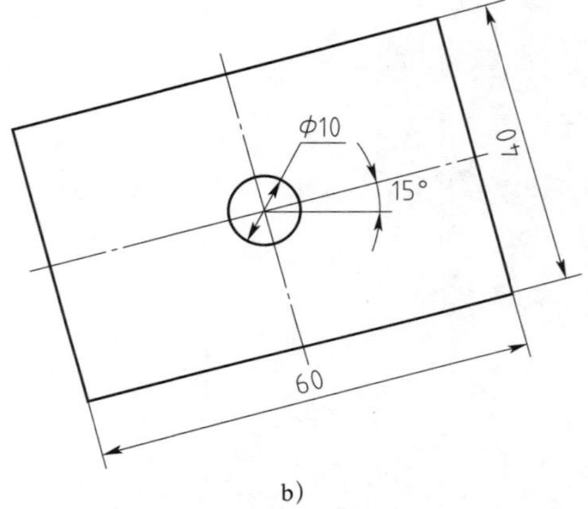

b）

图 4-6 “旋转”命令应用示例一

a）旋转前 b）旋转后

3．利用“旋转”命令绘制如图 4-7 所示图形，并标注尺寸。

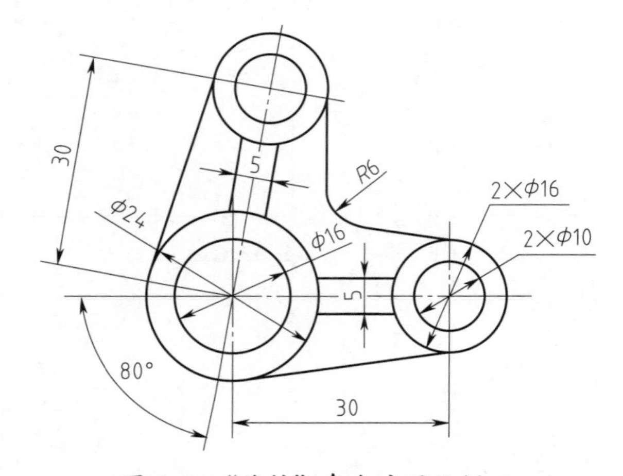

图 4-7 “旋转”命令应用示例二

五、阵列

“阵列”命令用于按照一定的排列规律一次复制多个图形对象。

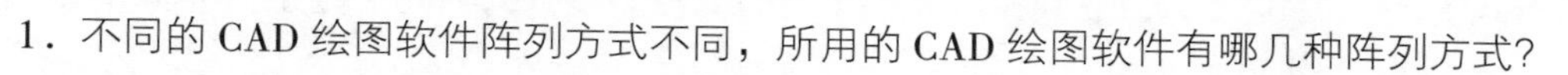

1．不同的 CAD 绘图软件阵列方式不同，所用的 CAD 绘图软件有哪几种阵列方式?

AutoCAD 2018 有“矩形阵列”“环形阵列”和“路径阵列”三种阵列方法，其中“矩形阵列”和“环形阵列”应用最普遍。

2．不同的 CAD 绘图软件阵列方式不同，但一般都有“矩形阵列”和“圆形阵列”两种阵列方式。什么是“矩形阵列”？什么是“圆形阵列”？

“矩形阵列”命令主要用于将选择的图形对象按指定的行数和列数呈矩形排列。

“环形阵列”命令主要用于将选择的图形对象按指定的圆心和数目呈环形排列。

3．利用“矩形阵列”命令绘制如图 4–8 所示图形。

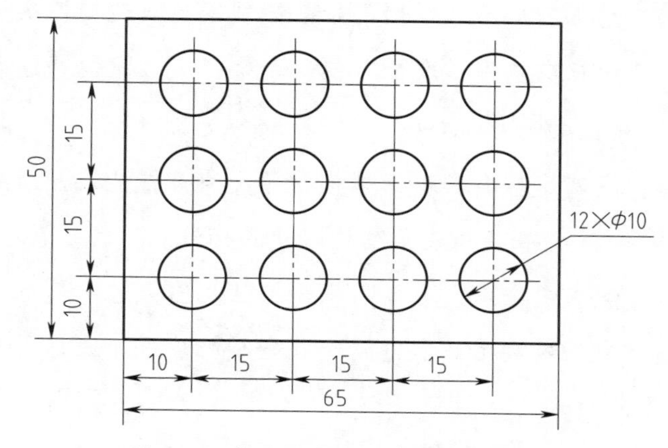

图 4–8 “矩形阵列”命令应用示例

4．利用“圆形阵列”命令绘制如图 4–9 所示图形。

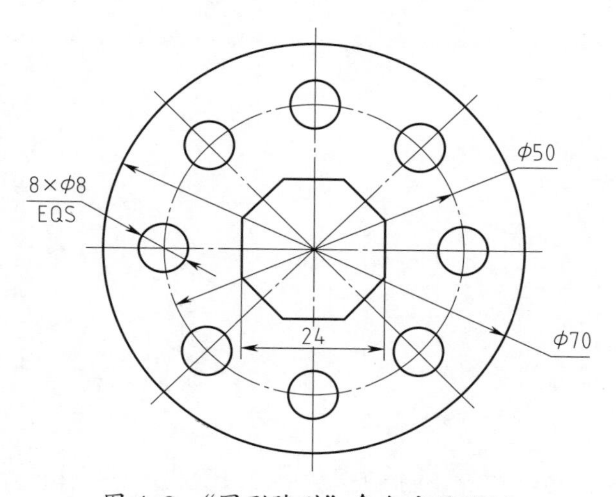

图 4–9 “圆形阵列”命令应用示例

学习活动3　蜗轮减速箱体零件平面图形的绘制与打印

学习目标

1. 能绘制蜗轮减速箱体零件平面图形的图框和标题栏。

2. 能根据蜗轮减速箱体零件平面图形所用线型新建图层。

3. 能正确应用“直线”“矩形”“圆”“圆角”“复制”“阵列”“等距”“图案填充”等命令绘制蜗轮减速箱体零件平面图形。

4. 能正确应用“矩形”命令绘制蜗轮减速箱体底座。

5. 能正确应用“线性”标注命令，完成蜗轮减速箱体零件三视图的尺寸标注。

6. 能创建基准和表面结构符号图块，并能应用“插入块”命令完成基准和表面结构符号的标注。

7. 能正确应用“公差”命令标注几何公差。

8. 能正确应用“多行文字”命令标注蜗轮减速箱体零件图中的技术要求。

9. 能完成“打印”对话框的设置，并能打印蜗轮减速箱体零件平面图形。

建议学时：4学时。

学习过程

一、绘图准备

工具：CAD绘图软件。

材料：蜗轮减速箱体零件平面图形。

设备：计算机、打印机。

资料：工作任务书、蜗轮减速箱体零件生产工艺文件、计算机安全操作规程。

二、绘图过程

1．新建图层

启动 CAD 绘图软件，根据表 4–2 要求，新建四个图层。

表 4–2　　图层参数要求

图层名称	颜色	线型	线宽
粗实线	黑色（或白色）	CONTINUOUS	0.5 mm
细实线	黑色（或白色）	CONTINUOUS	0.25 mm
细点画线	红色	CENTER	0.25 mm
尺寸线	绿色	CONTINUOUS	0.25 mm

2．绘制图框和标题栏

根据蜗轮减速箱体零件平面图形的轮廓尺寸及绘图比例，绘制图框和标题栏。标题栏根据国家标准《技术制图　标题栏》（GB/T 10609.1—2008）的规定绘制。

3．绘制蜗轮减速箱体零件三视图

（1）绘制尺寸基准线

将细点画线层置为当前图层，利用“直线”命令和“对象捕捉追踪”功能，绘制三视图的尺寸基准线，如图 4–10 所示。

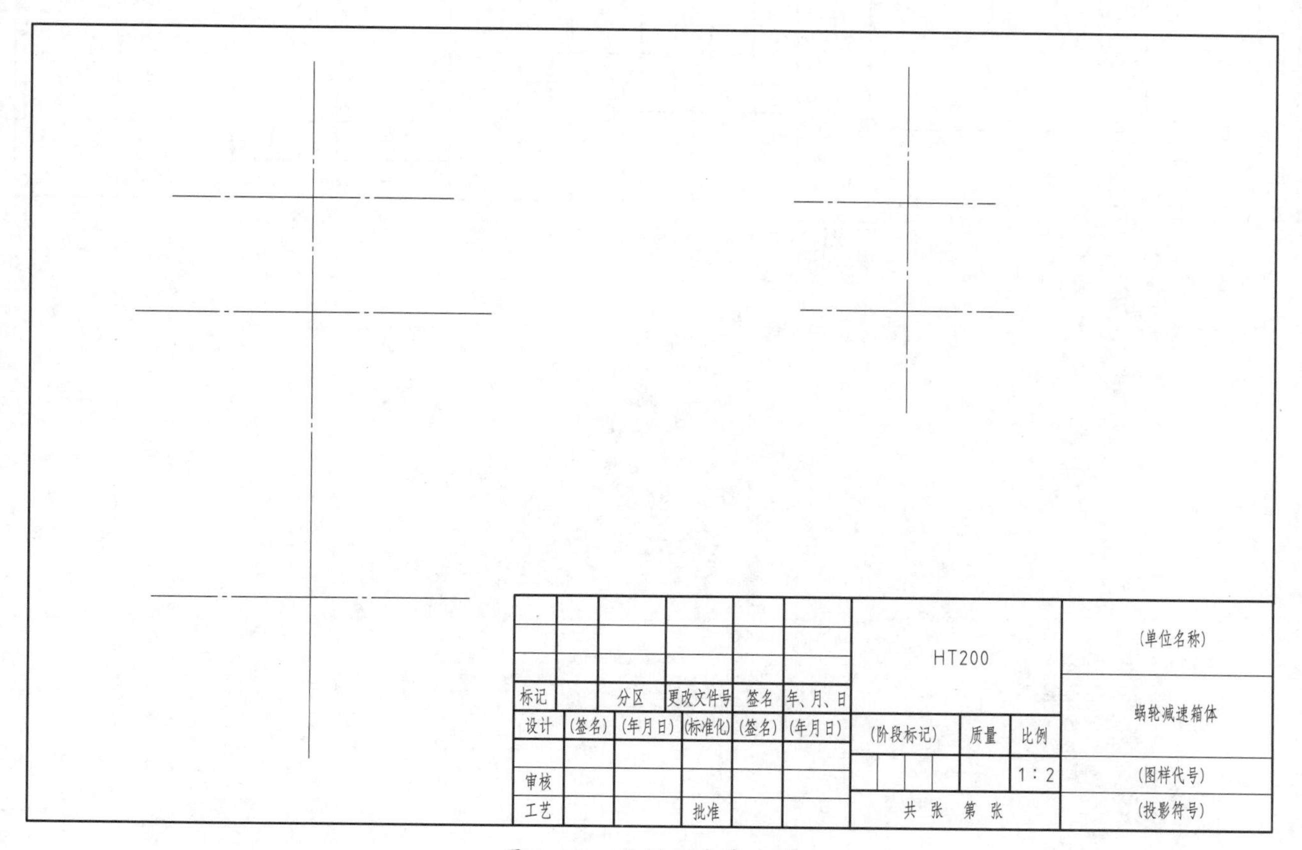

图 4–10　绘制尺寸基准线

（2）绘制蜗轮减速箱体底座

将粗实线层置为当前图层，利用“矩形”“直线”“等距”“修剪”及“圆角”命令，绘制蜗轮减速箱体底座，如图 4–11 所示。

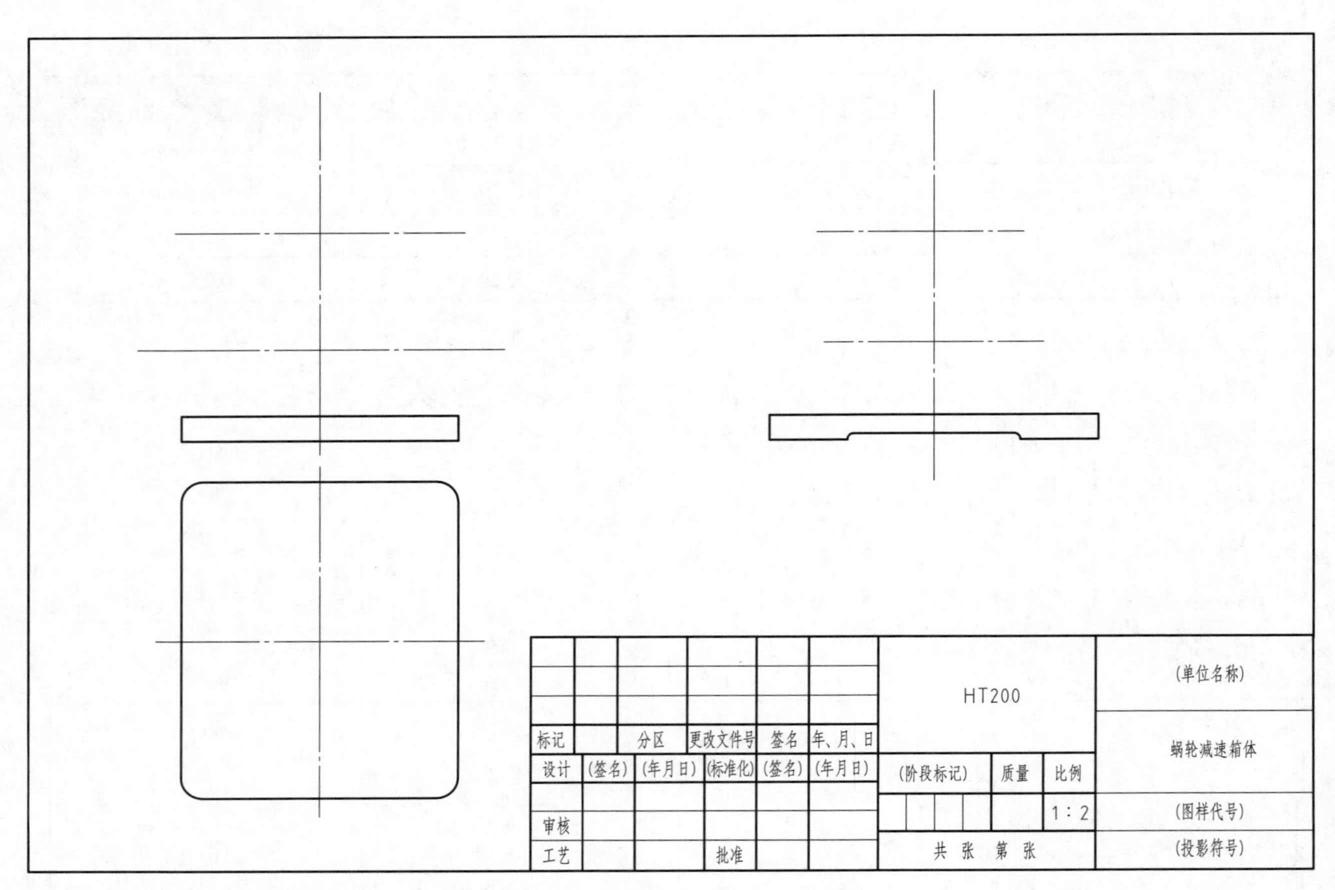

图 4–11 绘制蜗轮减速箱体底座

（3）绘制蜗轮减速箱体

利用“直线”“圆”“等距”及“对象捕捉追踪”命令，绘制蜗轮减速箱体，如图 4-12 所示。

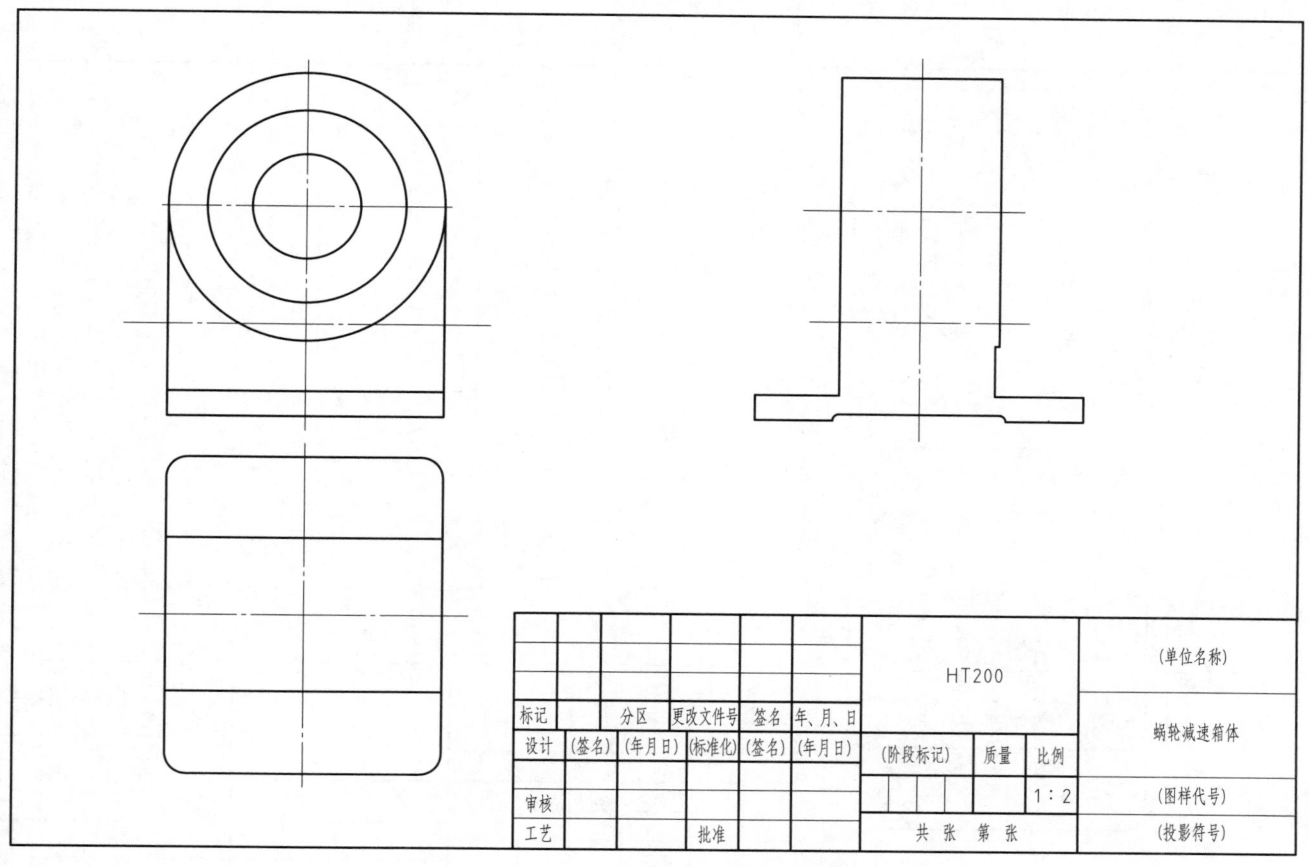

图 4-12　蜗轮减速箱体

（4）绘制蜗轮和蜗杆的轴承座孔

利用“直线”“圆”“等距”“复制”及“对象捕捉追踪”命令，绘制蜗轮和蜗杆的轴承座孔，如图 4–13 所示。

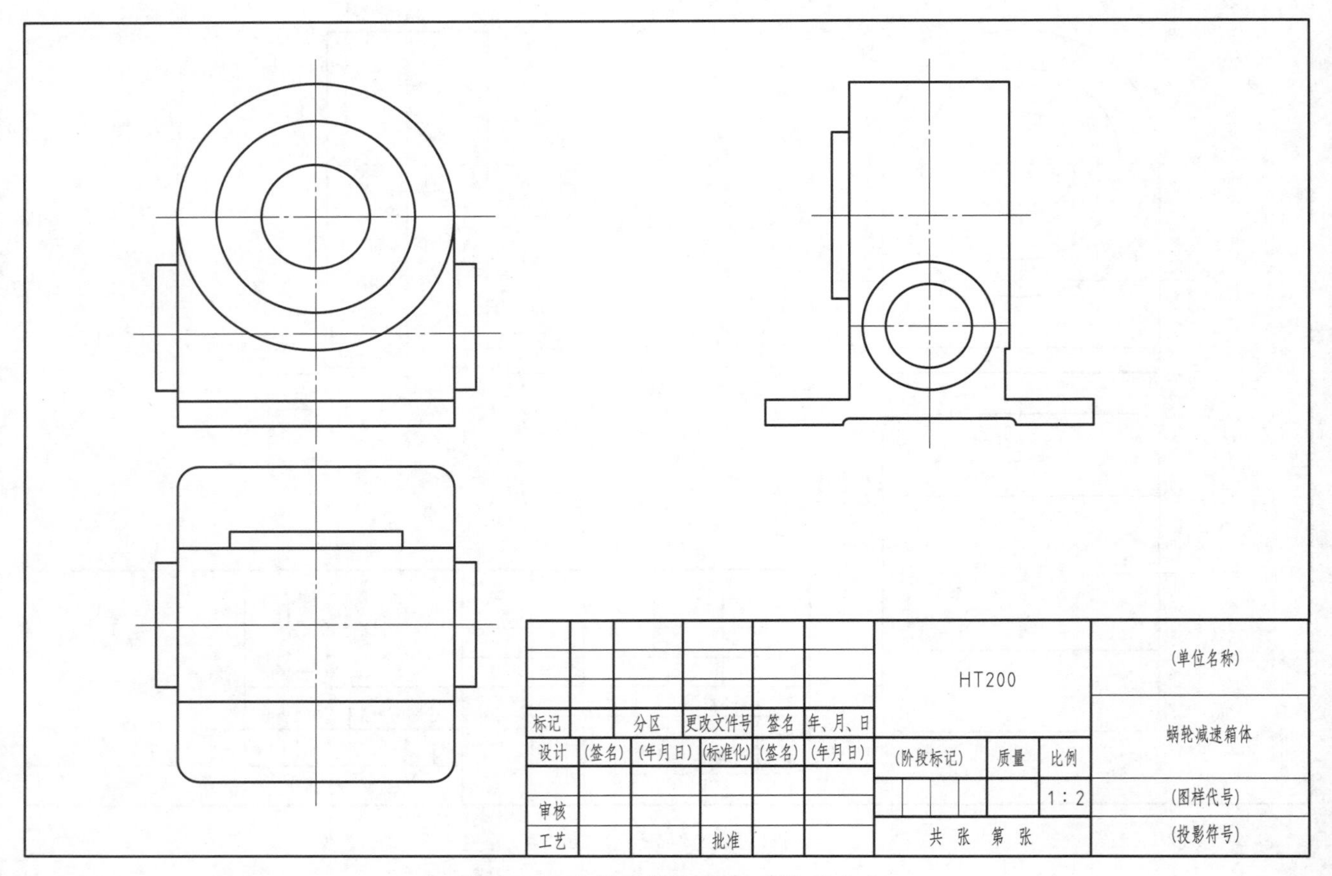

图 4–13　绘制蜗轮和蜗杆的轴承座孔

（5）绘制底座上的凸台

利用“直线”“圆”及“镜像”命令，绘制底座上的凸台，如图 4-14 所示。

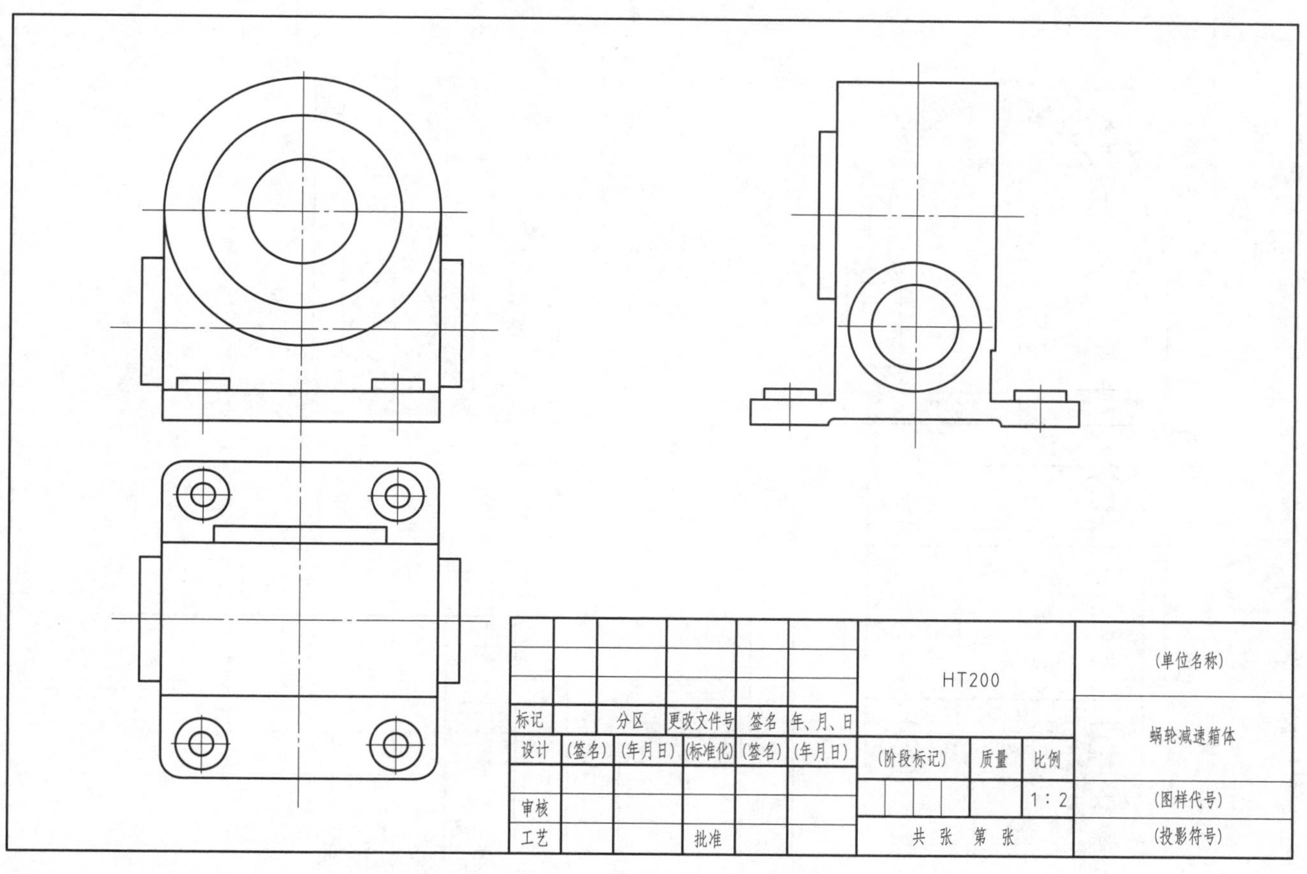

图 4-14　绘制底座上的凸台

（6）绘制主视图上的半剖视图和左视图上的全剖视图

根据图 4–1 所示结构和尺寸，绘制主视图上的半剖视图和左视图上的全剖视图，如图 4–15 所示。

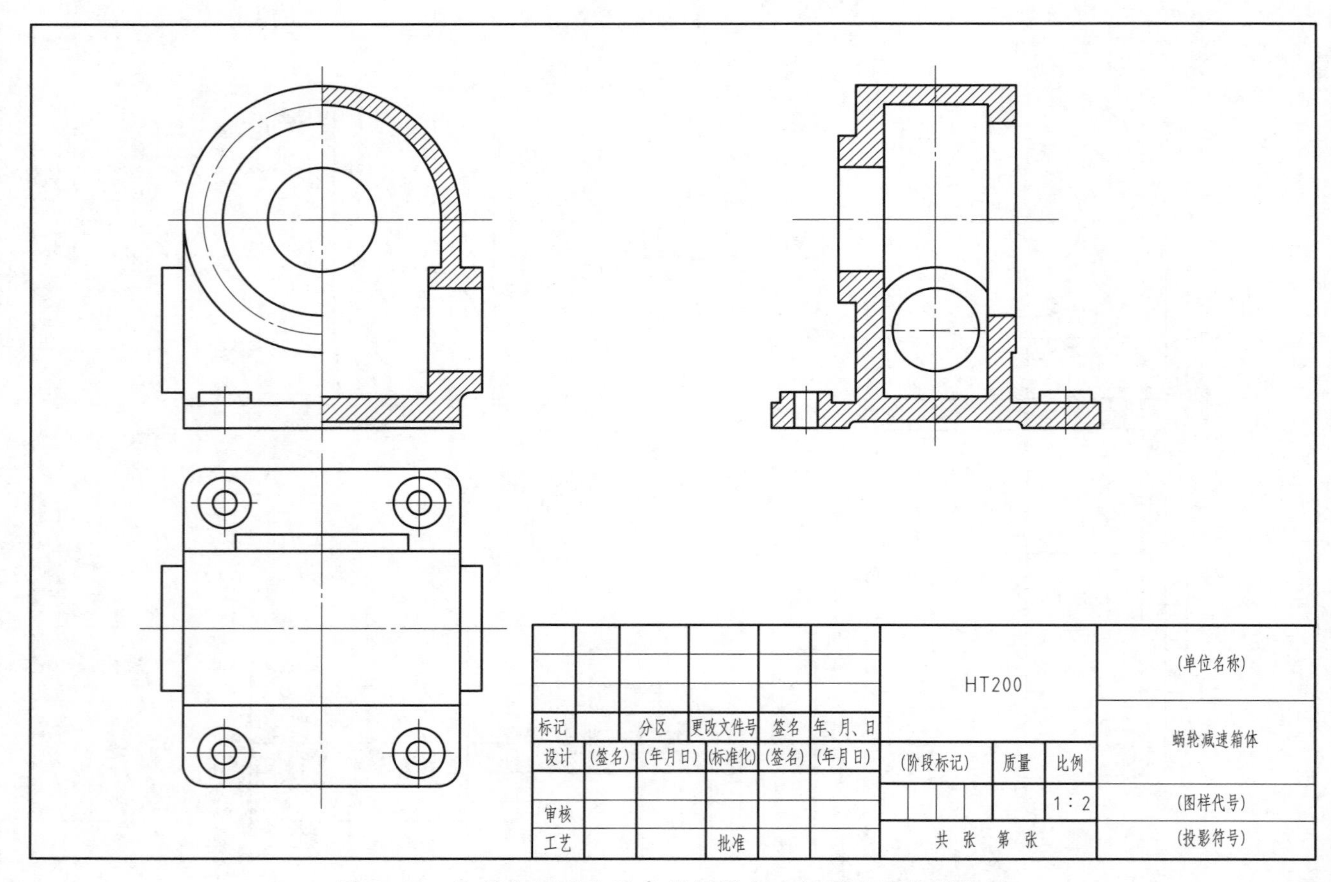

图 4–15 绘制主视图上的半剖视图和左视图上的全剖视图

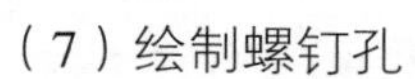

（7）绘制螺钉孔

先绘制主视图上左侧的螺钉孔，再利用“圆形阵列”命令绘制另外两个螺钉孔（可按 360° 进行阵列，利用“分解”命令，将阵列后的对象分解，然后删除右侧的三个螺钉孔）。再绘制主视图上蜗杆轴承座和左视图上蜗轮轴承座的螺钉孔。结果如图 4–16 所示。

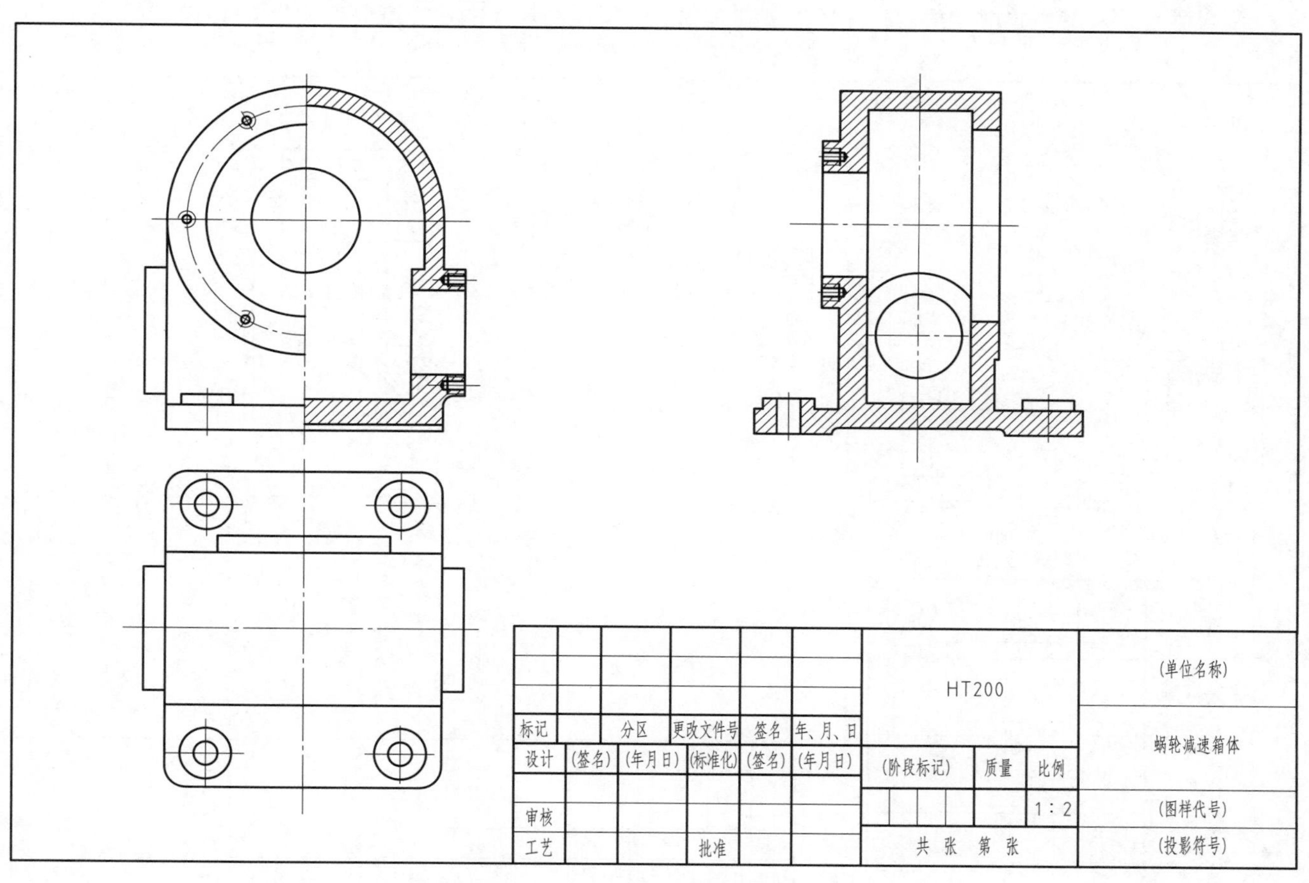

图 4–16　绘制螺钉孔

4．标注

（1）设置文字和标注样式

根据图 4–1 所示尺寸标注，设置文字和标注样式。

（2）标注尺寸

将尺寸标注层置为当前图层，标注蜗轮减速箱体零件平面图形上的尺寸及公差，如图 4–17 所示。

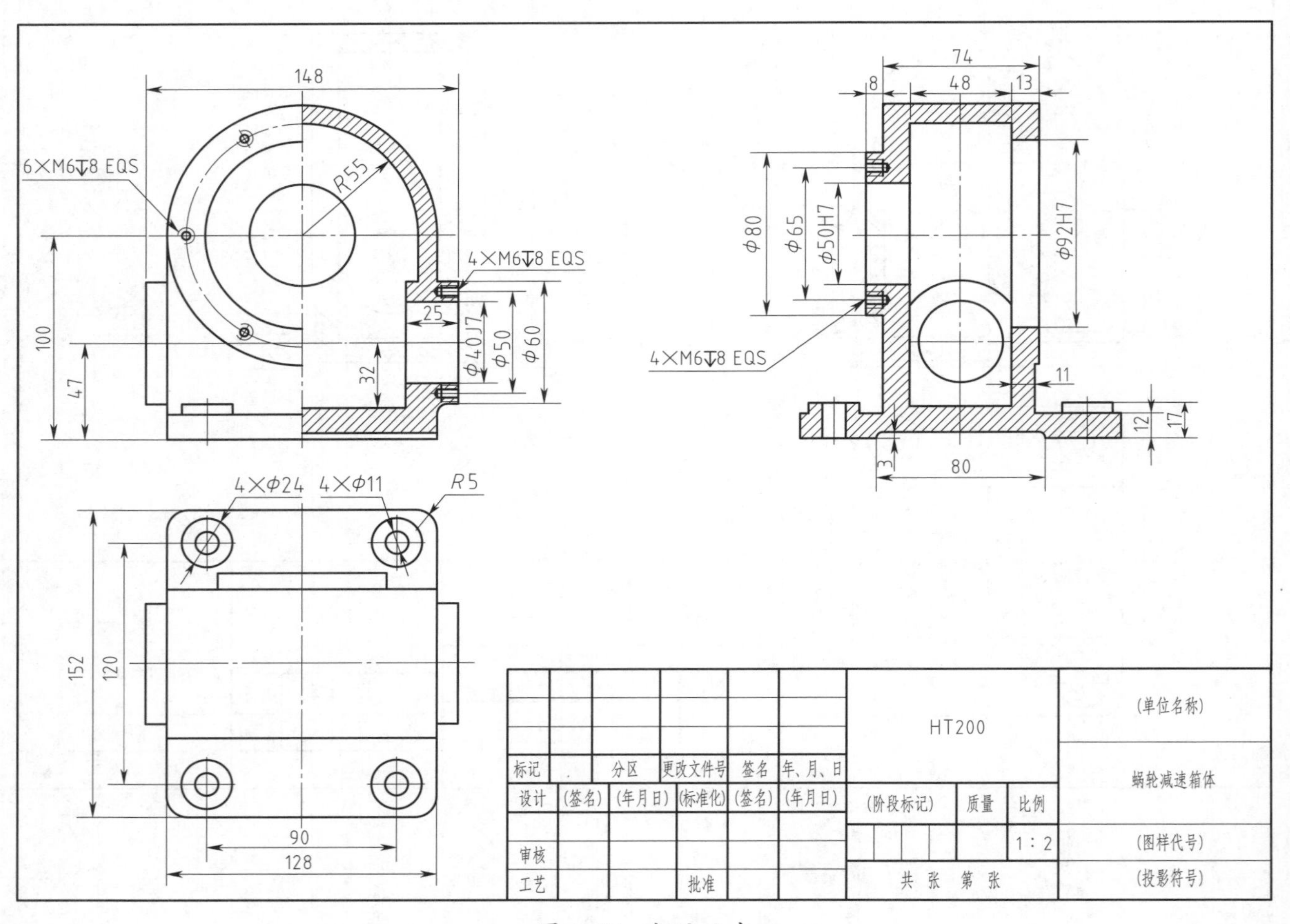

图 4–17　标注尺寸

（3）标注基准符号、表面结构符号、剖切符号和几何公差

创建基准符号、表面结构符号图块，并将其插入到标注位置；利用“直线”和“单行文字”命令绘制俯视图上的剖切符号；利用“标注”菜单中的“公差”命令，标注主视图上的几何公差，结果如图 4-18 所示。

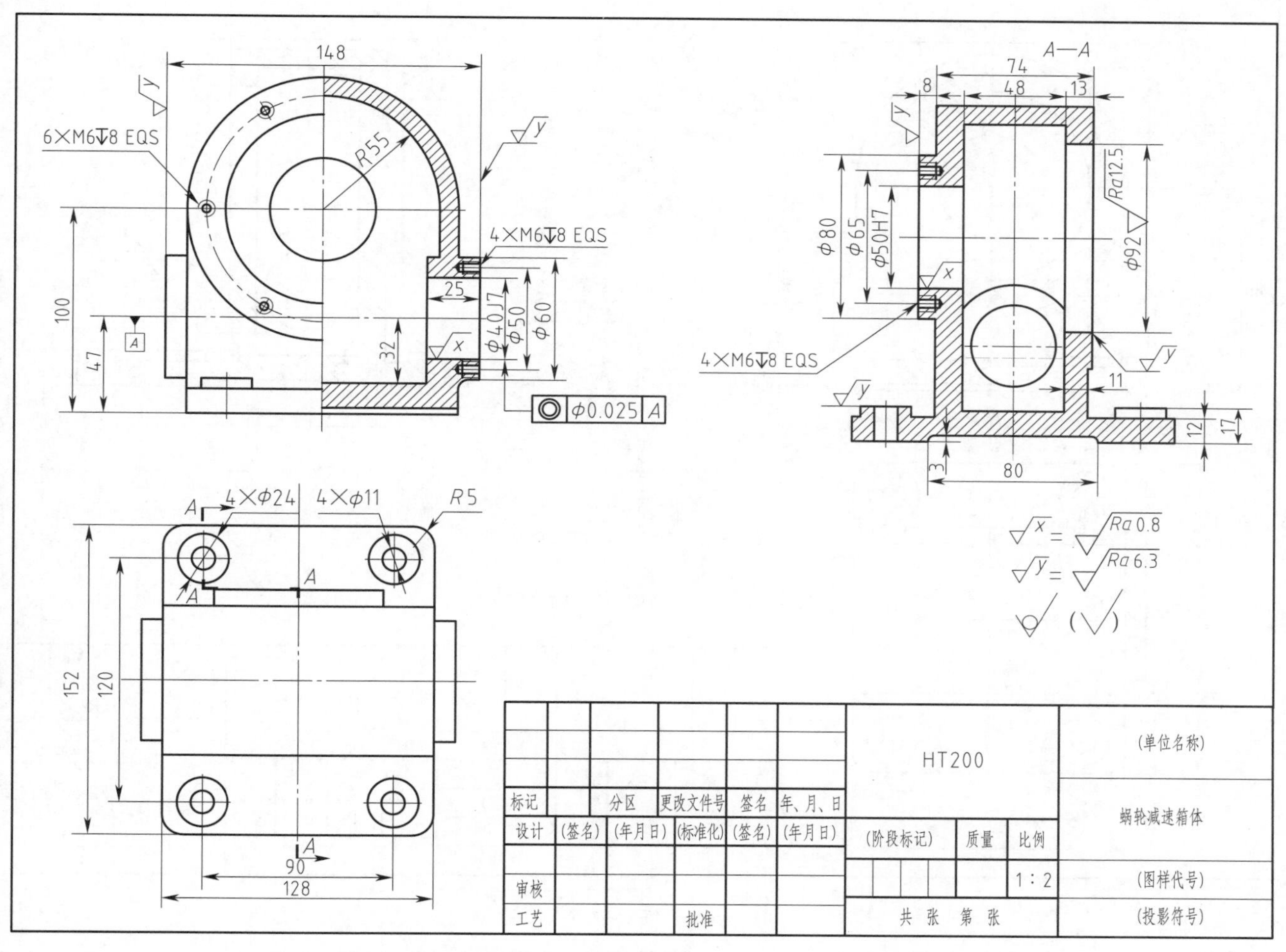

图 4-18　标注基准符号、表面结构符号、剖切符号和几何公差

（4）标注技术要求

利用“多行文字”命令，标注技术要求，如图 4–19 所示。

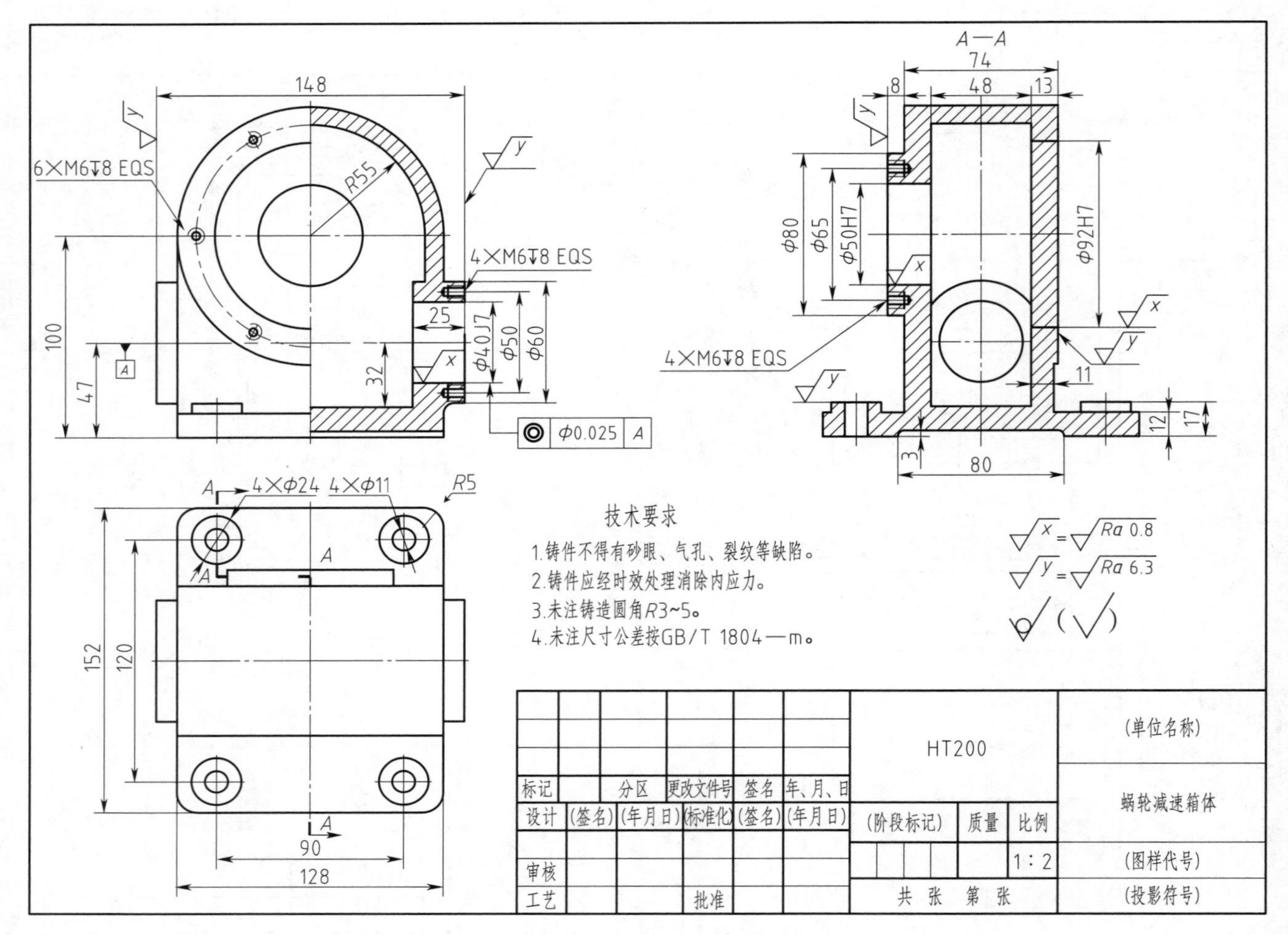

图 4–19 标注技术要求

5．保存文件

将绘制的蜗轮减速箱体零件平面图形保存到指定位置。

三、打印图形

设置打印机，打印一张蜗轮减速箱体零件平面图形以供检测和质量分析用。

学习活动 4　绘图检测与质量分析

学习目标

1. 能判别图幅大小是否合适，布图方案是否合理。
2. 能判别标题栏绘制是否正确，内容填写是否规范。
3. 能判别绘图所用线型是否正确，零件轮廓是否清晰。
4. 能判别尺寸标注是否完整。
5. 能判别公差标注是否合理。
6. 能判别表面结构符号标注是否正确。
7. 能判别所标注的技术要求是否规范。
8. 能根据发现的问题，修改所绘制的图形。
9. 能正确填写任务记录单。

建议学时：2 学时。

学习过程

一、绘图检测（表 4–3）

建议：由教师或组长根据绘图要求逐条对学生绘制的蜗轮减速箱体零件平面图形进行检测，找出问题并及时改正，避免以后再出现类似错误。

表 4–3　绘图检测内容及检测结果

序号	绘图要求	绘图检测
1	图幅大小合适，布图方案合理	
2	标题栏绘制正确，内容填写规范	
3	绘图所用线型正确	
4	零件轮廓清晰，无缺线	
5	尺寸标注完整，无遗漏	
6	公差标注合理，无错误	
7	表面结构符号和基准符号标注正确	
8	技术要求书写规范	

二、问题分析

建议：教师从图框、标题栏、线型、零件轮廓、尺寸和公差标注、表面结构符号、技术要求等方面，引导学生分析绘图过程中出现的问题、产生原因及预防方法。

归纳问题产生的原因和预防方法，填入表 4–4 中。

表 4–4　问题种类、产生原因及预防方法

问题种类	产生原因	预防方法

三、修改图样

按照绘图检测结果修改图样并保存。

四、打印图形

打印一张蜗轮减速箱体零件平面图形，上交技术主管进行审核。审核合格后，打印所需数量的图纸，上交技术主管，并认真填写任务记录单。

学习活动 5　工作总结与评价

学习目标

1. 能按分组情况派代表展示工作成果，讲述本次任务的完成情况并做分析总结。

2. 能结合自身任务完成情况，正确、规范地撰写工作总结（心得体会）。

3. 能就本次任务中出现的问题提出改进措施。

4. 能对学习与工作进行反思总结，并能与他人开展良好合作，进行有效的沟通。

建议学时：2 学时。

学习过程

一、个人评价

按表 4–5 中的评分标准进行个人评价。

表 4–5　　个人综合评价表

项目	序号	技术要求	配分	评分标准	得分
零件平面图形的分析（25%）	1	零件轮廓尺寸分析正确	5	错一处扣 1 分	
	2	定形尺寸与定位尺寸分析正确	5	错一处扣 1 分	
	3	基准尺寸分析正确	5	错一处扣 1 分	
	4	线型分析正确	5	错一处扣 1 分	
	5	尺寸标注及几何公差分析正确	5	错一处扣 1 分	
软件操作（25%）	6	基本绘图命令执行方法正确	10	错一处扣 1 分	
	7	软件基本操作正确	10	错一处扣 1 分	
	8	基本图形的绘制正确	5	错一处扣 1 分	

续表

项目	序号	技术要求	配分	评分标准	得分
绘图质量（40%）	9	图幅大小合适，布图方案合理	5	不合格，不得分	
	10	标题栏绘制正确，内容填写规范	5	错一处扣 1 分	
	11	绘图所用线型正确	5	错一处扣 1 分	
	12	零件轮廓清晰，无缺线	5	错一处扣 1 分	
	13	尺寸标注完整，无遗漏	5	错一处扣 1 分	
	14	几何公差标注合理，无错误	5	错一处扣 1 分	
	15	表面结构符号和基准符号标注正确	5	错一处扣 1 分	
	16	技术要求书写规范	5	错一处扣 2 分	
安全文明生产（10%）	17	操作安全	5	违反一处扣 2 分	
	18	机房清理	5	不合格不得分	
总得分					

二、小组评价

把打印好的蜗轮减速箱体零件平面图形先进行分组展示，再由小组推荐代表做必要的介绍。在展示的过程中，以小组为单位进行评价；评价完成后，根据其他小组成员对本组展示的成果进行评价，并将评价意见归纳总结。完成如下项目：

1．本小组展示的蜗轮减速箱体零件平面图形符合机械制图标准吗？

很好□　　一般□　　不准确□

2．本小组介绍成果表达是否清晰？

很好□　　一般，常补充□　　不清晰□

3．本小组演示的蜗轮减速箱体零件平面图形绘制方法正确吗？

正确□　　部分正确□　　不正确□

4．本小组演示操作时遵循“6S”工作要求吗？

符合工作要求□　　忽略了部分要求□　　完全没有遵循□

5．本小组所用的计算机、打印机保养完好吗？

良好□　　一般□　　不合要求□

6．本小组的成员团队创新精神如何？

良好□　　一般□　　不足□

三、教师评价

教师对展示的图样分别做评价。

1．找出各组的优点进行点评。

2．对展示过程中各组的缺点进行点评，提出改进方法。

3．对整个任务完成中出现的亮点和不足进行点评。

四、总结提升

1．回顾本次学习任务的工作过程，归纳整理所学知识和技能。

建议：教师从“矩形”“移动”“复制”“旋转”“阵列”等命令的应用和蜗轮减速箱体零件平面图形的绘制等方面，引导学生归纳、整理所学知识和技能。

2．试结合自身任务完成情况，通过交流讨论等方式，较全面、规范地撰写本次任务的工作总结。

工作总结（心得体会）

评价与分析

学习任务四评价表

<table>
<tr><td>班级</td><td colspan="2"></td><td>姓名</td><td colspan="2"></td><td colspan="2">学号</td><td colspan="2"></td></tr>
<tr><td rowspan="3">项目</td><td colspan="3">自我评价</td><td colspan="3">小组评价</td><td colspan="3">教师评价</td></tr>
<tr><td>10 ~ 9分</td><td>8 ~ 6分</td><td>5 ~ 1分</td><td>10 ~ 9分</td><td>8 ~ 6分</td><td>5 ~ 1分</td><td>10 ~ 9分</td><td>8 ~ 6分</td><td>5 ~ 1分</td></tr>
<tr><td colspan="3">占总评 10%</td><td colspan="3">占总评 30%</td><td colspan="3">占总评 60%</td></tr>
<tr><td>学习活动 1</td><td></td><td></td><td></td><td></td><td></td><td></td><td></td><td></td><td></td></tr>
<tr><td>学习活动 2</td><td></td><td></td><td></td><td></td><td></td><td></td><td></td><td></td><td></td></tr>
<tr><td>学习活动 3</td><td></td><td></td><td></td><td></td><td></td><td></td><td></td><td></td><td></td></tr>
<tr><td>学习活动 4</td><td></td><td></td><td></td><td></td><td></td><td></td><td></td><td></td><td></td></tr>
<tr><td>学习活动 5</td><td></td><td></td><td></td><td></td><td></td><td></td><td></td><td></td><td></td></tr>
<tr><td>表达能力和分析能力</td><td></td><td></td><td></td><td></td><td></td><td></td><td></td><td></td><td></td></tr>
<tr><td>协作精神</td><td></td><td></td><td></td><td></td><td></td><td></td><td></td><td></td><td></td></tr>
<tr><td>纪律观念</td><td></td><td></td><td></td><td></td><td></td><td></td><td></td><td></td><td></td></tr>
<tr><td>工作态度</td><td></td><td></td><td></td><td></td><td></td><td></td><td></td><td></td><td></td></tr>
<tr><td>任务总体表现</td><td></td><td></td><td></td><td></td><td></td><td></td><td></td><td></td><td></td></tr>
<tr><td>小计分</td><td colspan="3"></td><td colspan="3"></td><td colspan="3"></td></tr>
<tr><td>总评分</td><td colspan="9"></td></tr>
</table>

任课教师：　　　　年　　月　　日

任务拓展

发动机箱体零件平面图形的绘制

一、工作情境描述

企业设计部接到一项任务：根据提供的发动机箱体零件平面图形（图 4–20）绘制 CAD 图形，便于生产部门进行批量生产。技术主管将绘图任务分配给绘图员张强，让他应用计算机绘图软件进行绘制，并将零件图打印出来。

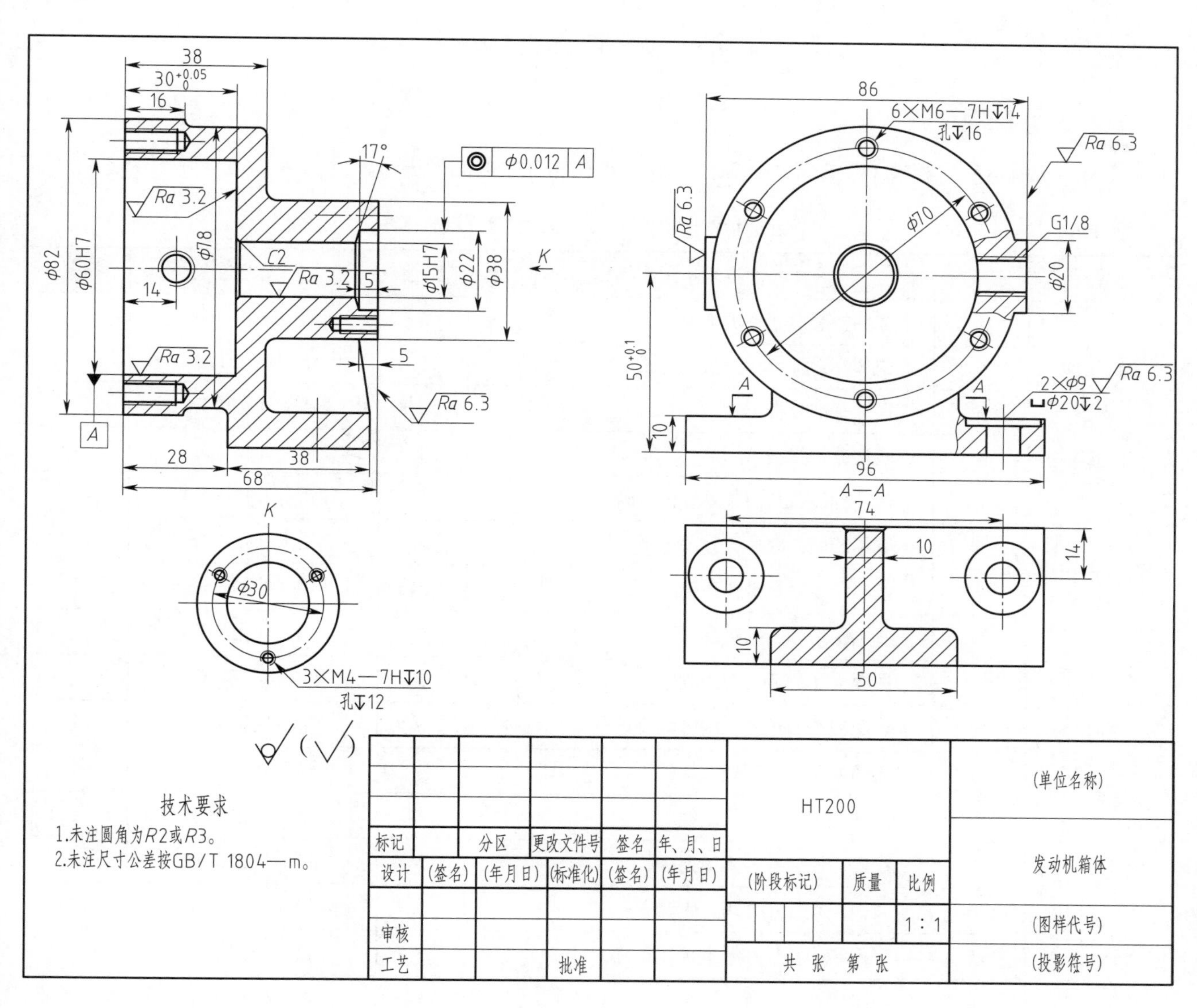

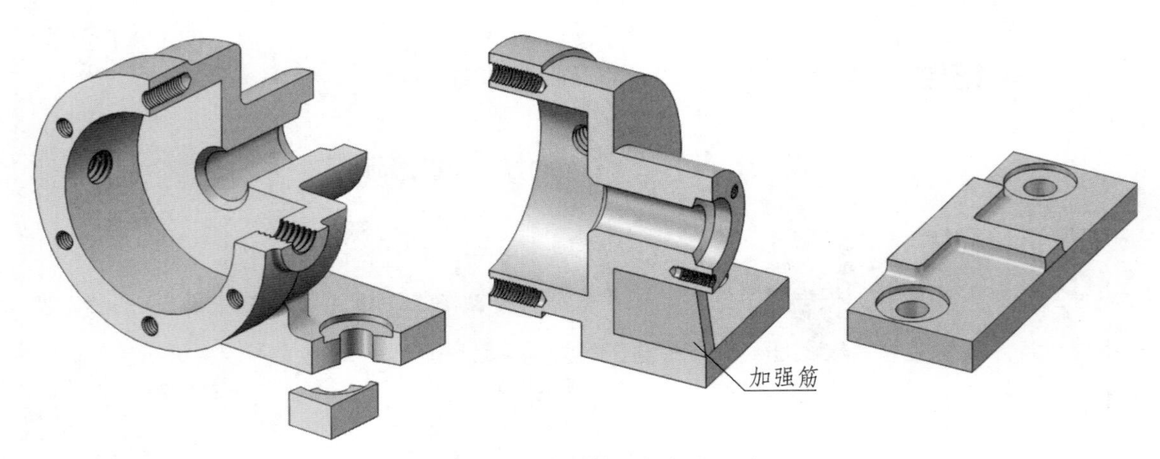

图 4–20　发动机箱体零件平面图形

二、评分标准

按表 4–6 所示项目和技术要求，对绘制的发动机箱体零件平面图形进行评分。

表 4–6　　发动机箱体零件平面图形绘制评分标准

项目	序号	技术要求	配分	评分标准	得分
零件平面图形分析（25%）	1	零件轮廓尺寸分析正确	5	错一处扣 1 分	
	2	定形与定位尺寸分析正确	5	错一处扣 1 分	
	3	尺寸基准分析正确	5	错一处扣 1 分	
	4	线型分析正确	5	错一处扣 1 分	
	5	尺寸标注及几何公差分析正确	5	错一处扣 1 分	
软件操作（25%）	6	基本绘图命令执行方法正确	10	错一处扣 1 分	
	7	基本绘图命令操作正确	10	错一处扣 1 分	
	8	基本图形的绘制正确	5	错一处扣 1 分	
绘图质量（40%）	9	图幅大小合适，布图方案合理	5	不合格，不得分	
	10	标题栏绘制正确，内容填写规范	5	错一处扣 1 分	
	11	绘图所用线型正确	5	错一处扣 1 分	
	12	零件轮廓清晰，无缺线	5	错一处扣 1 分	
	13	尺寸标注完整，无遗漏	5	错一处扣 1 分	
	14	几何公差标注合理，无错误	5	错一处扣 1 分	
	15	表面结构符号和基准标注正确	5	错一处扣 1 分	
	16	技术要求书写规范	5	错一处扣 2 分	
安全文明生产（10%）	17	操作安全	5	违反一处扣 2 分	
	18	机房清理	5	不合格不得分	
总得分					

世赛知识

第一角画法与第三角画法

世界技能大赛使用的机械图样一般都是按照第三角画法绘制的。要看懂世赛图样，需要了解第一角画法与第三角画法的知识。

三个互相垂直的平面将空间分为八个分角，分别称为第Ⅰ分角、第Ⅱ分角、第Ⅲ分角……第Ⅷ分角，如图 4–21 所示。

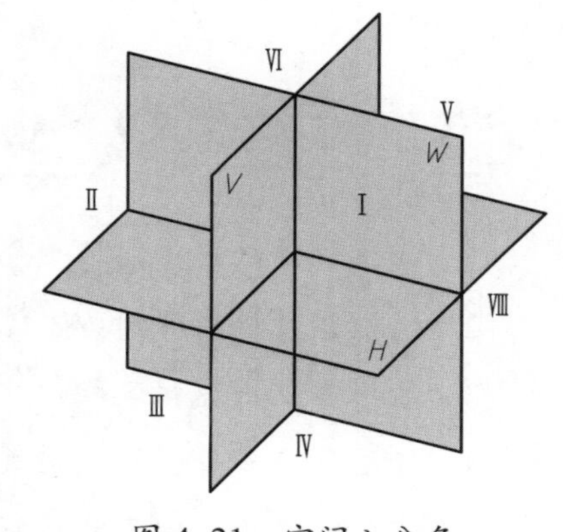

图 4–21　空间八分角

第一角画法也称第一角投影，是将物体置于第Ⅰ分角内，并使其处于观察者与投影面之间（即保持人→物→面的位置关系）而得到的正投影方法，各投影的配置如图 4–22 所示。第一角画法简称 E 法。我国一直沿用第一角画法，俄罗斯、英国、德国、法国等国家也都采用第一角画法。

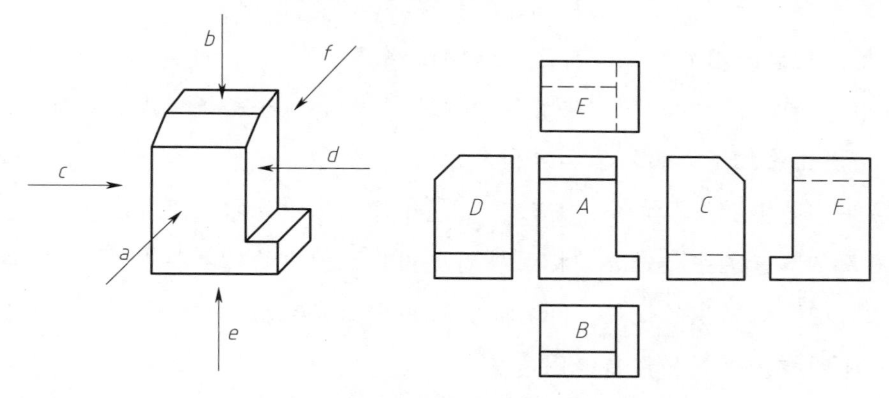

图 4–22　基本投影视图的配置（第一角画法）

第三角画法也称第三角投影，是将物体置于第Ⅲ分角内，并使投影面处于观察者与物体之间（即保持人→面→物的位置关系）而得到的正投影方法，各投影的配置如图 4–23 所示。第三角画法简称 A 法。美国、日本、加拿大和澳大利亚等国家采用第三角画法。

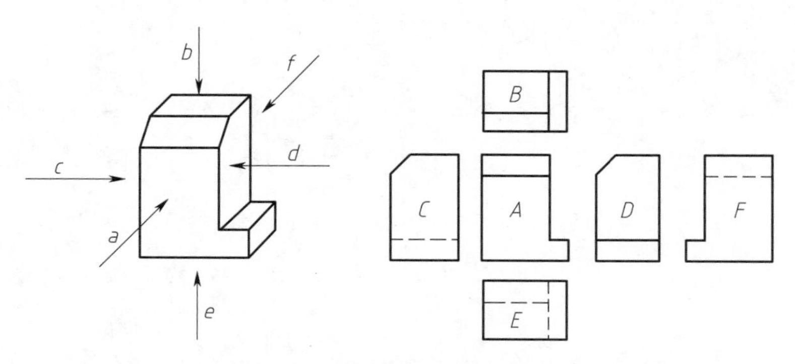

图 4–23　基本投影视图的配置（第三角画法）

学习任务五　机用虎钳装配图的绘制

学习目标

1. 通过识读机用虎钳轴测分解图和装配示意图，确定机用虎钳的组成和装配关系。

2. 通过识读机用虎钳各零件图，确定其结构形状和尺寸。

3. 能根据机用虎钳装配示意图和各组成零件的结构，确定机用虎钳装配图的绘制方法。

4. 能设置“多重引线”样式，并能应用“多重引线”命令绘制引出标注。

5. 能创建机用虎钳各零件图图块。

6. 能根据国家标准，绘制垫圈、圆柱销、螺钉等标准件零件图。

7. 能绘制机用虎钳装配图的图框、标题栏和明细栏。

8. 能正确应用“插入块”“分解”“修剪”“删除”等命令，绘制机用虎钳装配图。

9. 能标注机用虎钳装配图中的轮廓和配合尺寸。

10. 能正确应用“多重引线”命令，标注机用虎钳装配图中的零件序号。

11. 能正确应用“多行文字”命令，标注机用虎钳装配图中的技术要求。

12. 能完成“打印”对话框的设置，并打印出机用虎钳装配图。

13. 能根据打印图样，检测和判断绘图质量。

14. 能就本次任务中出现的问题提出改进措施。

15. 能对学习与工作进行反思总结，并能与他人开展良好合作，进行有效的沟通。

16. 能严格执行企业操作规程、企业质量体系管理制度、安全生产制度、环保管理制度、“6S”管理制度等企业管理规定。

建议学时

12 学时。

工作情境描述

企业设计部接到一项任务：根据提供的机用虎钳轴测分解图和装配示意图（图 5–1），以及机用虎钳各组成零件图（图 5–2 至图 5–8）绘制机用虎钳装配图，便于生产部门进行批量生产。技术主管将绘图任务分配给绘图员张强，让他应用计算机绘图软件进行绘制，并将装配图打印出来。

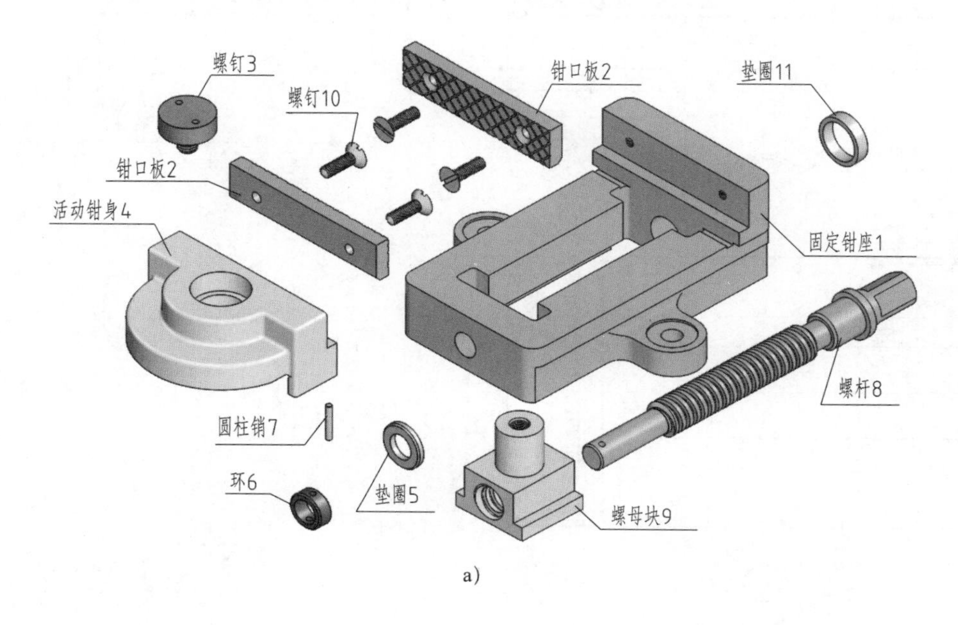

a)

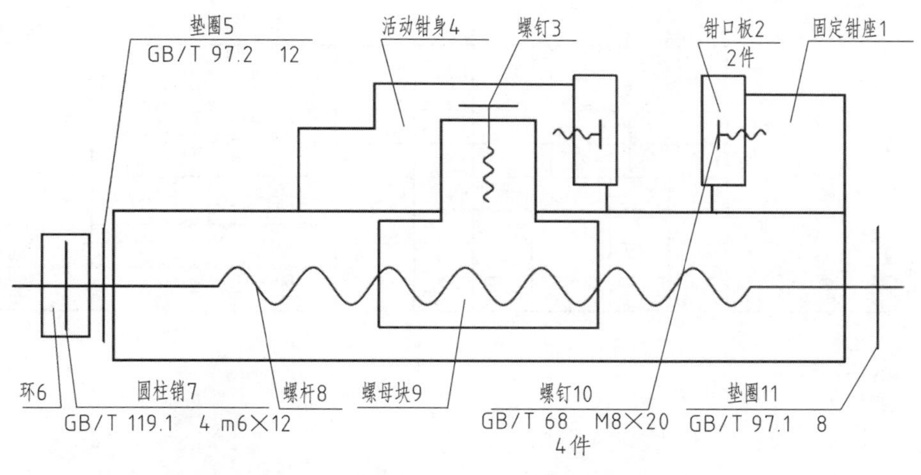

b)

图 5–1　机用虎钳轴测分解图和装配示意图

a）机用虎钳轴测分解图　b）机用虎钳装配示意图

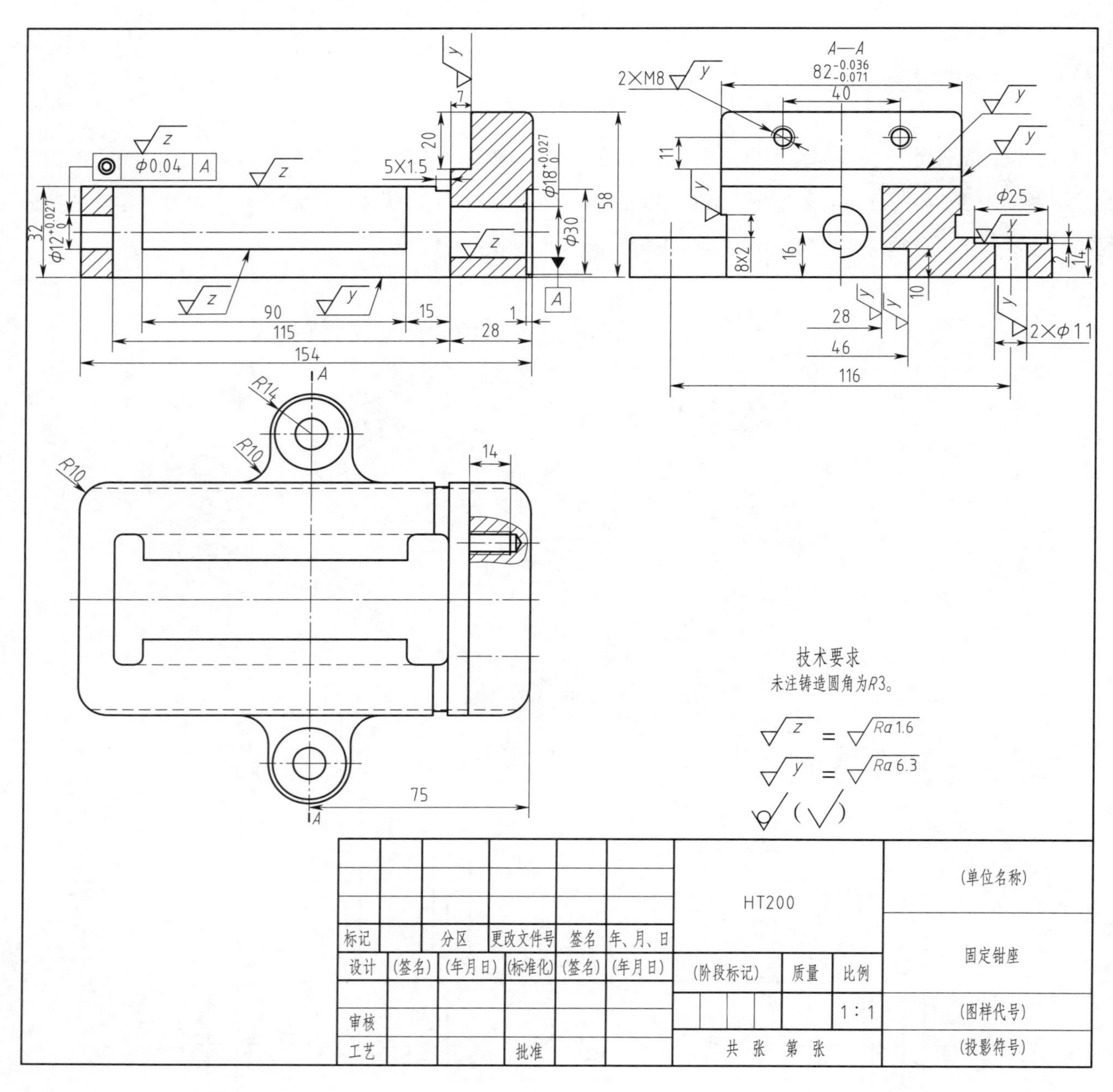
A—A
技术要求
未注铸造圆角为R3。
HT200
(单位名称)
固定钳座
(图样代号)
(投影符号)
标记 分区 更改文件号 签名 年、月、日
设计 (签名) (年月日) (标准化) (签名) (年月日)
(阶段标记) 质量 比例
1 : 1
审核
工艺 批准
共 张 第 张

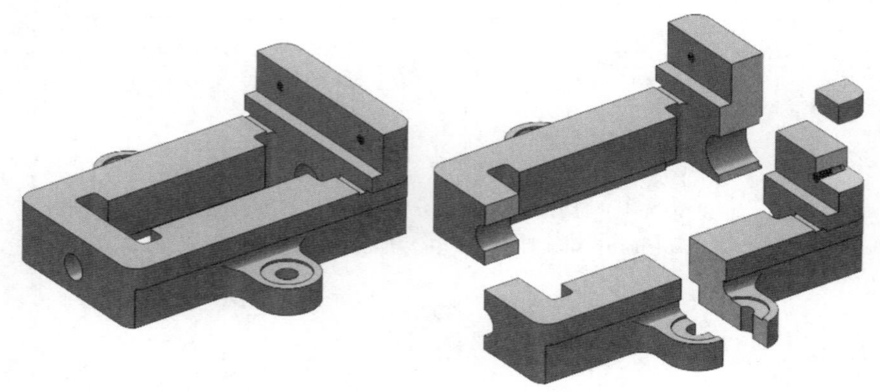

图 5–2 固定钳座零件图

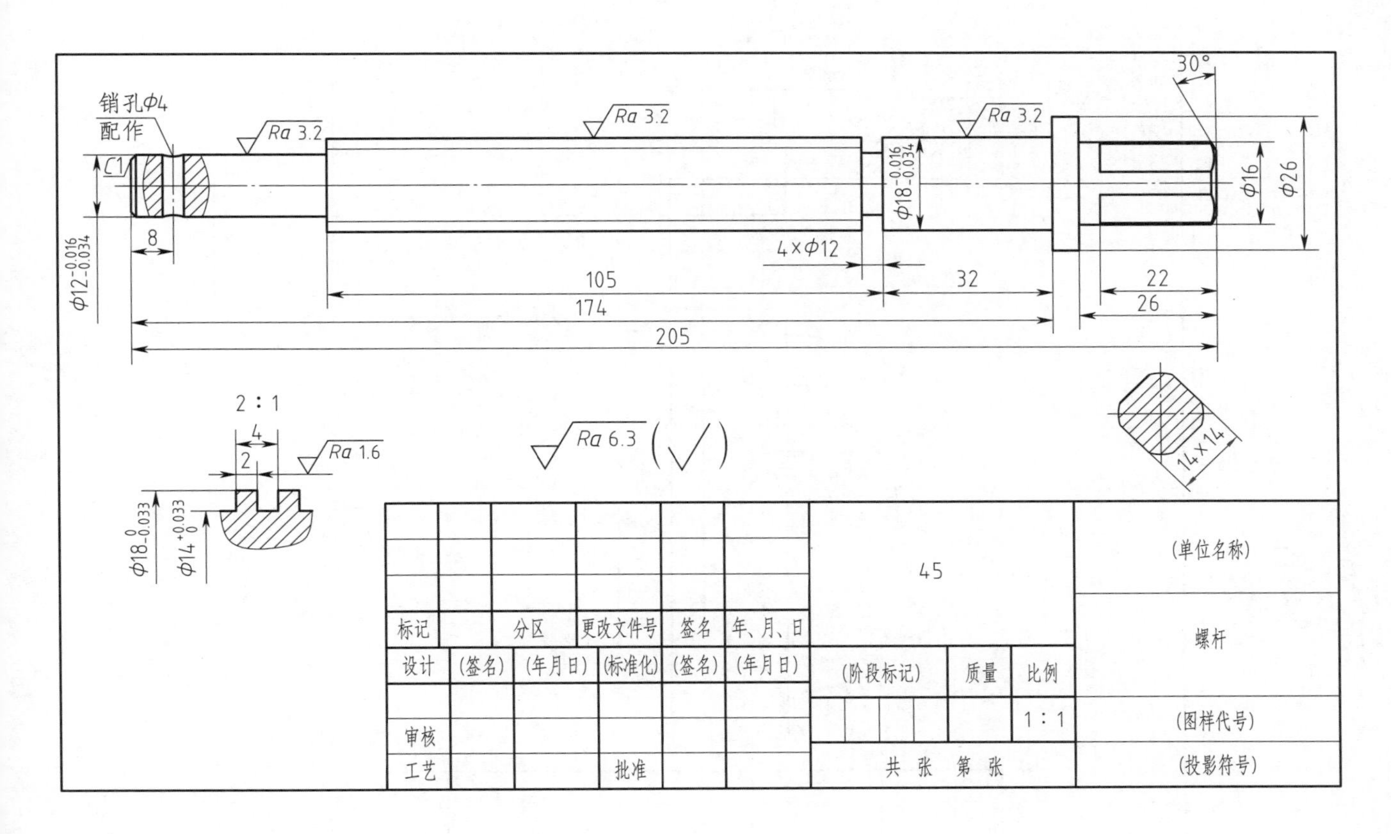

销孔φ4
配作
C1
Ra 3.2
Ra 3.2
Ra 3.2
30°
φ18-0.016 -0.034
φ16
φ26
8
4×φ12
φ12-0.016 -0.034
105
32
22
174
26
205
2：1
4
2
Ra 1.6
φ18 0 -0.033
φ14 +0.033 0
Ra 6.3 (√)
14×14
45
(单位名称)
螺杆
标记
分区
更改文件号
签名
年、月、日
设计
(签名)
(年月日)
(标准化)
(签名)
(年月日)
(阶段标记)
质量
比例
1：1
(图样代号)
审核
工艺
批准
共 张 第 张
(投影符号)

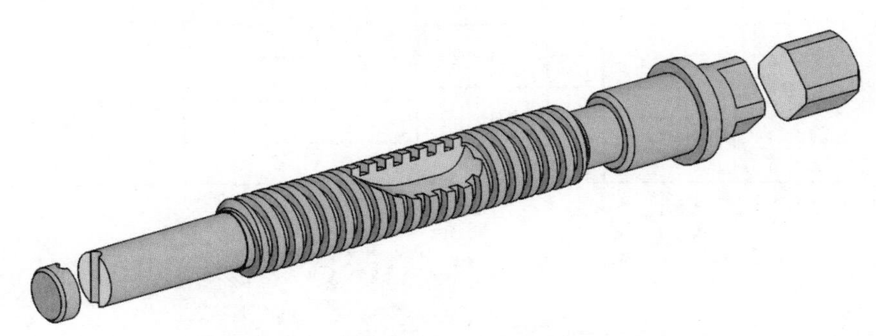

图 5-3　螺杆零件图

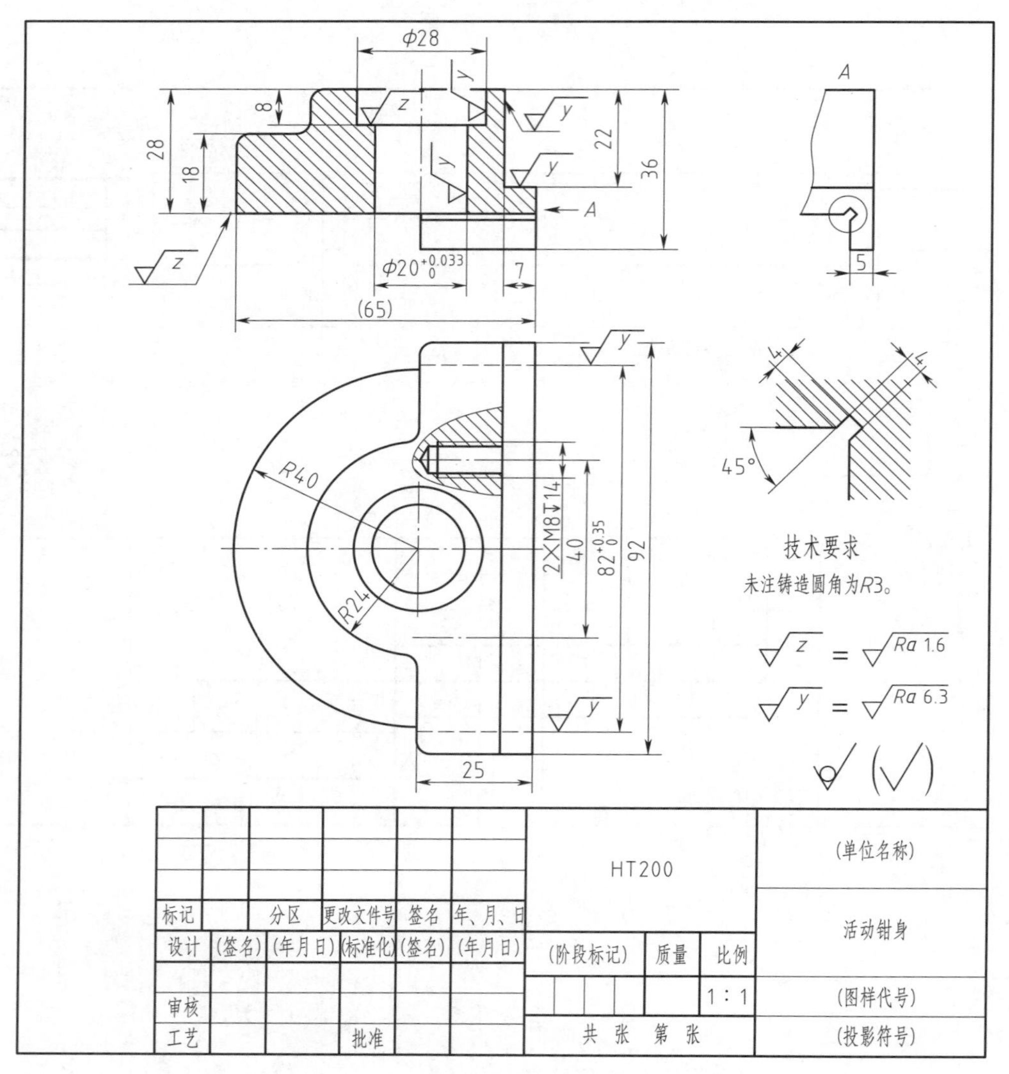
技术要求
未注铸造圆角为R3。
HT200
(单位名称)
活动钳身
(图样代号)
(投影符号)
标记
分区
更改文件号
签名
年、月、日
设计
(签名)
(年月日)
(标准化)
(签名)
(年月日)
(阶段标记)
质量
比例
1:1
审核
工艺
批准
共 张 第 张

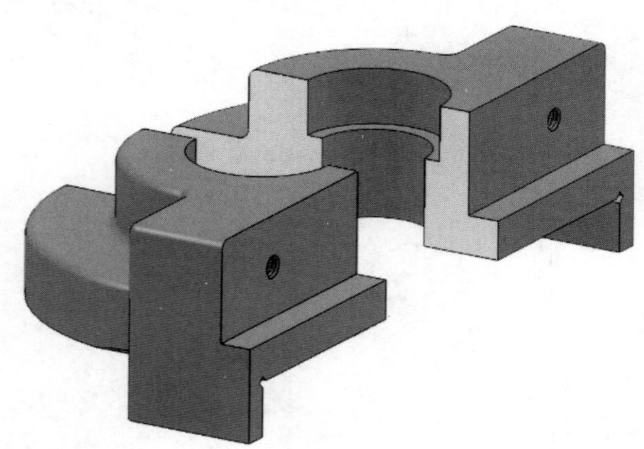

图 5–4 活动钳身零件图

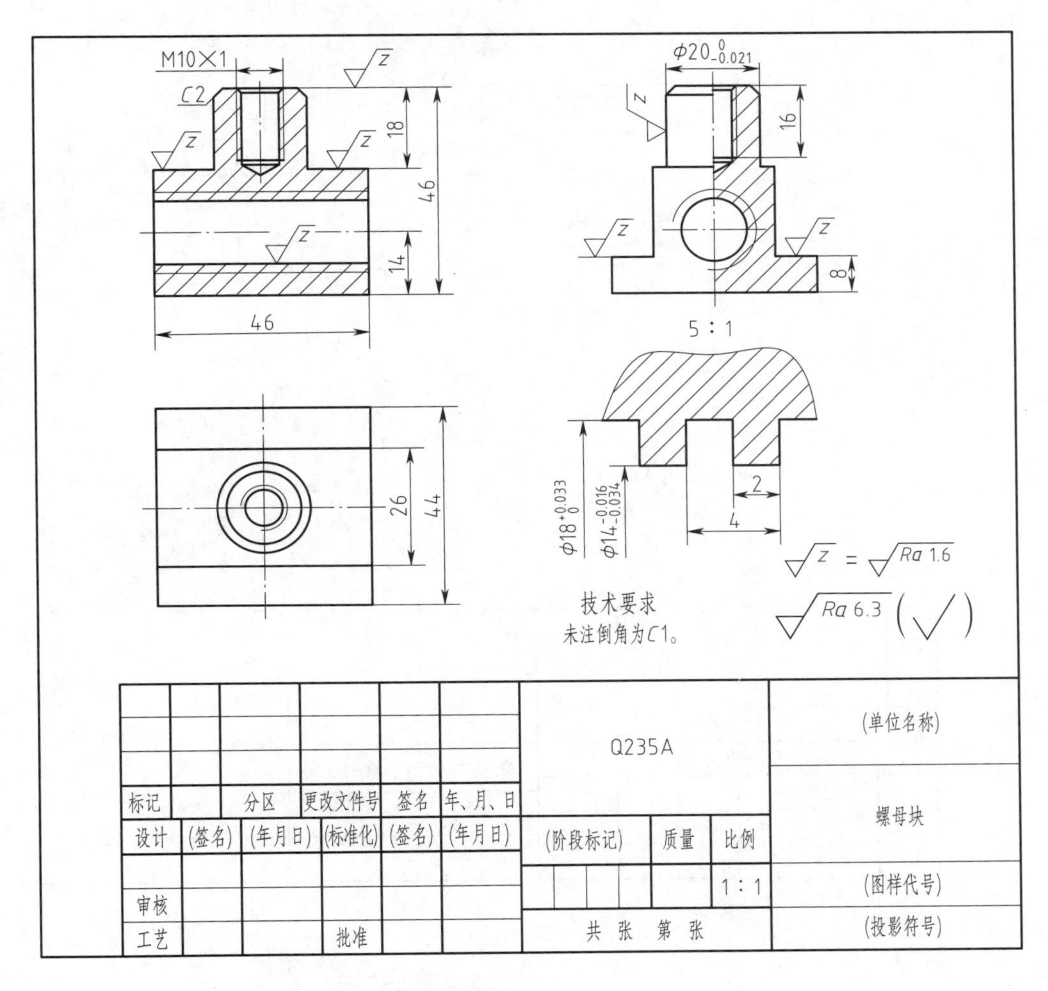
M10×1
C2
18
46
14
46
26
44
5 : 1
2
4
技术要求
未注倒角为C1。
Q235A
(单位名称)
螺母块
标记
分区
更改文件号
签名
年、月、日
设计
(签名)
(年月日)
(标准化)
(签名)
(年月日)
(阶段标记)
质量
比例
1 : 1
(图样代号)
审核
工艺
批准
共　张　第　张
(投影符号)

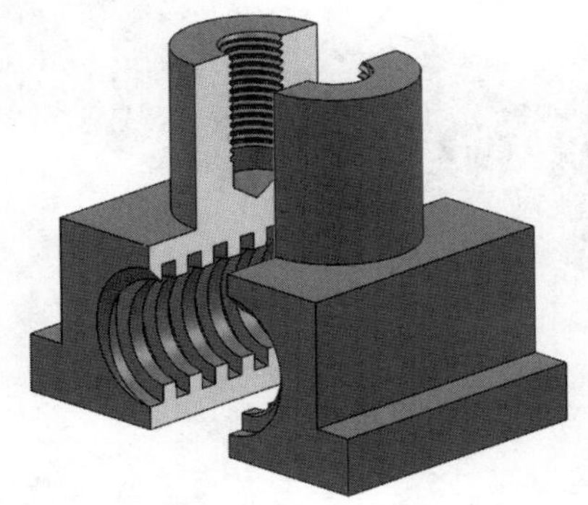

图 5-5　螺母块零件图

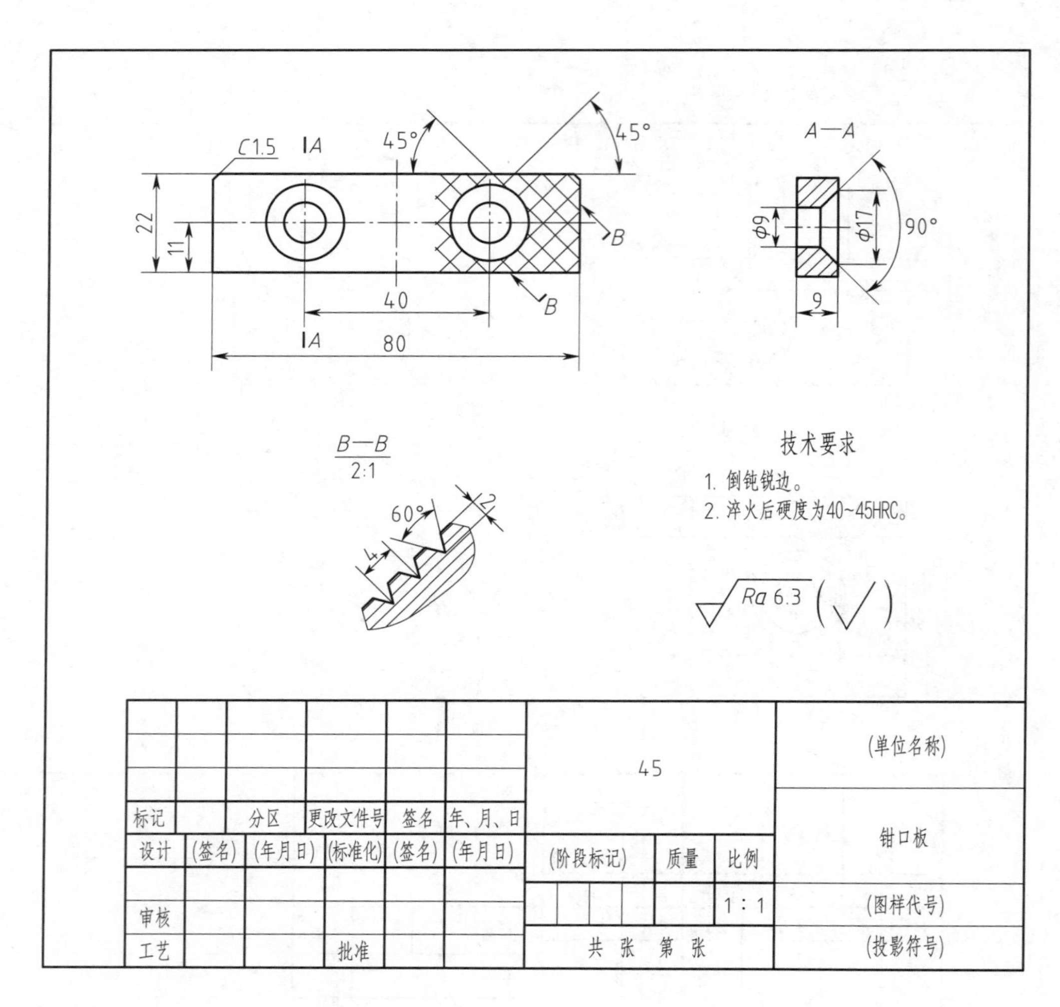
C1.5
A
45°
45°
A—A
22
11
B
B
40
A
80
φ9
φ17
90°
9
B—B
2:1
60°
2
4
技术要求
1. 倒钝锐边。
2. 淬火后硬度为40~45HRC。
Ra 6.3
45
(单位名称)
标记
分区
更改文件号
签名
年、月、日
钳口板
设计
(签名)
(年月日)
(标准化)
(签名)
(年月日)
(阶段标记)
质量
比例
1 : 1
(图样代号)
审核
工艺
批准
共 张 第 张
(投影符号)

图 5-6　钳口板零件图

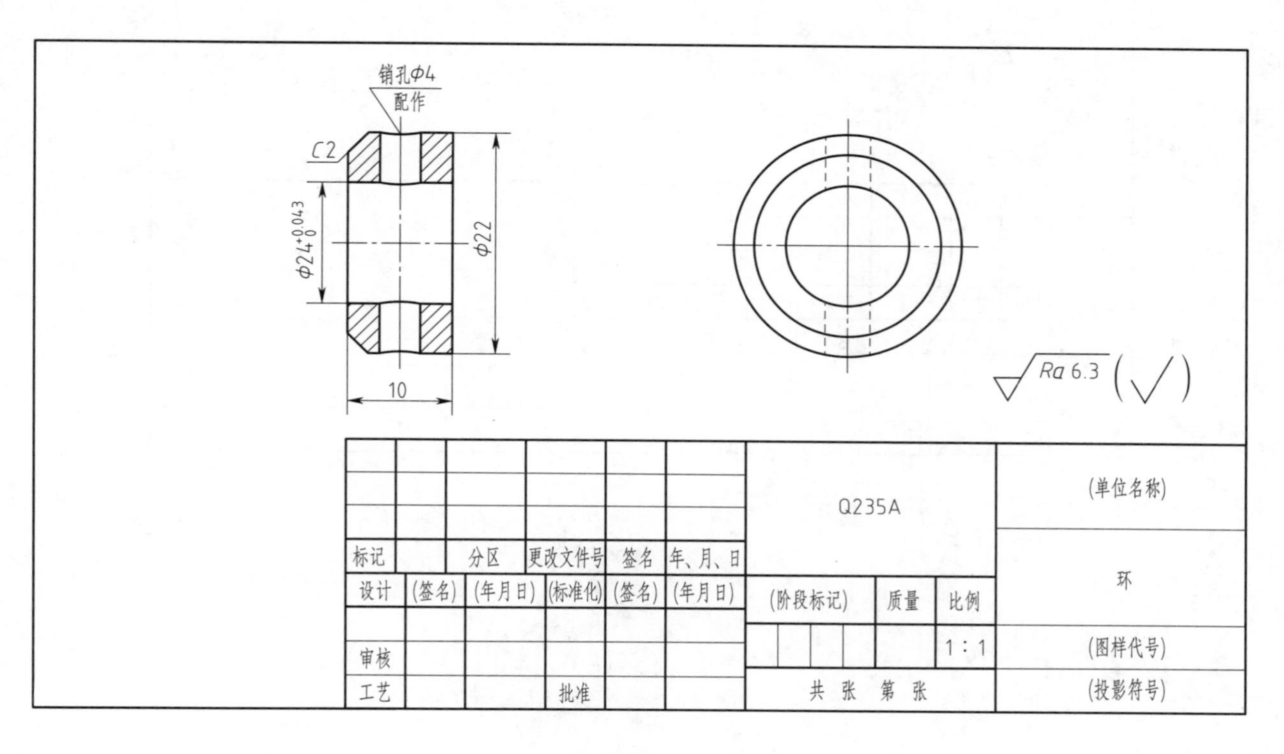

销孔Φ4
配作
C2
Φ24+0.043 0
Φ22
10
Ra 6.3
Q235A
(单位名称)
环
标记
分区
更改文件号
签名
年、月、日
设计
(签名)
(年月日)
(标准化)
(签名)
(年月日)
(阶段标记)
质量
比例
1∶1
(图样代号)
审核
工艺
批准
共 张 第 张
(投影符号)

图 5–7　环零件图

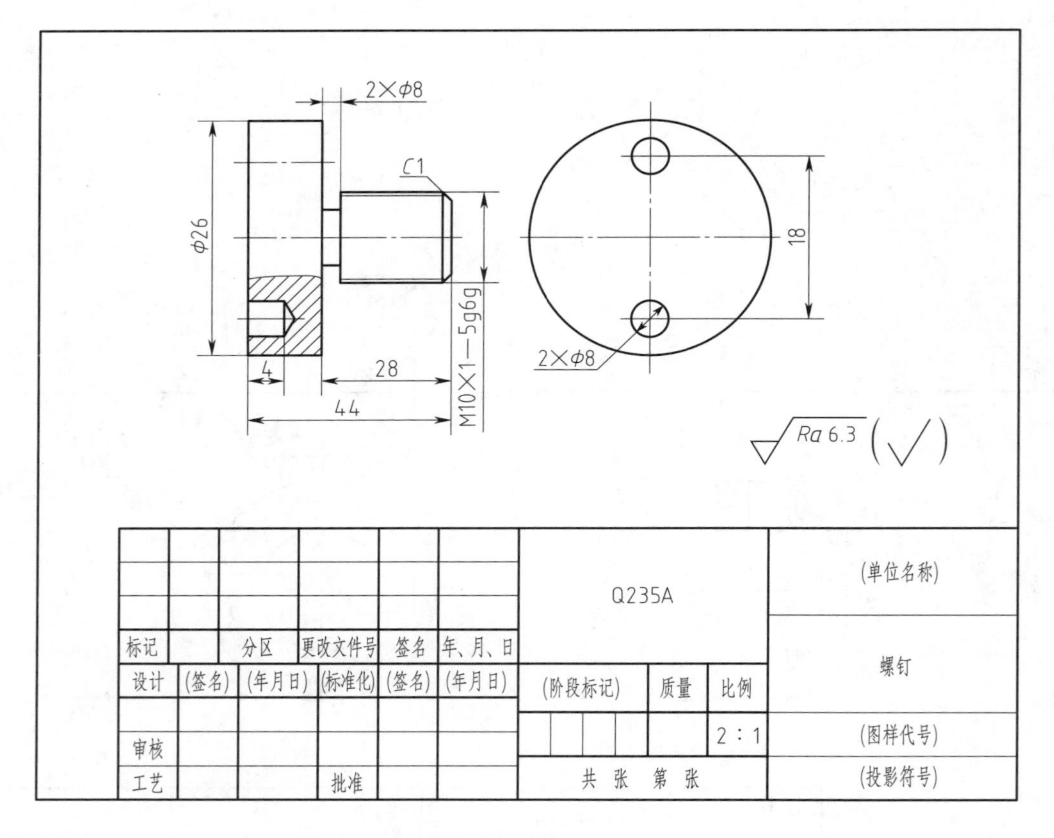

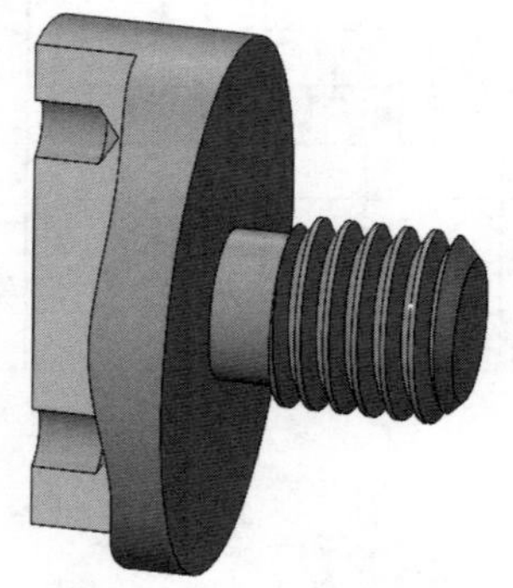

图 5-8 螺钉零件图

工作流程与活动

1．机用虎钳装配图的分析（2 学时）

2．绘图软件的基本操作（2 学时）

3．机用虎钳装配图的绘制与打印（4 学时）

4．绘图检测与质量分析（2 学时）

5．工作总结与评价（2 学时）

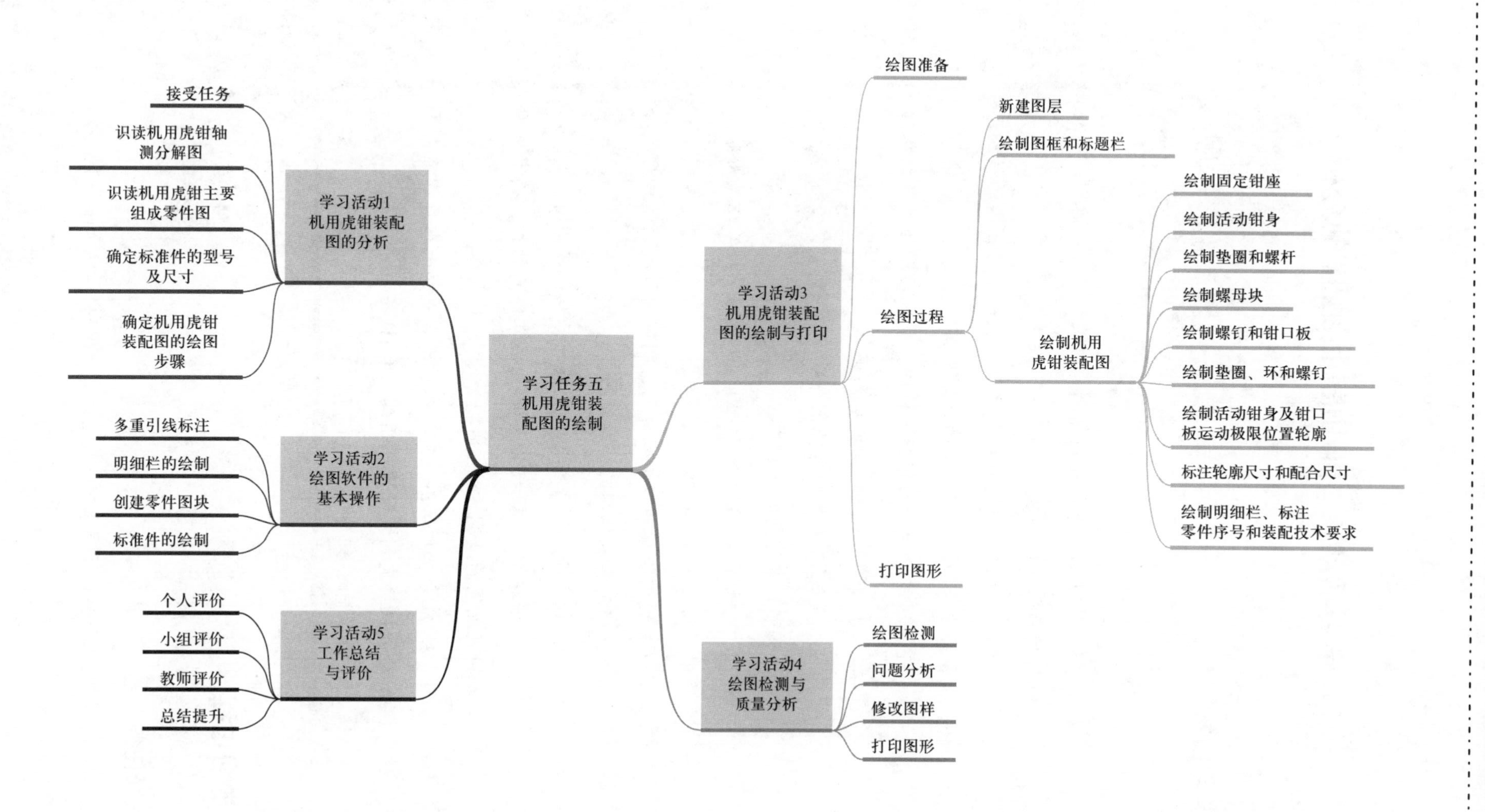
学习任务五 机用虎钳装配图的绘制
学习活动1 机用虎钳装配图的分析
接受任务
识读机用虎钳轴测分解图
识读机用虎钳主要组成零件图
确定标准件的型号及尺寸
确定机用虎钳装配图的绘图步骤
学习活动2 绘图软件的基本操作
多重引线标注
明细栏的绘制
创建零件图块
标准件的绘制
学习活动5 工作总结与评价
个人评价
小组评价
教师评价
总结提升
学习活动3 机用虎钳装配图的绘制与打印
绘图准备
绘图过程
新建图层
绘制图框和标题栏
绘制机用虎钳装配图
绘制固定钳座
绘制活动钳身
绘制垫圈和螺杆
绘制螺母块
绘制螺钉和钳口板
绘制垫圈、环和螺钉
绘制活动钳身及钳口板运动极限位置轮廓
标注轮廓尺寸和配合尺寸
绘制明细栏、标注零件序号和装配技术要求
打印图形
学习活动4 绘图检测与质量分析
绘图检测
问题分析
修改图样
打印图形

学习活动1　机用虎钳装配图的分析

学习目标

1. 通过识读机用虎钳轴测分解图和装配示意图，明确机用虎钳的组成和装配关系。

2. 通过识读固定钳座零件图，明确固定钳座的结构形状和尺寸，确定其零件图的绘制步骤。

3. 通过识读活动钳身零件图，明确活动钳身的结构形状和尺寸，确定其零件图的绘制步骤。

4. 通过识读螺杆零件图，明确螺杆的结构形状和尺寸，确定其零件图的绘制步骤。

5. 通过识读螺母块零件图，明确螺母块的结构形状和尺寸，确定其零件图的绘制步骤。

6. 通过识读钳口板零件图，明确钳口板的结构形状和尺寸，确定其零件图的绘制步骤。

7. 通过查阅国家标准，能绘制标准件零件图。

8. 能根据装配示意图和各组成零件的结构，确定机用虎钳装配图的绘制方法。

9. 能与生产技术人员、生产主管等相关人员沟通，了解绘制机用虎钳装配图所用到的CAD指令。

建议学时：2学时。

学习过程

一、接受任务

听技术主管描述本次绘图任务，正确填写任务记录单（表5-1）。

表 5-1　　任务记录单

部门名称				出图数量	
任务名称	机用虎钳装配图的绘制			预交付时间	年　月　日
下单人		年　月　日	接单人		年　月　日
制图		年　月　日	审核		年　月　日
批准		年　月　日	交付人		年　月　日

二、识读机用虎钳轴测分解图

1．机用虎钳是由哪些零件组成的？其中哪个零件为装配基准件？

机用虎钳是由固定钳座、钳口板、活动钳身、螺杆、螺母块、环、螺钉、垫圈等零件组成的，其中固定钳座为装配基准件。

2．简述机用虎钳主要零件的装配关系和连接方式。

如图 5-1 所示，在螺母块 9 中装入螺杆 8，并用垫圈 11、垫圈 5、环 6、圆柱销 7 将螺杆轴向固定，用螺钉 3 将活动钳身 4 与螺母块 9 连接，用螺钉 10 将两块钳口板 2 分别与固定钳座 1 和活动钳身 4 连接。

3．简述机用虎钳的工作原理。

用扳手顺时针或逆时针方向旋转螺杆 8，使螺母块 9 带动活动钳身 4 沿螺杆 8 做轴向水平直线运动，以实现夹紧或松开工件。

4．简述机用虎钳的装配顺序。

（1）将螺母块 9 从固定钳座 1 下方空腔装入“工”字形槽内，再装入螺杆 8，并用垫圈 11、垫圈 5、环 6、圆柱销 7 将螺杆轴向固定。

（2）通过螺钉 3 将活动钳身 4 与螺母块 9 连接，最后用螺钉 10 将两块钳口板 2 分别与固定钳座 1 和活动钳身 4 连接。

三、识读机用虎钳主要组成零件图

1．识读固定钳座零件图

（1）固定钳座是由什么材料制成的？其总体尺寸是多少？

固定钳座是由 HT200 制成的，其总体尺寸为 154 mm × 144 mm × 58 mm。

（2）该零件图采用哪些视图表达固定钳座的结构？

该零件图采用主视图、俯视图和左视图表达固定钳座的结构。主视图采用了全剖视图，左视图采用半剖视图，为了表达螺钉孔的结构，在俯视图上还采用了局部剖视图。

（3）简述固定钳座的结构形状。

固定钳座主体结构为平躺的“L”形，底座下方为“工”字形空腔，左端和右端留有螺杆孔，前端和后端有带螺栓孔的凸耳，凸耳用来固定机用虎钳钳座，右端有凸起的平台，平台用来安装及固定钳口板。

（4）简述绘制固定钳座零件图的步骤。

绘制中心线和基准线；绘制底座三视图；绘制右侧凸台三视图；绘制前后侧凸耳三视图；绘制螺钉孔；标注尺寸、表面结构符号、剖切符号等。

2．识读螺杆零件图

（1）螺杆是由什么材料制成的？其轮廓尺寸是多少？

螺杆是由 45 钢制成的，其轮廓尺寸为 ϕ26 mm × 205 mm。

（2）该零件图采用哪些视图表达螺杆的结构？

该零件图采用主视图表达螺杆的结构，用断面图表达螺杆右端 14 mm × 14 mm 处的断面结构，用局部放大图表达矩形螺纹顶径、小径和螺距。

（3）简述螺杆的结构形状。

螺杆为轴类零件，左端为 $\phi 12_{-0.034}^{-0.016}$ mm × 37 mm 圆柱面，距左端面 8 mm 处有 ϕ4 mm 销孔；中间为矩形螺纹，其螺纹顶径为$18_{-0.033}^{0}$ mm，小径为$14_{0}^{+0.033}$ mm，螺纹的长度为 101 mm；矩形螺纹右端为 4 mm × ϕ12 mm 螺纹退刀槽；退刀槽的右端为 $\phi 18_{-0.034}^{-0.016}$ mm × 32 mm 圆柱面；圆柱面右端为 ϕ26 mm 的限位台阶；螺杆最右端为 14 mm × 14 mm 的四方柱，用来旋转螺杆。

（4）简述绘制螺杆零件图的步骤。

绘制中心线；绘制主视图；绘制断面图；绘制局部放大图；标注尺寸、表面结构符号等。

3．识读活动钳身零件图

（1）活动钳身是由什么材料制成的？其轮廓尺寸是多少？

活动钳身是由 HT200 制成的，其轮廓尺寸为 65 mm × 92 mm × 36 mm。

（2）该零件图采用哪些视图表达活动钳身的结构?

该零件图采用主视图、俯视图、向视图和局部放大图来表达活动钳身的结构。主视图采用全剖视图，表达中间台阶孔、左侧和右侧台阶形状以及右侧下方凸出部分的形状；俯视图主要表达活动钳身的外形，并用局部剖视图表示螺钉的位置和深度；再通过 A 向局部剖视图补充表达右侧下方凸出部分的形状。

（3）简述活动钳身的结构形状。

活动钳身是铸造件，其左侧为台阶形半圆柱体，右侧为长方体，前侧和后侧向下凸出部分包住固定钳座导轨前后两侧面；中部的台阶孔与螺母块上圆柱体部分相配合；右侧下方凸出部分的长方形缺口用于安装钳口板；两个螺钉孔用于固定。

（4）简述绘制活动钳身零件图的步骤。

绘制中心线及基准线；绘制俯视图；绘制主视图；绘制向视图和局部放大图；标注尺寸、表面结构符号等。

4．识读螺母块零件图

（1）螺母块是由什么材料制成的？其轮廓尺寸是多少?

螺母块是由 Q235A 钢制成的，其轮廓尺寸是 46 mm × 44 mm × 46 mm。

（2）该零件图采用哪些视图表达螺母块的结构?

该零件图采用主视图、俯视图、左视图和局部放大图来表达螺母块的结构。主视图采用全剖视图表达 M10 × 1 螺钉孔和矩形内螺纹的形状；左视图采用了半剖视图，表达了螺母块横截面的形状。

（3）简述螺母块的结构形状。

螺母块主体由两块长方体组成，其横截面为“凸”字形，在距底面 14 mm 处加工了通孔及矩形内螺纹；窄长方体顶端中间为带有螺钉孔的圆柱，用来固定活动钳身。

（4）简述绘制螺母块零件图的步骤。

绘制中心线；绘制两长方体和矩形内螺纹三视图；绘制圆柱和螺钉孔三视图；绘制局部放大图；标注尺寸、表面结构符号等。

5．识读钳口板零件图

（1）钳口板是由什么材料制成的？其轮廓尺寸是多少?

钳口板是由 45 钢制成的，其轮廓尺寸是 80 mm × 22 mm × 9 mm。

（2）该零件图采用哪些视图表达钳口板的结构?

该零件图采用了主视图、左视图和向视图来表达钳口板的结构。

（3）简述钳口板的结构形状。

钳口板为长方体零件，其前端面上有两个螺钉孔，并且在前端面加工了多条V形沟槽，用于防滑。

（4）简述绘制钳口板零件图的步骤。

绘制对称中心线；绘制长方体主视图和左视图；绘制螺钉孔主视图和左视图；绘制V形沟槽的槽底线；绘制表达V形沟槽尺寸的向视图；标注尺寸、技术要求等。

四、确定标准件的型号及尺寸

1．查阅国家标准《平垫圈　倒角型　A级》（GB/T 97.2—2002），确定垫圈5的型号及尺寸。

垫圈5的型号为GB/T 97.2　12，其外径公称尺寸为24 mm，内径公称尺寸为13 mm，厚度公称尺寸为2.5 mm。

2．查阅国家标准《圆柱销　不淬硬钢和奥氏体不锈钢》（GB/T 119.1—2000），确定圆柱销7的型号及尺寸。

圆柱销7的型号为GB/T 119.1　4　m6×12，其公称直径为4 mm，公称长度为12 mm，公差为m6。

3．查阅国家标准《开槽沉头螺钉》（GB/T 68—2016），确定螺钉10的型号及尺寸。

螺钉10的型号为GB/T 68　M8×20，其螺纹规格为M8，公称长度为20 mm。

4．查阅国家标准《平垫圈　A级》（GB/T 97.1—2002），确定垫圈11的型号及尺寸。

垫圈11的型号为GB/T 97.1　8，其外径公称尺寸为16 mm，内径公称尺寸为8.4 mm，公称厚度为1.6 mm。

五、确定机用虎钳装配图的绘图步骤

1．装配图的作用是什么?

装配图的作用是表达机器或零部件的工作原理、装配关系、连接方式以及主要零件的结构形状。

2．拟定装配图表达方案应考虑哪些问题?

表达方案包括选择主视图，确定视图数量及相应的表达方法。

（1）选择主视图。通常使各零部件处于工作位置，能较清楚地表达部件的工作原理、传动方式、零件间主要的装配关系或装配干线，以及主要零件的结构形状特征。在部件中，一般将组装在同一轴线上的一系列相关零件称为装配干线。一个部件通常有若干主要和次要的装配干线。

（2）确定其他视图。针对主视图未能表达清楚的装配关系及主要结构等，需选用其他视图和表示方法予以进一步补充。

3．简述绘制装配图的步骤。

（1）选比例，定图幅。根据拟定的表达方案，以表达清晰、便于识图为原则，选择合适的比例（尽可能采用1∶1的比例），然后根据视图整体布局确定图纸幅面，画好图框、标题栏和明细栏。

（2）绘制基准线，合理布图。根据拟定的表达方案，合理、匀称地布置各视图，并充分考虑尺寸标注、零件序号等所占的位置，同时应使各视图之间符合投影关系。

（3）作图顺序。一般先从反映部件工作原理和形状特征的主视图画起，并从反映主要零件、较大零件特征的视图入手，再按投影关系逐步画出各视图。注意应沿部件主要装配干线，由内向外依次画出，这样可避免多画被遮挡的不可见轮廓线。

（4）标注尺寸和零件序号，填写标题栏、明细栏和技术要求，完成装配图的绘制。

4．简述绘制机用虎钳装配图的步骤。

（1）绘制固定钳座 1。

（2）绘制活动钳身 4。

（3）绘制垫圈 11 和螺杆 8。

（4）绘制螺母块 9。

（5）绘制螺钉 3 和钳口板 2。

（6）绘制垫圈 5、环 6 和螺钉 10。

（7）绘制活动钳身及钳口板运动极限位置轮廓。

（8）标注尺寸。

（9）绘制明细栏，标注零件序号，编写技术要求。

5．除了在装配图上绘制标题栏外，还要绘制明细栏。查阅国家标准《技术制图　明细栏》（GB/T 10609.2—2009），确定明细栏的绘制格式及尺寸。

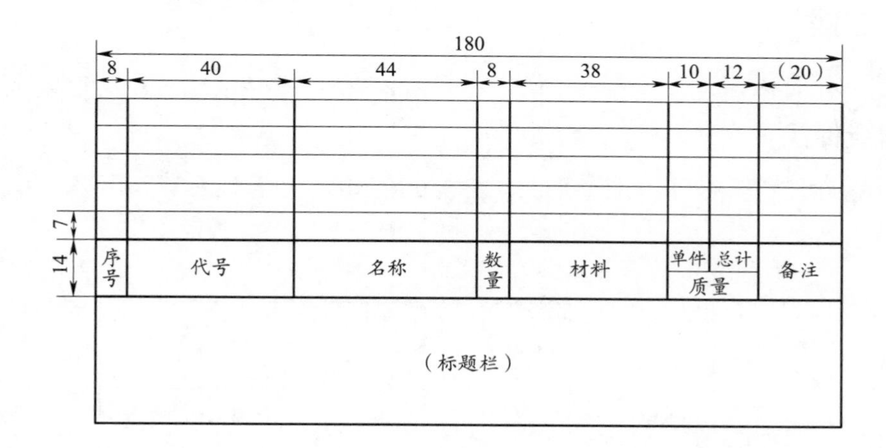

6．装配图中应标注哪些尺寸?

装配图中应标注规格（性能）尺寸、装配尺寸、安装尺寸和外形尺寸。

学习活动 2　绘图软件的基本操作

学习目标

1. 能设置“多重引线”样式。

2. 能利用“多重引线”命令绘制引出标注。

3. 能根据国家标准规定的格式和尺寸，绘制装配图标题栏和明细栏。

4. 能创建机用虎钳各零件图图块。

5. 能根据国家标准规定的形状和尺寸，绘制垫圈、圆柱销、螺钉等标准件零件图。

6. 能按机房操作规程和“6S”管理要求，正确使用、维护和保养计算机、打印机等设备。

建议学时：2 学时。

学习过程

一、多重引线标注

引线标注是机械图样上经常采用的标注形式，图 5–9 所示的中心孔就采用了引线标注。多重引线样式可以控制引线的外观。

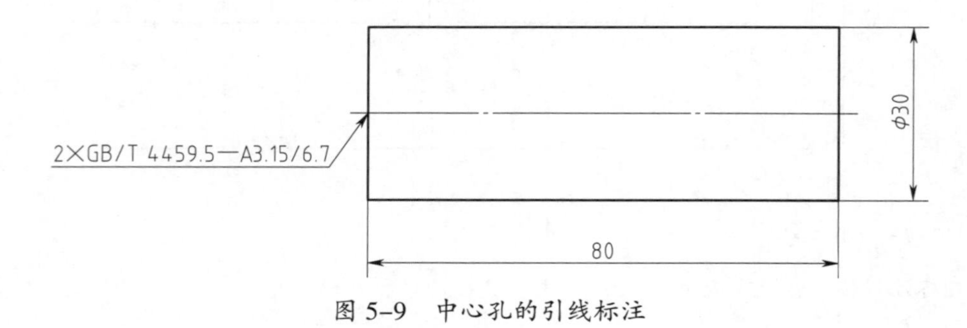

图 5–9　中心孔的引线标注

1．如何打开“多重引线样式管理器”？

功能区：“默认”→“注释”→“多重引线样式”按钮；或“注释”→“引线”面板右下角的斜箭头。

菜单栏：“格式”→“多重引线样式”命令。

2．多重引线样式可以指定哪些引线标注格式？

多重引线样式可以指定直线和样条曲线标注格式。

3．多重引线对象包含哪些内容？

多重引线对象包含多行文字和块。

4．执行“多重引线”命令的方法有哪些？

功能区：“默认”→“注释”→“引线”按钮；或“注释”→“引线”→“多重引线”按钮。

菜单栏：“标注”→“多重引线”命令。

命令行：“MLEADER”。

5．利用“多重引线”命令标注如图 5–10 所示机用虎钳装配示意图中的引出标注。

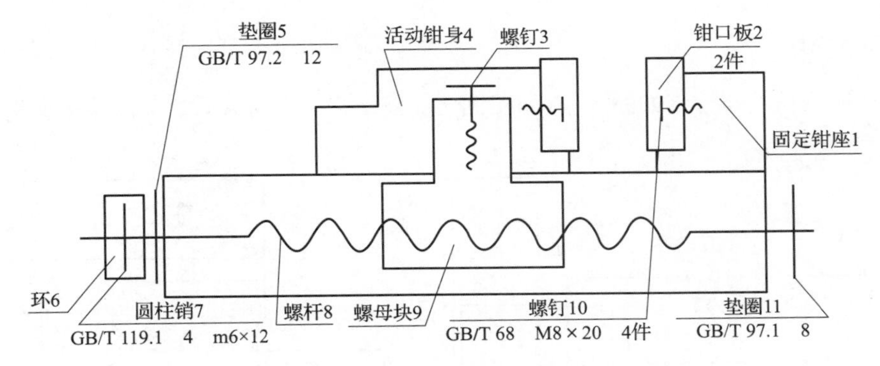

图 5–10　机用虎钳装配示意图

二、明细栏的绘制

国家标准《技术制图　明细栏》（GB/T 10609.2—2009）中对装配图明细栏的格式及尺寸有严格的规定。

1．利用 CAD 绘图软件绘制如图 5–11 所示明细栏格式（一）。

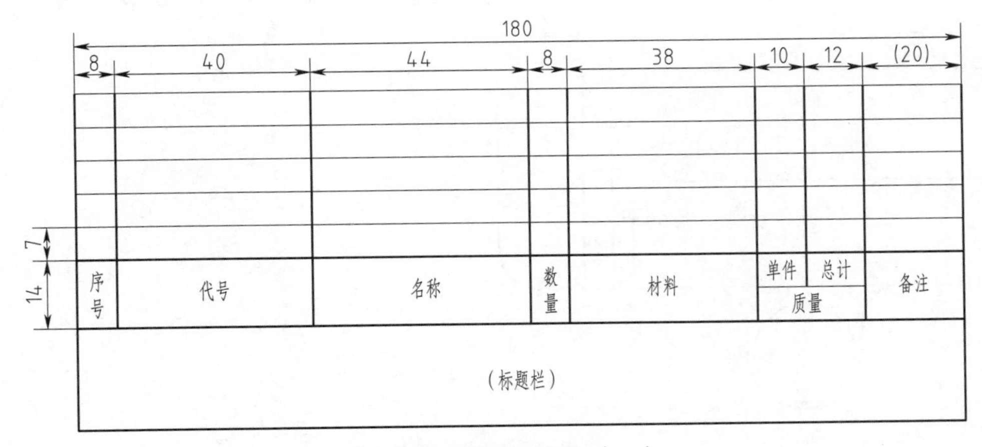

图 5–11　明细栏格式（一）

2．利用 CAD 绘图软件绘制如图 5-12 所示明细栏格式（二）。

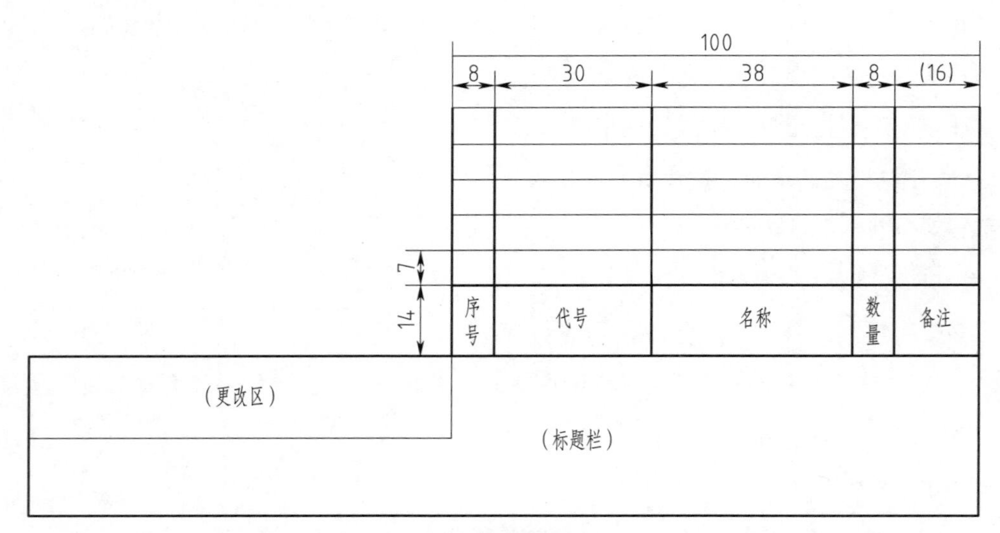

图 5-12　明细栏格式（二）

三、创建零件图块

1．根据图 5-2 所示尺寸，绘制如图 5-13 所示固定钳座图形（不标注尺寸），并将其创建为图块。

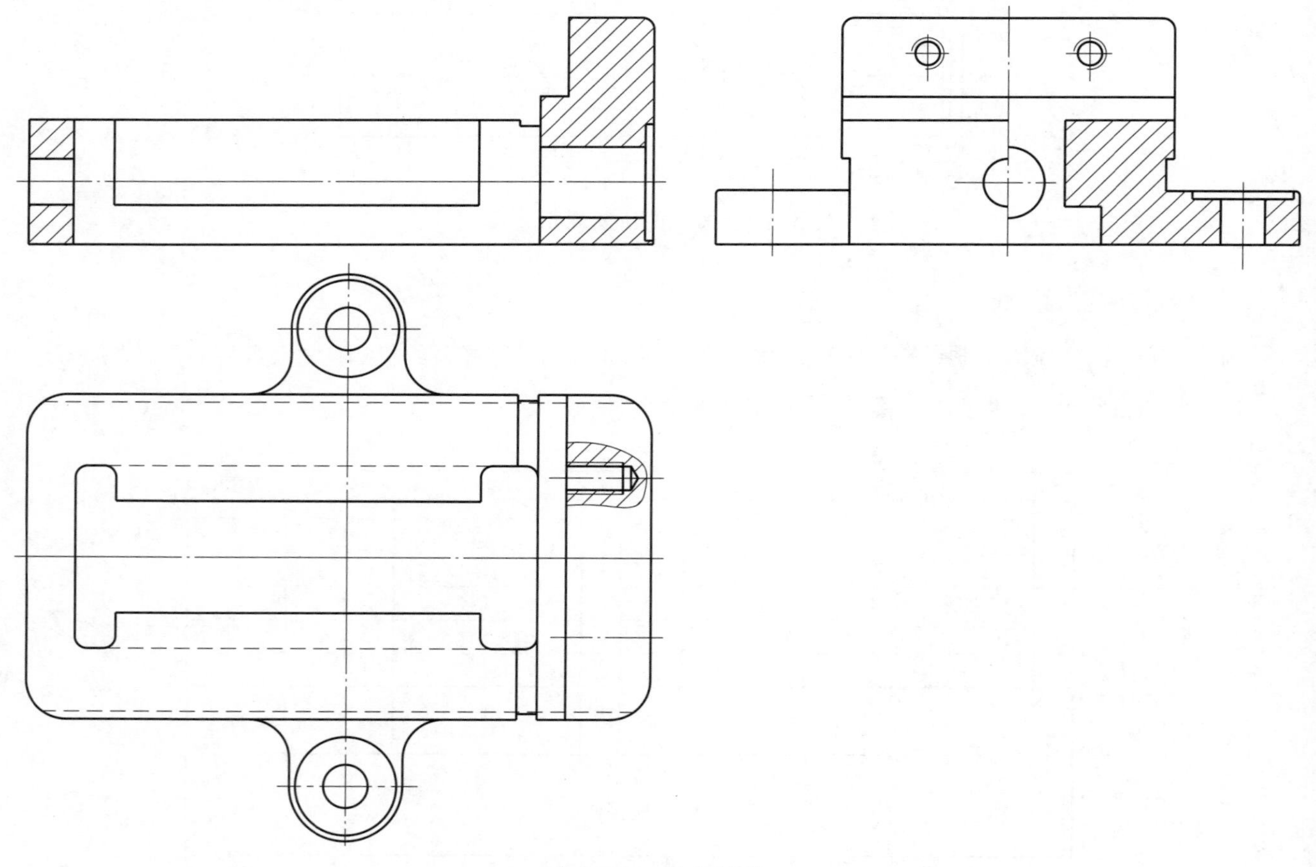

图 5-13　固定钳座

2．根据图 5–3 所示尺寸，绘制如图 5–14 所示螺杆图形（不标注尺寸），并将其创建为图块。对于零件图中细微的部分，在装配图中可以采用简化画法，如图 5–14 所示螺杆的右端采用了简化画法。

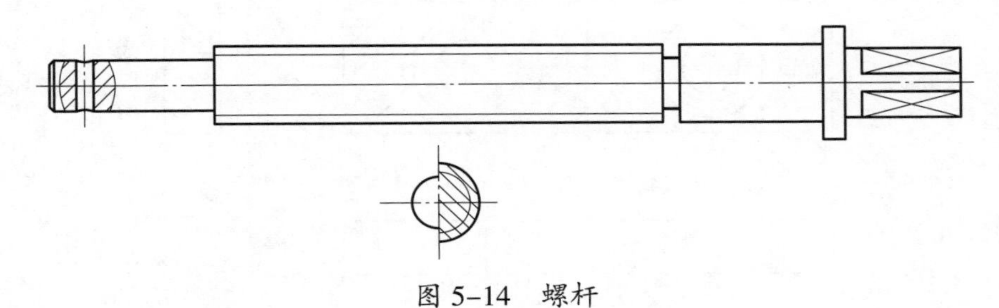

图 5–14　螺杆

3．根据图 5–4 所示尺寸，绘制如图 5–15 所示活动钳身图形（不标注尺寸），并将其创建为图块。

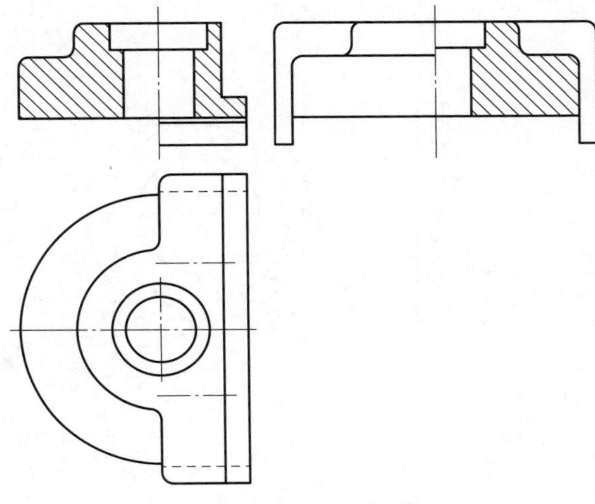

图 5–15　活动钳身

4．根据图 5–5 所示尺寸，绘制如图 5–16 所示螺母块图形（不标注尺寸），并将其创建为图块。

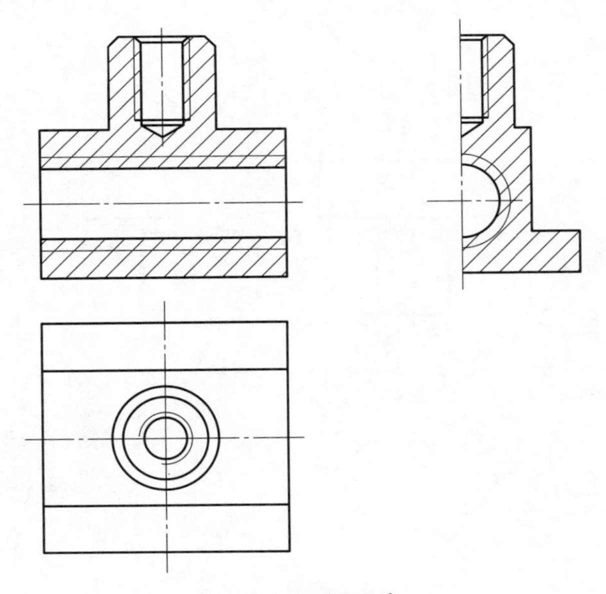

图 5–16　螺母块

5．根据图 5-6 所示尺寸，绘制如图 5-17 所示钳口板图形（不标注尺寸），并将其创建为图块。

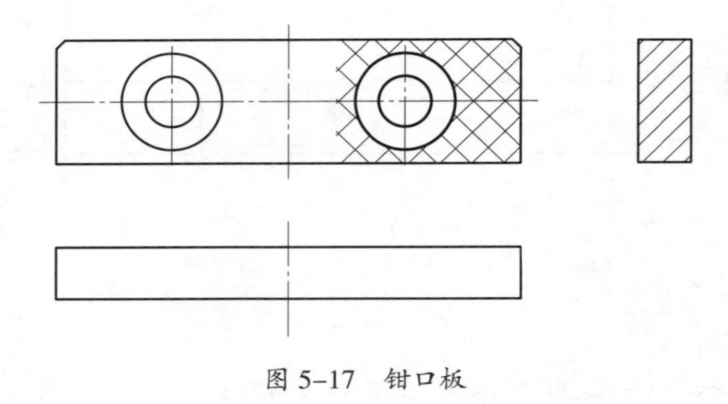

图 5-17　钳口板

6．根据图 5-7 所示尺寸，绘制如图 5-18 所示环图形（不标注尺寸），并将其创建为图块。

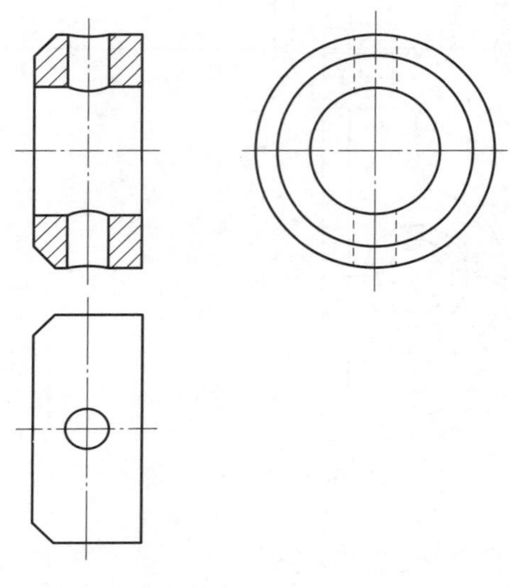

图 5-18　环

7．根据图 5-8 所示尺寸，绘制如图 5-19 所示螺钉图形（不标注尺寸），并将其创建为图块。

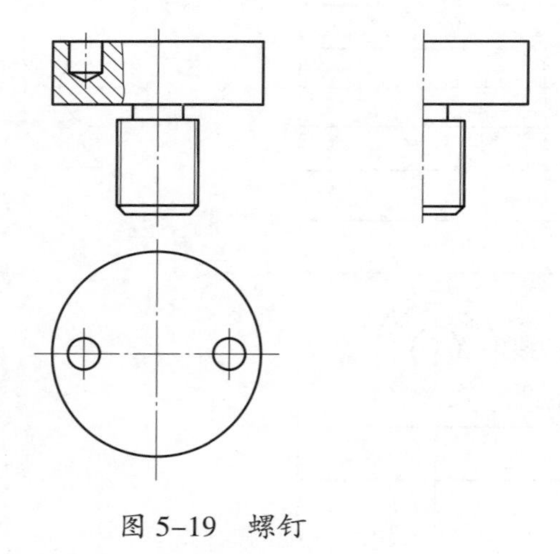

图 5-19　螺钉

四、标准件的绘制

1．根据国家标准《平垫圈　倒角型　A 级》(GB/T 97.2—2002)，绘制垫圈 5 零件图。

提示：垫圈 5 的外径公称尺寸为 24 mm，内径公称尺寸为 13 mm，厚度公称尺寸为 2.5 mm。

2．根据国家标准《圆柱销　不淬硬钢和奥氏体不锈钢》(GB/T 119.1—2000)，绘制圆柱销 7 零件图。

提示：圆柱销 7 的公称直径为 4 mm，公称长度为 12 mm。

3．根据国家标准《开槽沉头螺钉》(GB/T 68—2016)，绘制螺钉 10 零件图。

提示：螺钉 10 的螺纹规格为 M8，公称长度为 20 mm。

4．根据国家标准《平垫圈　A 级》(GB/T 97.1—2002)，绘制垫圈 11 零件图。

提示：垫圈 11 的外径公称尺寸为 16 mm，内径公称尺寸为 8.4 mm，公称厚度为 1.6 mm。

学习活动 3　机用虎钳装配图的绘制与打印

学习目标

1. 能绘制机用虎钳装配图的图框和标题栏。

2. 能根据机用虎钳装配图所用线型新建图层。

3. 能正确应用“插入块”“分解”“修剪”“删除”等命令绘制机用虎钳装配图。

4. 能标注机用虎钳装配图中的轮廓和配合尺寸。

5. 能绘制机用虎钳装配图中的明细栏。

6. 能正确应用“多重引线”命令，标注机用虎钳装配图中的零件序号。

7. 能正确应用“多行文字”命令标注技术要求。

8. 能完成“打印”对话框的设置，并能打印机用虎钳装配图。

建议学时：4 学时。

学习过程

一、绘图准备

工具：CAD 绘图软件。

材料：机用虎钳轴测分解图、装配示意图及各组成零件图。

设备：计算机、打印机。

资料：工作任务书、计算机安全操作规程。

二、绘图过程

1．新建图层

启动 CAD 绘图软件，根据表 5–2 要求，新建五个图层。

表 5-2　　图层参数要求

图层名称	颜色	线型	线宽
粗实线	黑色（或白色）	CONTINUOUS	0.5 mm
细实线	黑色（或白色）	CONTINUOUS	0.25 mm
细点画线	黑色（或白色）	CENTER	0.25 mm
细双点画线	黑色（或白色）	PHANTOM2	0.25 mm
虚线	黑色（或白色）	DASHED2	0.25 mm

2．绘制图框和标题栏

根据机用虎钳主要零件图的轮廓尺寸及绘图比例，绘制图框和标题栏。标题栏根据国家标准《技术制图　标题栏》（GB/T 10609.1—2008）的规定绘制。

3．绘制机用虎钳装配图

（1）绘制固定钳座

利用“插入块”命令，将固定钳座图块插入到图框中，如图 5-20 所示，并利用“分解”命令将图块分解。

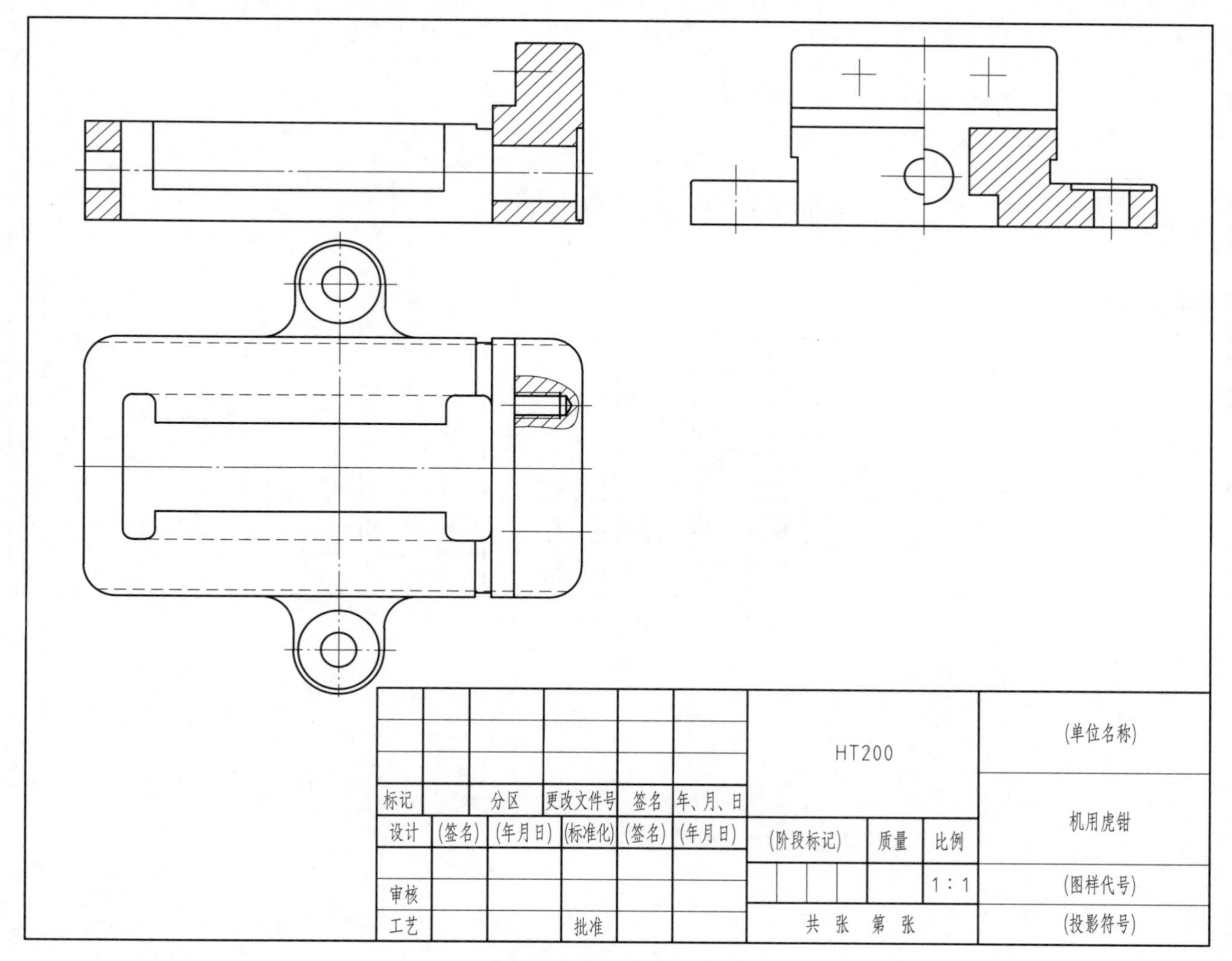

图 5-20　绘制固定钳座

（2）绘制活动钳身

将活动钳身图块插入到固定钳座上，如图 5-21a 所示，将图块分解，并根据投影原理修改图形，如图 5-21b 所示。

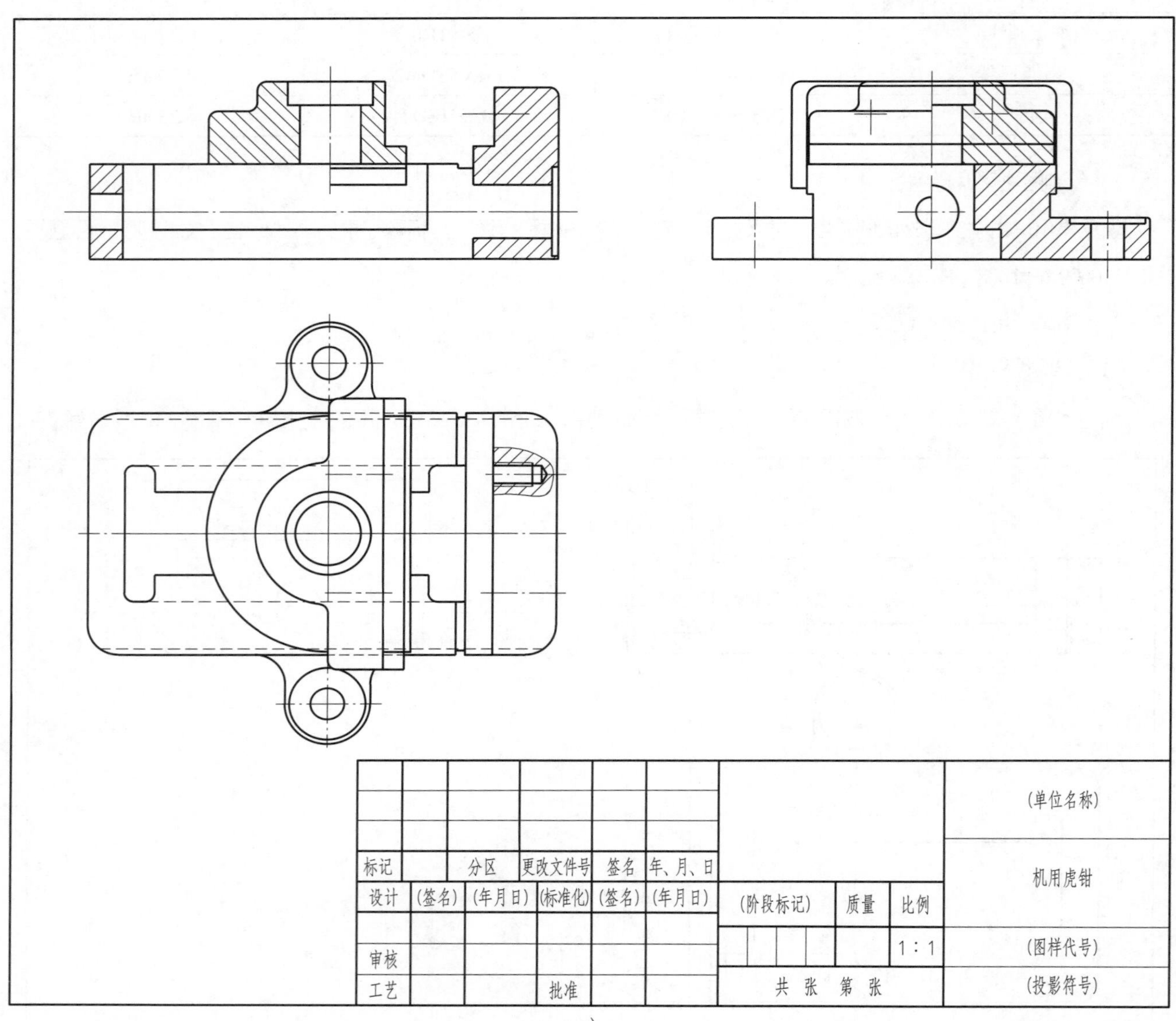

a)

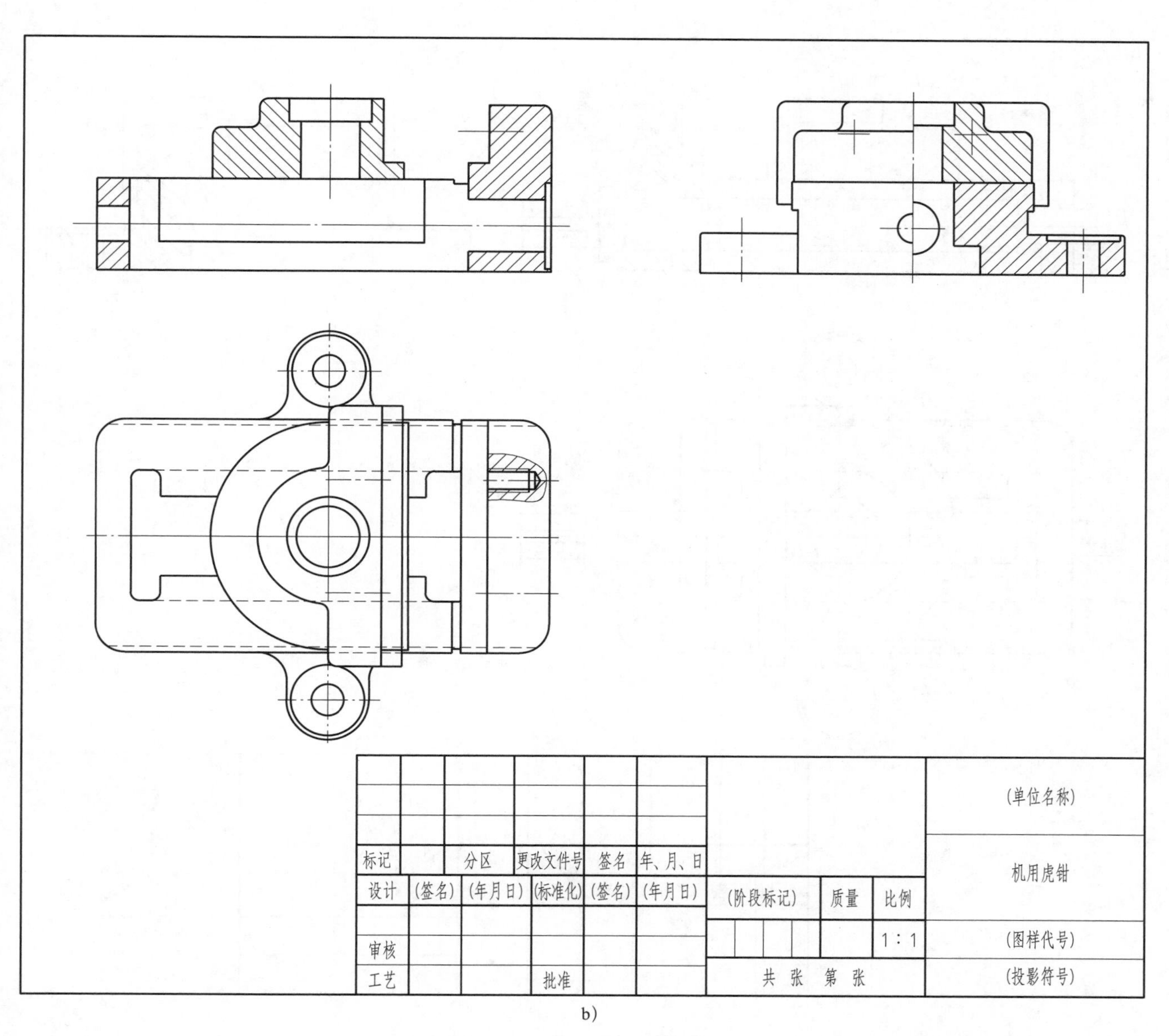

b)

图 5-21　绘制活动钳身

a）插入活动钳身图块　b）修改图形

（3）绘制垫圈和螺杆

先绘制垫圈，然后将螺杆图块插入图形中，如图 5-22a 所示，将图块分解，并根据投影原理修改图形，如图 5-22b 所示。

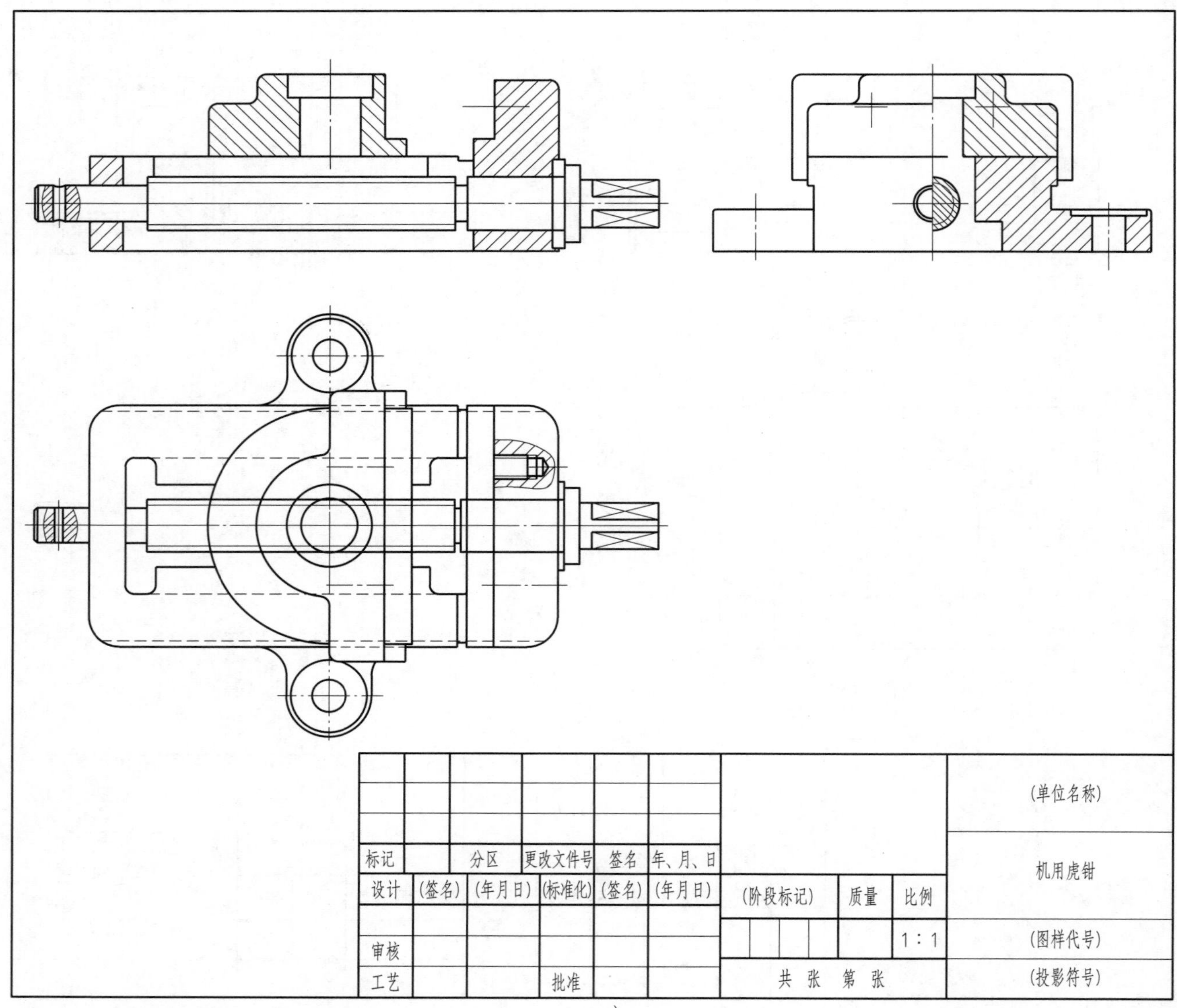

a)

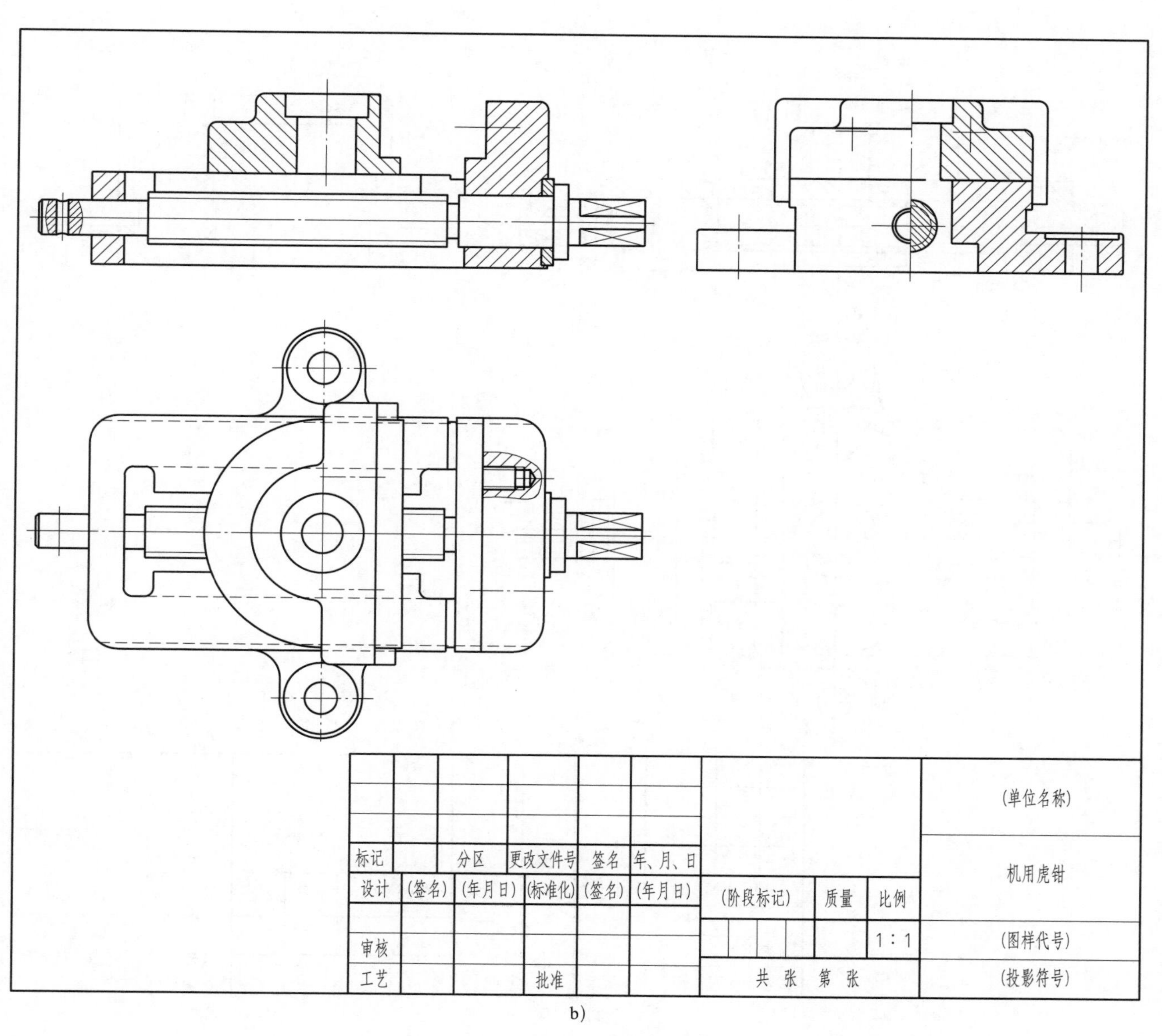

b)

图 5–22 绘制垫圈和螺杆

a）插入螺杆图块 b）修改图形

（4）绘制螺母块

将螺母块图块（不包含俯视图）插入到图形中，如图 5-23a 所示，将图块分解，并根据投影原理修改图形，如图 5-23b 所示。

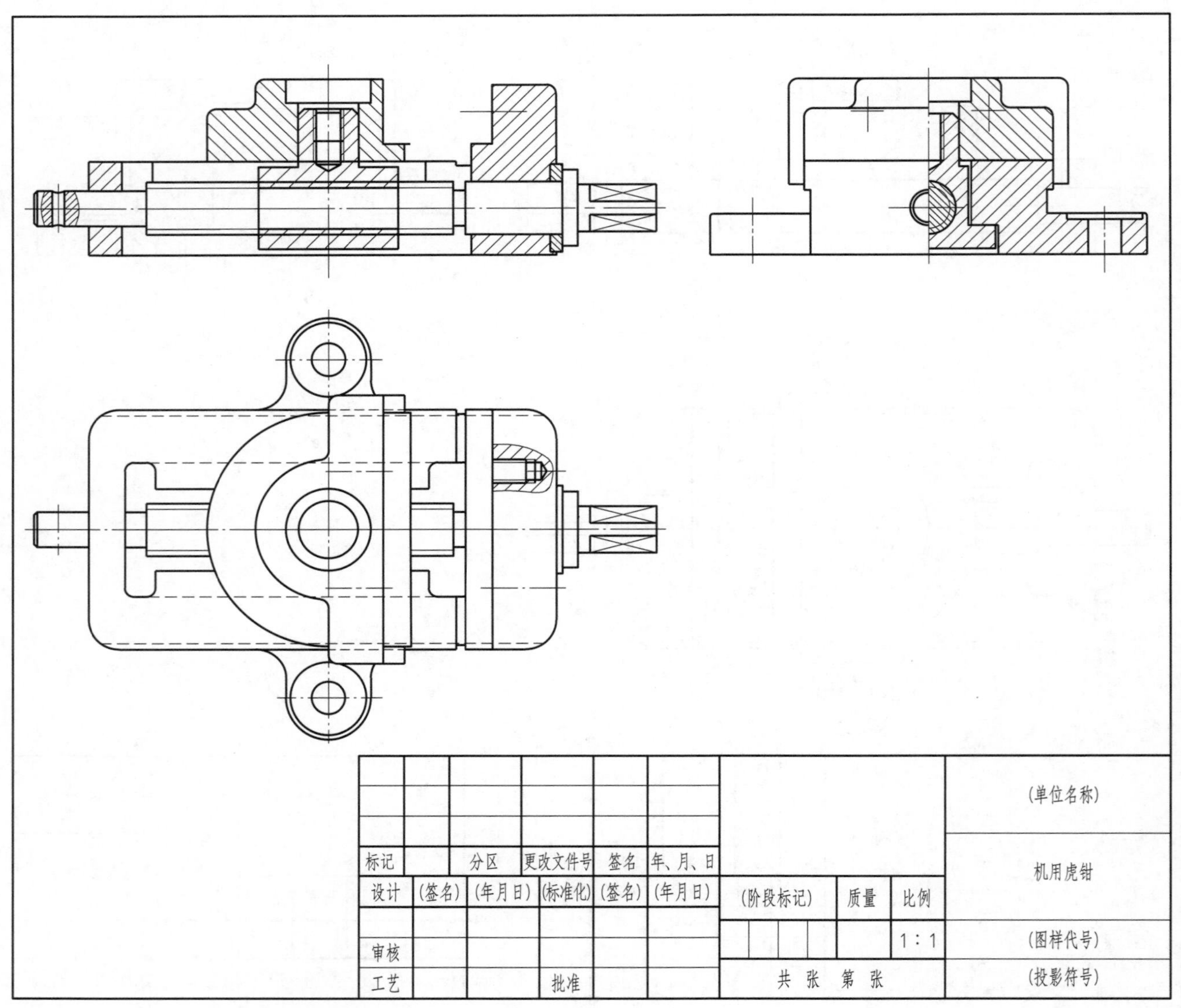

a)

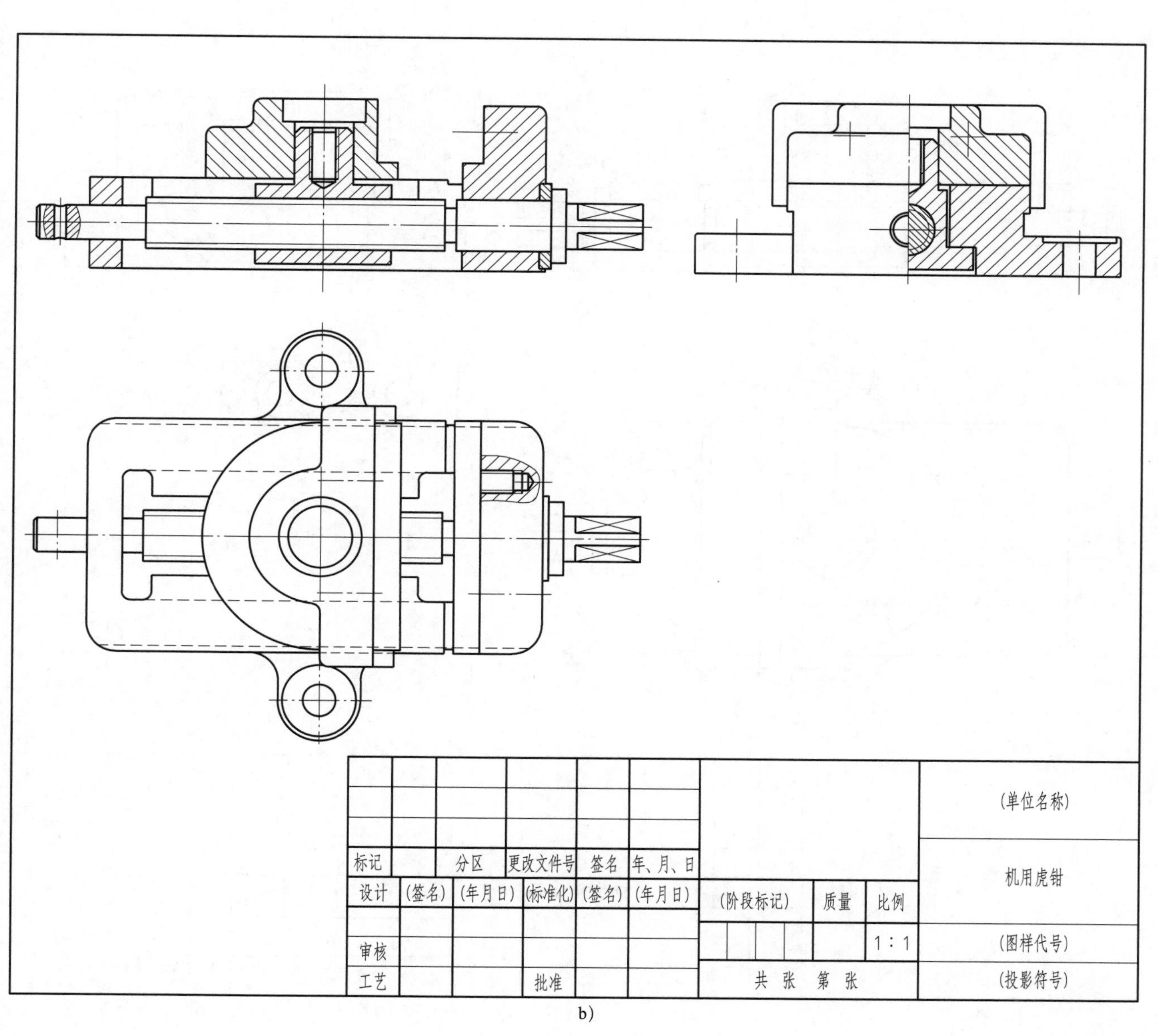

图 5-23　绘制螺母块

a）插入螺母块图块　b）修改图形

（5）绘制螺钉和钳口板

将螺钉和钳口板图块插入到图形中，如图 5–24a 所示，将图块分解，并根据投影原理修改图形，如图 5–24b 所示。

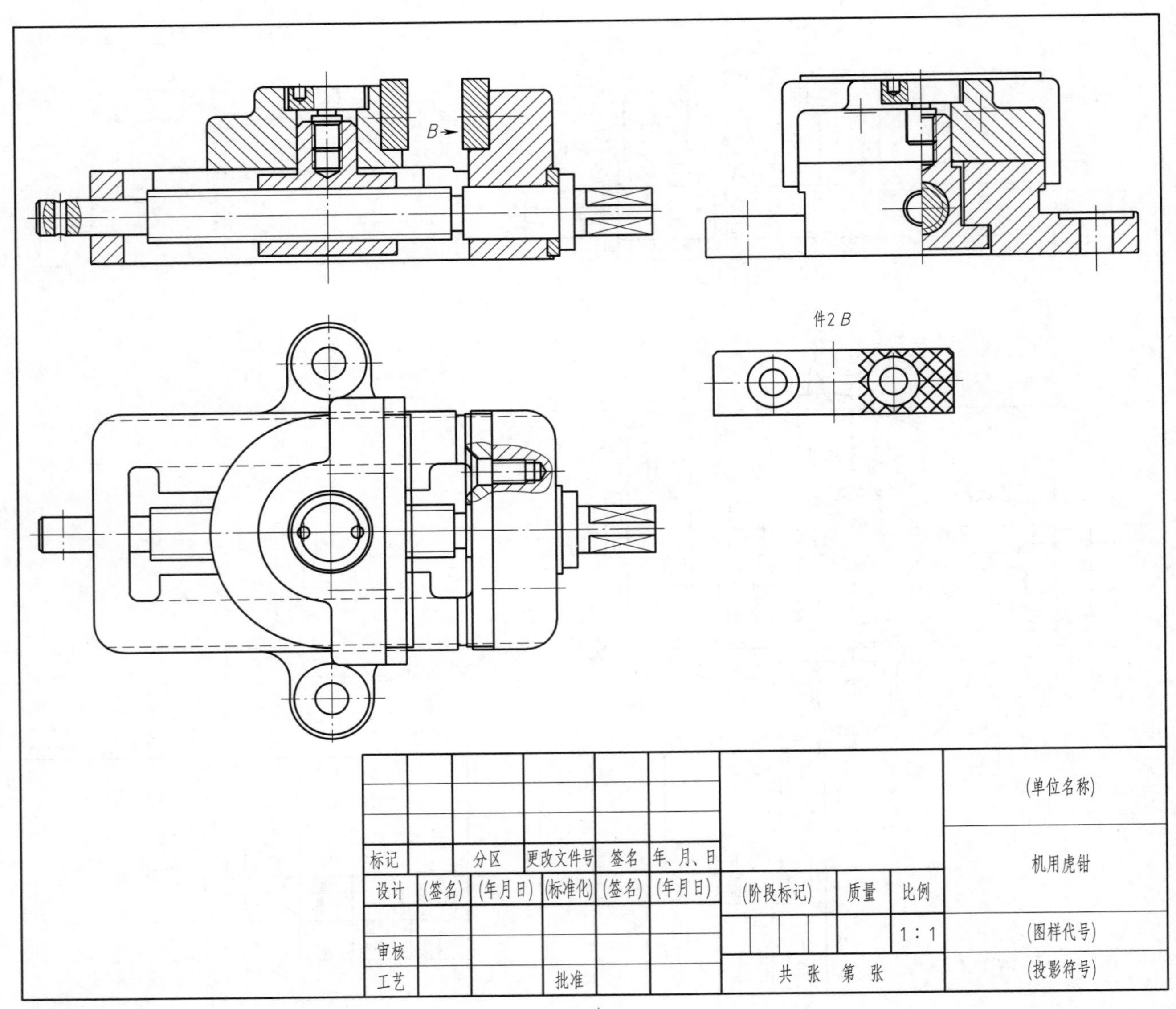

a)

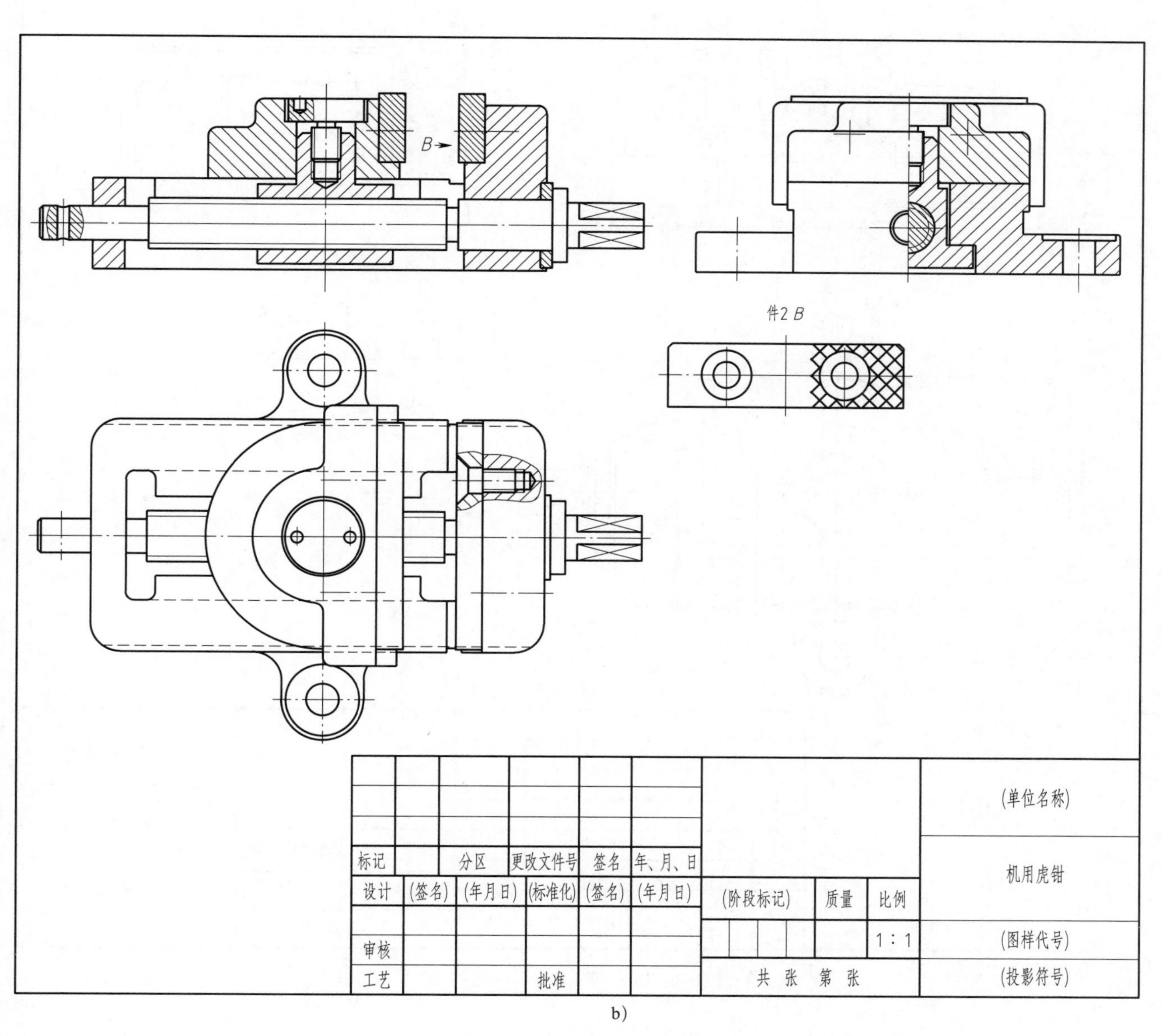

b）

图 5-24　绘制螺钉和钳口板

a）插入螺钉和钳口板图块　b）修改图形

（6）绘制垫圈、环和螺钉

绘制垫圈、环和螺钉，如图 5–25 所示。

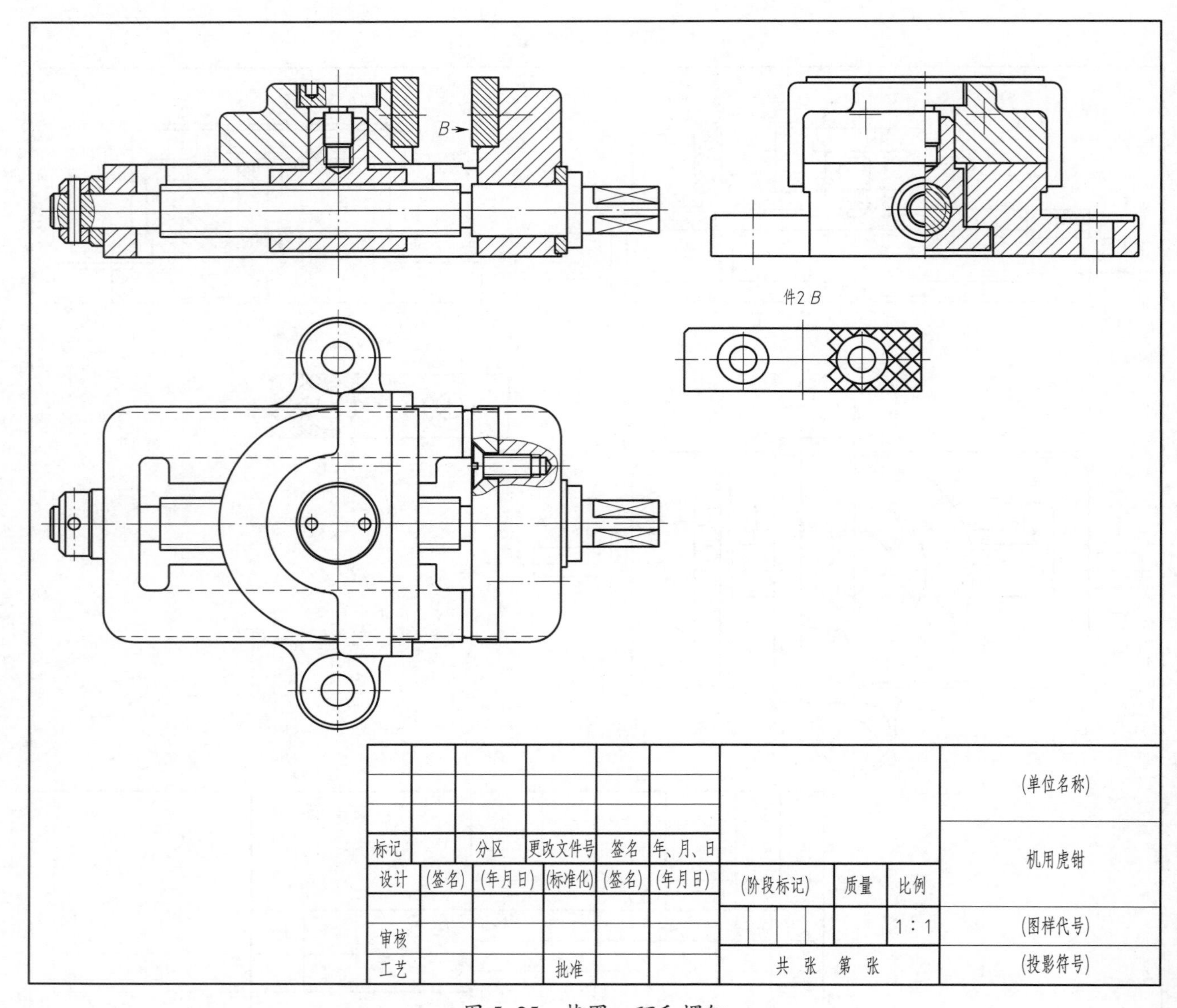

图 5–25 垫圈、环和螺钉

（7）绘制活动钳身及钳口板运动极限位置轮廓

将细双点画线图层置为当前图层，绘制活动钳身及钳口板的运动极限位置轮廓，如图 5-26 所示。

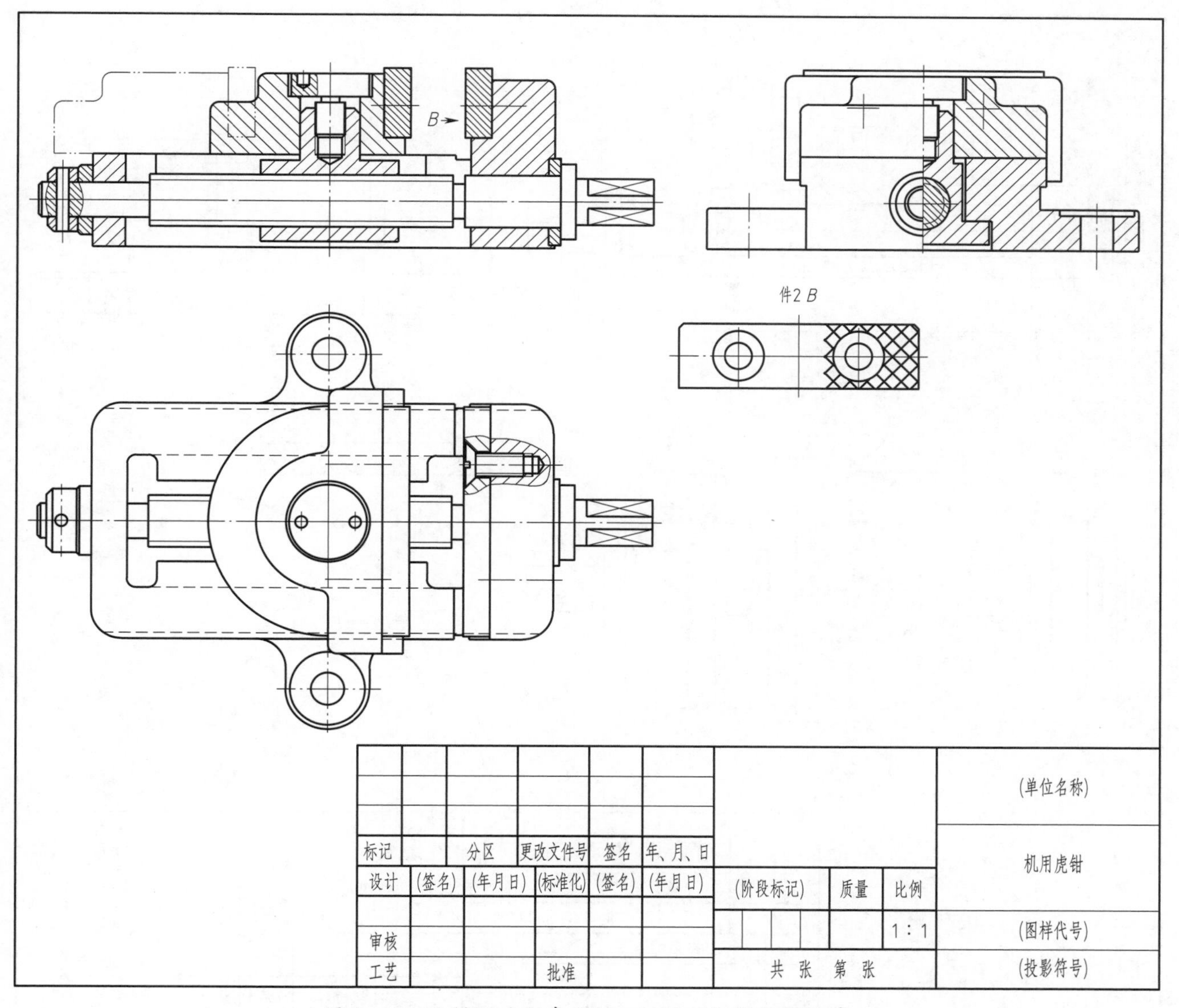

图 5-26　绘制活动钳身及钳口板运动极限位置轮廓

（8）标注轮廓尺寸和配合尺寸

标注机用虎钳轮廓尺寸和配合尺寸，如图 5–27 所示。

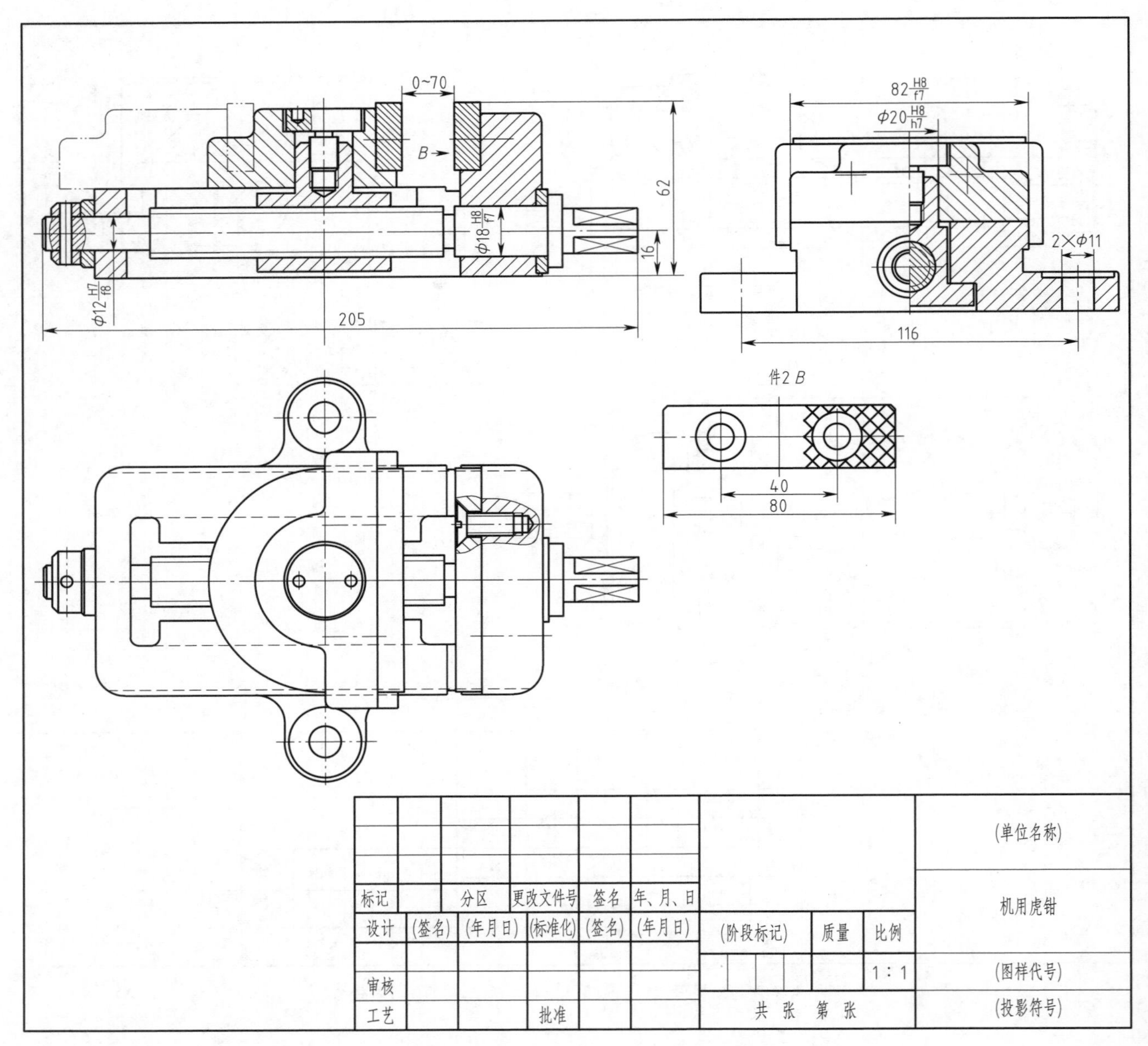

图 5–27 标注轮廓尺寸和配合尺寸

（9）绘制明细栏、标注零件序号和装配技术要求

绘制明细栏、标注零件序号和装配技术要求，如图 5-28 所示。

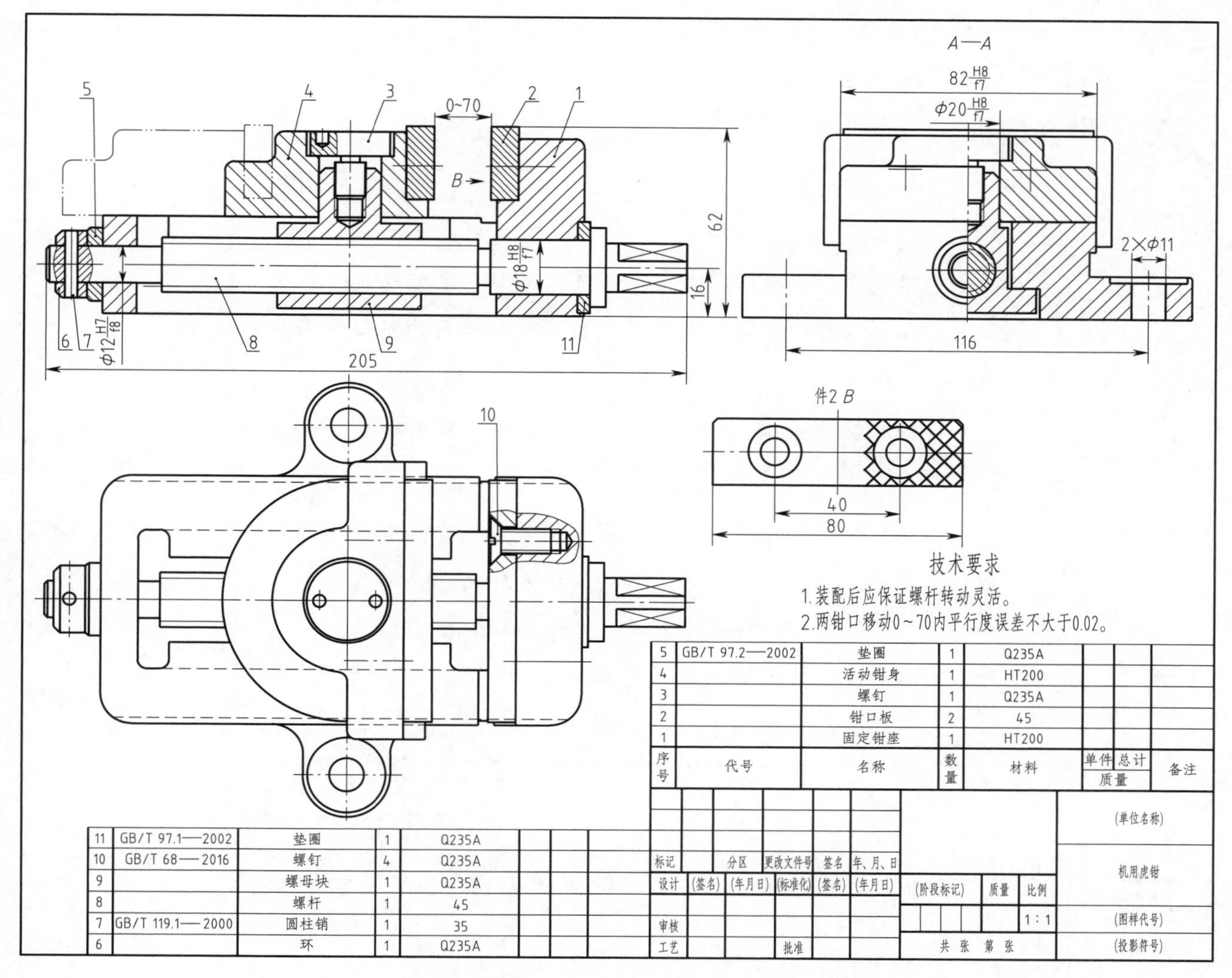

图 5-28　绘制明细栏、标注零件序号和装配技术要求

三、打印图形

保存机用虎钳装配图，设置打印机，并打印一张装配图样供检测和质量分析用。

学习活动 4　绘图检测与质量分析

学习目标

1. 能判别图幅大小是否合适，布图方案是否合理。
2. 能判别标题栏和明细栏绘制是否正确，内容填写是否规范。
3. 能判别绘图所用线型是否正确，零件轮廓是否清晰。
4. 能判别轮廓尺寸、配合尺寸及引出标注是否完整。
5. 能判别所标注的技术要求是否规范。
6. 能根据发现的问题，修改所绘制的图形。
7. 能正确填写任务记录单。

建议学时：2 学时。

学习过程

一、绘图检测（表 5–3）

建议：由教师或组长根据绘图要求逐条对学生绘制的机用虎钳装配平面图形进行检测，图形比较复杂，检测的时候一定要细心，注意零件间的遮挡问题，找出问题并及时改正，避免以后再出现类似错误。

表 5–3　　绘图检测内容及检测结果

序号	绘图要求	绘图检测
1	图幅大小合适，布图方案合理	
2	标题栏和明细栏绘制正确，内容填写规范	
3	绘图所用线型正确	
4	零件轮廓清晰，无缺线	
5	轮廓尺寸、配合尺寸及引出标注完整，无遗漏	
6	技术要求书写规范	

二、问题分析

建议：教师从图框、标题栏、明细表、线型、零件轮廓等方面，特别是零件轮廓的遮挡等方面，让学生明确绘图过程中出现的问题、产生原因及预防方法。

归纳问题产生的原因和预防方法，填入表 5–4 中。

表 5–4　　问题种类、产生原因及预防方法

问题种类	产生原因	预防方法

三、修改图样

按照绘图检测结果修改图样并保存。

四、打印图形

打印一张机用虎钳装配图，上交技术主管进行审核。审核合格后，打印所需数量的图纸，上交技术主管，并认真填写任务记录单。

学习活动 5　工作总结与评价

学习目标

1. 能按分组情况派代表展示工作成果，讲述本次任务的完成情况并做分析总结。

2. 能结合自身任务完成情况，正确、规范地撰写工作总结（心得体会）。

3. 能就本次任务中出现的问题提出改进措施。

4. 能对学习与工作进行反思总结，并能与他人开展良好合作，进行有效的沟通。

建议学时：2 学时。

学习过程

一、个人评价

按表 5–5 中的评分标准进行个人评价。

表 5–5　　个人综合评价表

项目	序号	技术要求	配分	评分标准	得分
机用虎钳装配图的分析（25%）	1	零件组成分析正确	5	错一处扣 1 分	
	2	形状描述正确	5	错一处扣 1 分	
	3	装配关系分析正确	5	错一处扣 1 分	
	4	标准件尺寸查阅正确	5	错一处扣 1 分	
	5	装配图绘制步骤设计合理	5	错一处扣 1 分	
软件操作（25%）	6	基本绘图命令执行方法正确	5	错一处扣 1 分	
	7	软件基本操作正确	5	错一处扣 1 分	
	8	各零件图块创建正确	15	错一处扣 1 分	

续表

项目	序号	技术要求	配分	评分标准	得分
绘图质量（40%）	9	图幅大小合适，布图方案合理	5	不合格，不得分	
	10	标题栏绘制正确，内容填写规范	5	错一处扣1分	
	11	绘图所用线型正确	5	错一处扣1分	
	12	零件轮廓清晰，无缺线	5	错一处扣1分	
	13	尺寸标注完整，无遗漏	5	错一处扣1分	
	14	引线标注合理，无错误	5	错一处扣1分	
	15	明细栏绘制正确	5	错一处扣1分	
	16	技术要求书写规范	5	错一处扣2分	
安全文明生产（10%）	17	操作安全	5	违反一处扣2分	
	18	机房清理	5	不合格不得分	
总得分					

二、小组评价

把打印好的机用虎钳装配图先进行分组展示，再由小组推荐代表做必要的介绍。在展示的过程中，以小组为单位进行评价；评价完成后，根据其他小组成员对本组展示的成果进行评价，并将评价意见归纳总结。完成如下项目：

1．本小组展示的机用虎钳装配图符合机械制图标准吗？

很好□　　一般□　　不准确□

2．本小组介绍成果表达是否清晰？

很好□　　一般，常补充□　　不清晰□

3．本小组演示的机用虎钳装配图绘制方法正确吗？

正确□　　部分正确□　　不正确□

4．本小组演示操作时遵循“6S”工作要求吗？

符合工作要求□　　忽略了部分要求□　　完全没有遵循□

5．本小组所用的计算机、打印机保养完好吗？

良好□　　一般□　　不合要求□

6．本小组的成员团队创新精神如何？

良好□　　一般□　　不足□

三、教师评价

教师对展示的图样分别做评价。

1．找出各组的优点进行点评。

2．对展示过程中各组的缺点进行点评，提出改进方法。

3．对整个任务完成中出现的亮点和不足进行点评。

四、总结提升

1．回顾本次学习任务的工作过程，归纳整理所学知识和技能。

建议：教师从机用虎钳装配图的组成分析、各零件图块的创建、装配图的绘制等方面，引导学生归纳、整理所学知识和技能。

2．试结合自身任务完成情况，通过交流讨论等方式，较全面、规范地撰写本次任务的工作总结。

工作总结（心得体会）

评价与分析

学习任务五评价表

<table>
<tr><td>班级</td><td colspan="2"></td><td>姓名</td><td colspan="2"></td><td colspan="2">学号</td><td colspan="2"></td></tr>
<tr><td rowspan="3">项目</td><td colspan="3">自我评价</td><td colspan="3">小组评价</td><td colspan="3">教师评价</td></tr>
<tr><td>10 ~ 9 分</td><td>8 ~ 6 分</td><td>5 ~ 1 分</td><td>10 ~ 9 分</td><td>8 ~ 6 分</td><td>5 ~ 1 分</td><td>10 ~ 9 分</td><td>8 ~ 6 分</td><td>5 ~ 1 分</td></tr>
<tr><td colspan="3">占总评 10%</td><td colspan="3">占总评 30%</td><td colspan="3">占总评 60%</td></tr>
<tr><td>学习活动 1</td><td></td><td></td><td></td><td></td><td></td><td></td><td></td><td></td><td></td></tr>
<tr><td>学习活动 2</td><td></td><td></td><td></td><td></td><td></td><td></td><td></td><td></td><td></td></tr>
<tr><td>学习活动 3</td><td></td><td></td><td></td><td></td><td></td><td></td><td></td><td></td><td></td></tr>
<tr><td>学习活动 4</td><td></td><td></td><td></td><td></td><td></td><td></td><td></td><td></td><td></td></tr>
<tr><td>学习活动 5</td><td></td><td></td><td></td><td></td><td></td><td></td><td></td><td></td><td></td></tr>
<tr><td>表达能力和分析能力</td><td></td><td></td><td></td><td></td><td></td><td></td><td></td><td></td><td></td></tr>
<tr><td>协作精神</td><td></td><td></td><td></td><td></td><td></td><td></td><td></td><td></td><td></td></tr>
<tr><td>纪律观念</td><td></td><td></td><td></td><td></td><td></td><td></td><td></td><td></td><td></td></tr>
<tr><td>工作态度</td><td></td><td></td><td></td><td></td><td></td><td></td><td></td><td></td><td></td></tr>
<tr><td>任务总体表现</td><td></td><td></td><td></td><td></td><td></td><td></td><td></td><td></td><td></td></tr>
<tr><td>小计分</td><td colspan="3"></td><td colspan="3"></td><td colspan="3"></td></tr>
<tr><td>总评分</td><td colspan="9"></td></tr>
</table>

任课教师：　　　　　年　　月　　日

任务拓展

截止阀装配图的绘制

一、工作情境描述

企业设计部接到一项任务：根据提供的截止阀装配示意图及其各组成零件图（图 5-29 至图 5-32）绘制截止阀装配图。技术主管将绘图任务分配给绘图员张强，让他应用计算机绘图软件绘制出截止阀装配图，并打印出来。

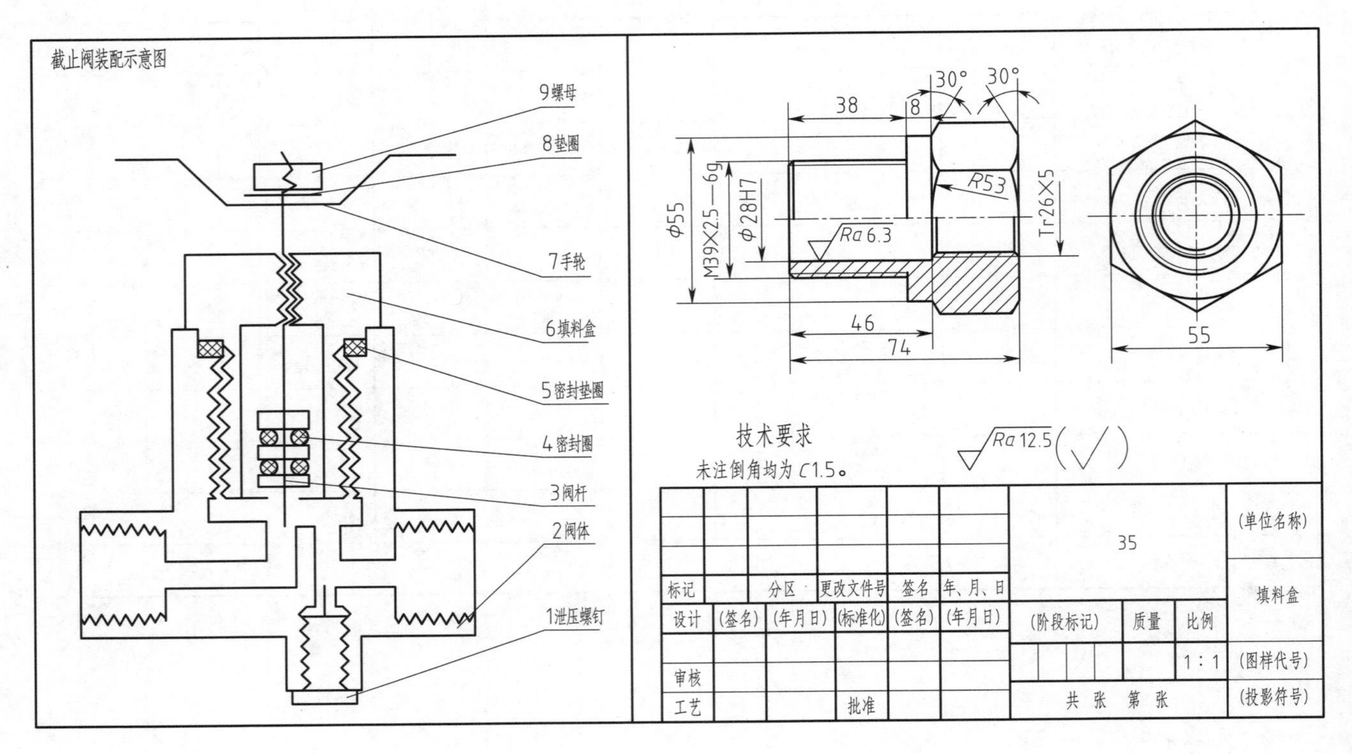

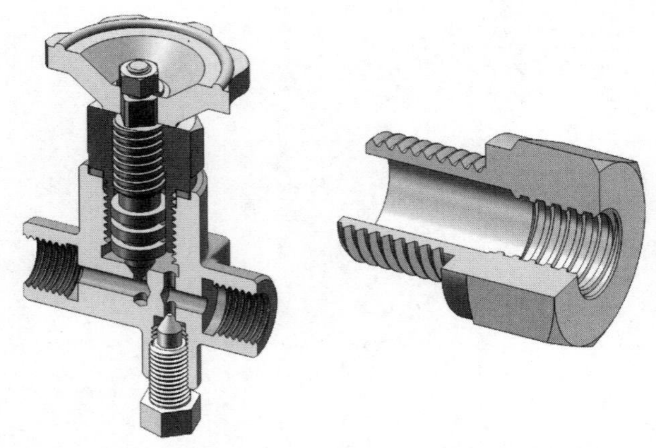

图 5-29　截止阀装配示意图及填料盒零件图

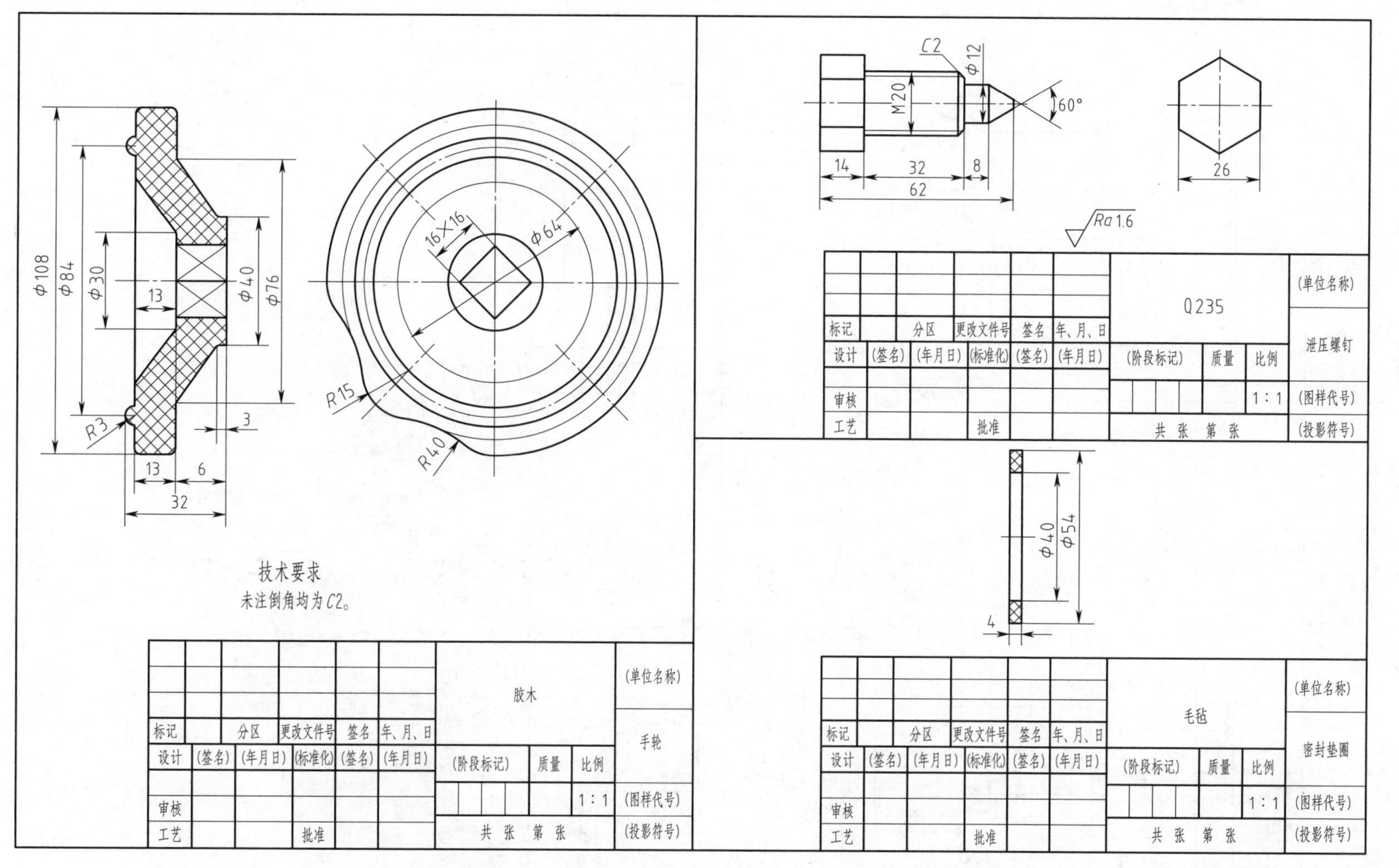

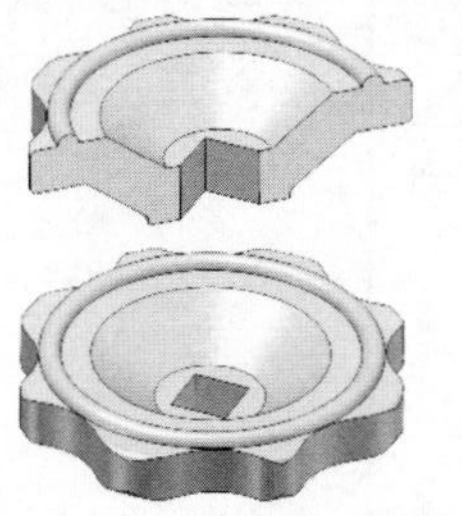

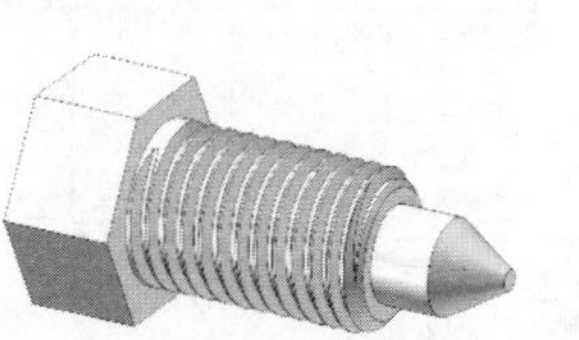

图 5-30 手轮、泄压螺钉、毛毡零件图

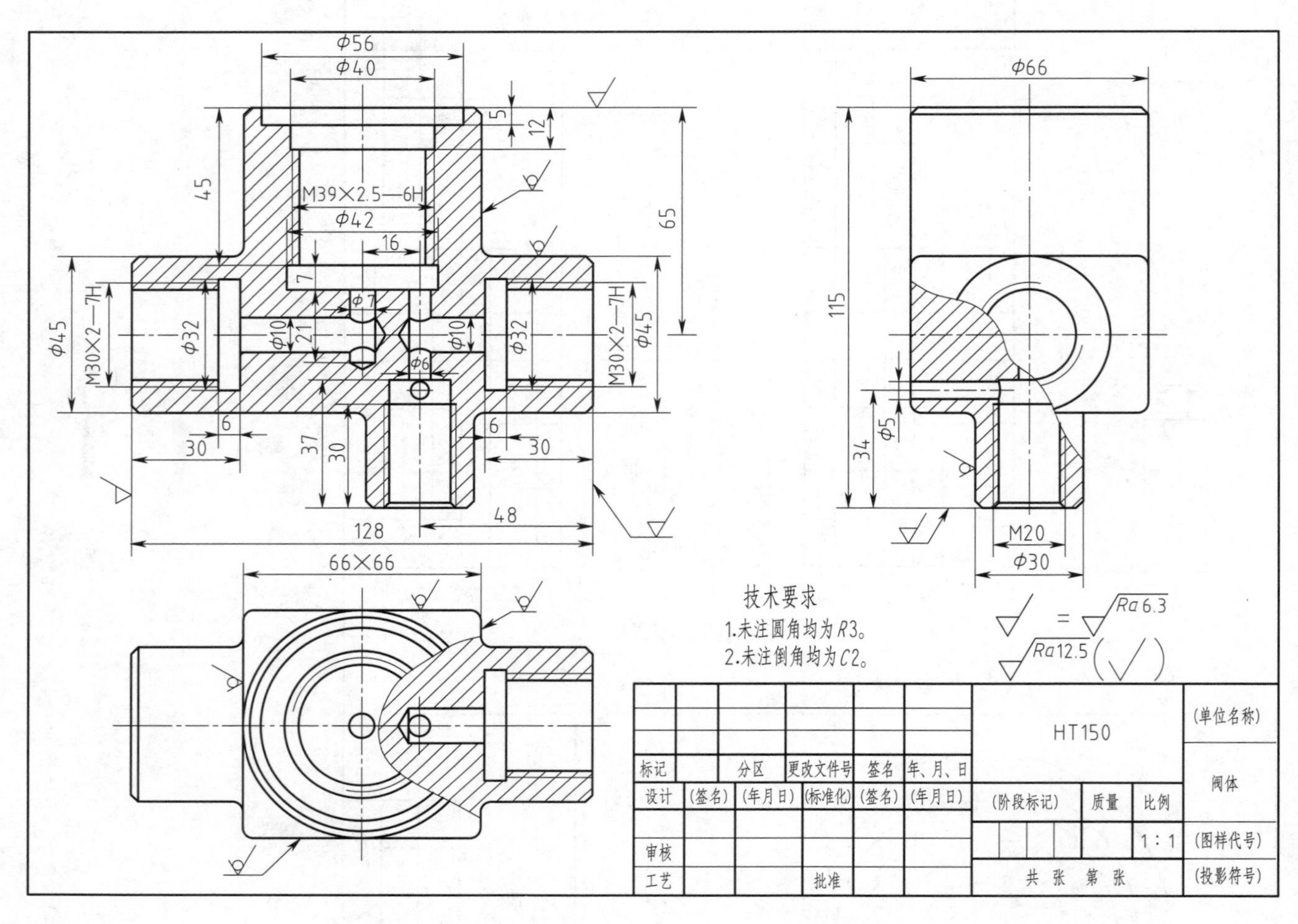

Φ56
Φ40
5
12
45
M39×2.5—6H
Φ42
65
16
7
Φ7
Φ45
M30×2—7H
Φ32
Φ10
21
Φ10
Φ32
M30×2—7H
Φ45
Φ6
6
30
37
30
6
30
48
128
Φ66
115
Φ5
34
M20
Φ30
66×66
技术要求
1.未注圆角均为R3。
2.未注倒角均为C2。
Ra 6.3
Ra 12.5
HT150
(单位名称)
阀体
标记
分区
更改文件号
签名
年、月、日
设计
(签名)
(年月日)
(标准化)
(签名)
(年月日)
(阶段标记)
质量
比例
1 : 1
(图样代号)
审核
工艺
批准
共 张 第 张
(投影符号)

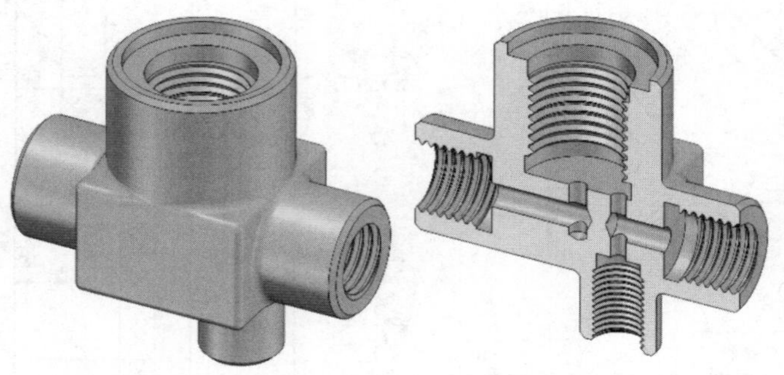

图 5-31 阀体零件图

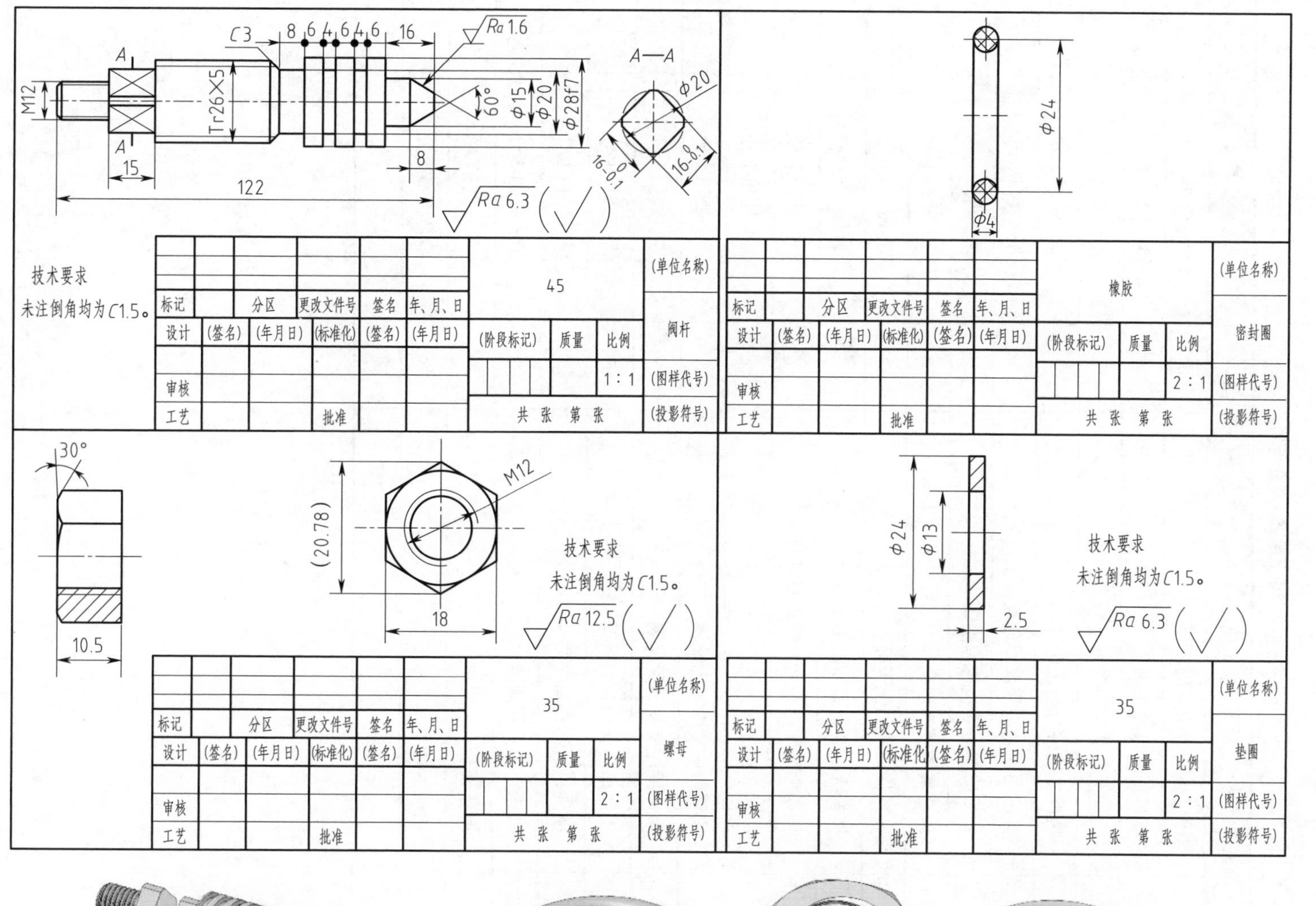

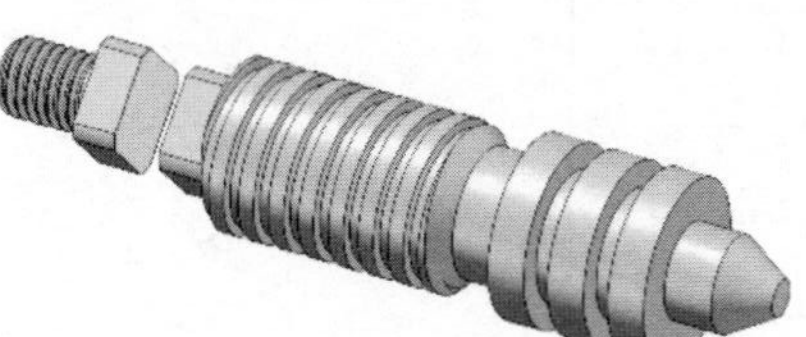

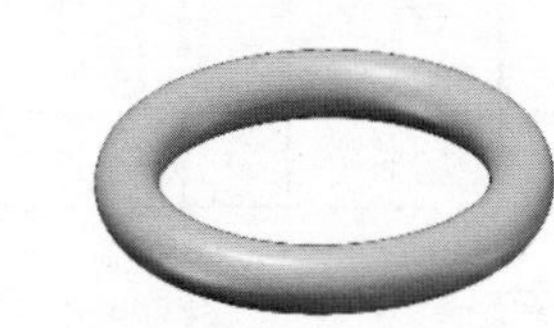

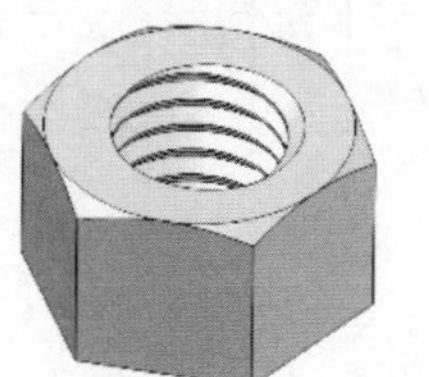

图 5-32　阀杆、密封圈、螺母和垫圈零件图

二、评分标准

按表 5–6 所示项目和技术要求，对绘制的截止阀装配图进行评分。

表 5–6　截止阀装配图绘制评分标准

项目	序号	技术要求	配分	评分标准	得分
截止阀装配图的分析（25%）	1	零件组成分析正确	5	错一处扣 1 分	
	2	零件形状描述正确	5	错一处扣 1 分	
	3	装配关系分析正确	5	错一处扣 1 分	
	4	装配基准件分析正确	5	错一处扣 1 分	
	5	装配图绘制步骤设计合理	5	错一处扣 1 分	
软件操作（25%）	6	基本绘图命令执行方法正确	5	错一处扣 1 分	
	7	软件基本操作正确	5	错一处扣 1 分	
	8	各零件图块创建正确	15	错一处扣 1 分	
绘图质量（40%）	9	图幅大小合适，布图方案合理	5	不合格，不得分	
	10	标题栏绘制正确，内容填写规范	5	错一处扣 1 分	
	11	绘图所用线型正确	5	错一处扣 1 分	
	12	零件轮廓清晰，无缺线	5	错一处扣 1 分	
	13	尺寸标注完整，无遗漏	5	错一处扣 1 分	
	14	引线标注合理，无错误	5	错一处扣 1 分	
	15	明细栏绘制正确	5	错一处扣 1 分	
	16	技术要求书写规范	5	错一处扣 2 分	
安全文明生产（10%）	17	操作安全	5	违反一处扣 2 分	
	18	机房清理	5	不合格不得分	
总得分					

世赛知识

第一角画法与第三角画法的投影规律

世界技能大赛使用的机械图样一般都是按照第三角画法绘制的。要看懂世赛图样，需要了解第一角画法与第三角画法的投影规律。

仔细比较第一角画法和第三角画法可以看出，虽然两组基本视图配制位置有所不同，但各组视图都表达了物体各个方向的结构和形状，每组视图间都存在长、宽、高三个方向尺寸的内在联系和物体上各结构的上下、左右、前后的方位关系。两种画法的投影规律如下：

1．两种画法都应遵循“长对正、高平齐、宽相等”的投影规律。

2．两种画法的方位关系是“上下、左右”的方位关系判断方法一样，比较简单，容易判断。不同的是“前后”的方位关系判断，第一角画法，以“主视图”为准，除后视图以外的其他基本视图，远离主视图的一方为物体的前方，反之为物体的后方，简称“远离主视是前方”；第三角画法，以“前视图”为准，除后视图以外的其他基本视图，远离前视图的一方为物体的后方，反之为物体的前方，简称“远离主视是后方”。可见两种画法的前后方位关系刚好相反。

3．根据前面两条规律，可得出两种画法的相互转化规律。主视图（或前视图）不动，将主视图（或前视图）周围上和下、左和右的视图对调位置（包括后视图），即可将一种画法转化成另一种画法。

学习任务六　法兰盘零件测绘及平面图形绘制

学习目标

1. 通过与技术人员和工作人员交流，确定法兰盘的材料及用途。
2. 能与工作人员合作，完成法兰盘零件的拆卸。
3. 能分析法兰盘零件结构，确定零件草图表达方案。
4. 能制定法兰盘零件草图的绘制步骤。
5. 能在规定的时间内，完成法兰盘零件草图的测绘。
6. 能根据法兰盘零件草图所用线型新建图层、绘制图框和标题栏。
7. 能正确应用绘图和修改命令绘制法兰盘零件平面图形。
8. 能标注法兰盘零件平面图形中的基本尺寸、表面结构符号、基准符号和几何公差。
9. 能应用“多行文字”命令标注技术要求。
10. 能完成“打印”对话框的设置，并打印出法兰盘零件平面图形。
11. 能根据打印图样，检测和判断绘图质量。
12. 能就本次任务中出现的问题提出改进措施。
13. 能对学习与工作进行反思总结，并能与他人开展良好合作，进行有效的沟通。
14. 能严格执行企业操作规程、企业质量体系管理制度、安全生产制度、环保管理制度、“6S”管理制度等企业管理规定。

建议学时

12 学时。

工作情境描述

企业设计部接到一项任务：根据某 CA6140 型车床上原有的法兰盘（也称过渡盘）零件进行测绘，形成新的法兰盘零件平面图形，作为二次开发生产加工的依据，法兰盘零件实体图如图 6–1 所示。技术主管将测绘任务分配给绘图员张强，让他测量法兰盘零件有关尺寸，绘制出零件图样并打印出来。

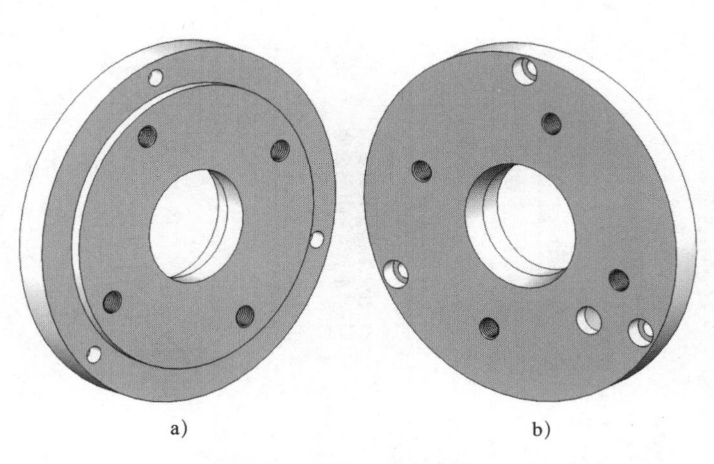

图 6–1　法兰盘零件实体图

a）正面　b）反面

工作流程与活动

1．测绘法兰盘零件草图（4 学时）

2．法兰盘零件平面图形的绘制与打印（4 学时）

3．绘图检测与质量分析（2 学时）

4．工作总结与评价（2 学时）

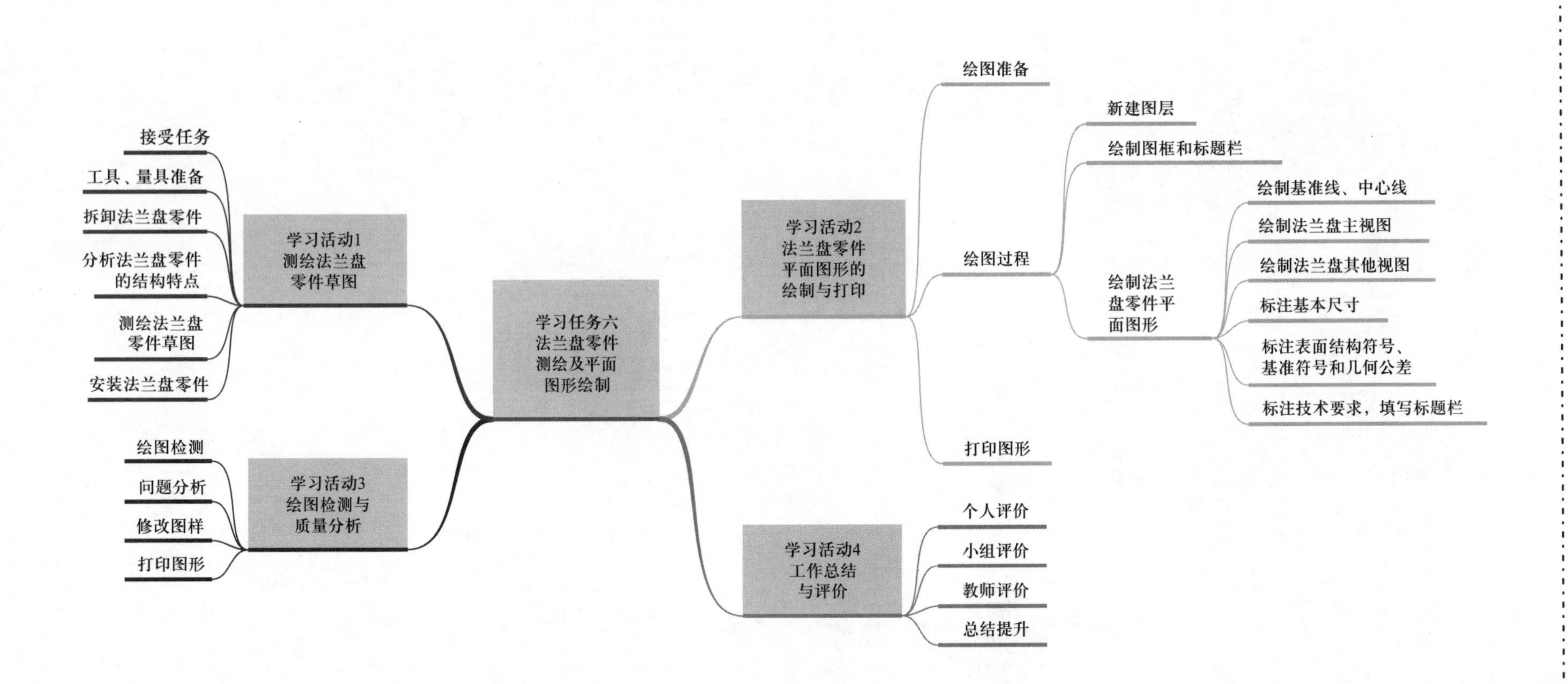
学习任务六 法兰盘零件测绘及平面图形绘制
学习活动1 测绘法兰盘零件草图
接受任务
工具、量具准备
拆卸法兰盘零件
分析法兰盘零件的结构特点
测绘法兰盘零件草图
安装法兰盘零件
学习活动2 法兰盘零件平面图形的绘制与打印
绘图准备
绘图过程
新建图层
绘制图框和标题栏
绘制法兰盘零件平面图形
绘制基准线、中心线
绘制法兰盘主视图
绘制法兰盘其他视图
标注基本尺寸
标注表面结构符号、基准符号和几何公差
标注技术要求，填写标题栏
打印图形
学习活动3 绘图检测与质量分析
绘图检测
问题分析
修改图样
打印图形
学习活动4 工作总结与评价
个人评价
小组评价
教师评价
总结提升

学习活动 1　测绘法兰盘零件草图

学习目标

1. 通过与工作人员交流，确定法兰盘零件的材料及用途。
2. 能与工作人员合作，完成法兰盘零件的拆卸。
3. 能分析法兰盘零件结构，确定零件草图表达方案。
4. 能制定法兰盘零件草图的绘制步骤。
5. 能独自完成测绘法兰盘零件草图。
6. 能与工作人员合作，完成法兰盘零件的安装。

建议学时：4 学时。

学习过程

一、接受任务

听技术主管描述本次绘图任务，正确填写任务记录单（表 6–1）。

表 6–1　任务记录单

部门名称				出图数量	
任务名称	法兰盘零件测绘及平面图形绘制			预交付时间	年　月　日
下单人		年　月　日	接单人		年　月　日
制图		年　月　日	审核		年　月　日
批准		年　月　日	交付人		年　月　日

二、工具、量具准备

1．工具准备

内六角扳手、一字旋具、铜锤等。

2．量具准备

游标卡尺（0 ～ 300 mm）、外径千分尺（25 ～ 50 mm）、表面粗糙度比较样块等。

三、拆卸法兰盘零件

到生产现场与工作人员交流，了解法兰盘零件的材料及用途，并与工作人员一起拆卸法兰盘零件。

1．法兰盘零件是由哪种材料制造的？它有何用途？

车床法兰盘也称过渡盘，采用HT200制造，它是主轴与卡盘之间相互连接的零件，用于主轴与卡盘之间的连接。

2．拆卸法兰盘零件时需要哪些工具？

内六角扳手、套管、铜锤、木棒、木板、毛刷、棉纱等工具。

3．拆卸法兰盘零件需要注意哪些事项？

（1）拆卸前要断电，防止主轴意外旋转。

（2）拆卸前在车床床头处的导轨上垫一块木板，以免法兰盘掉下撞伤导轨。

（3）将一合适的木棒一端穿入主轴孔内，另一端伸在法兰盘外，防止三爪自定心卡盘或法兰盘坠落。

（4）拆下连接螺钉后，一人抬着木棒，另一人用铜锤敲击三爪自定心卡盘，使其与法兰盘脱离。

4．简述拆卸法兰盘零件的操作步骤。

（1）机床断电，在车床床头处的导轨上垫一块木板，以免三爪自定心卡盘或法兰盘掉下撞伤导轨。

（2）拆卸三爪自定心卡盘。拆下连接螺钉后，一人抬着木棒，另一人用铜锤敲击三爪自定心卡盘，使其与法兰盘脱离。

（3）拆卸锁紧盘。依次拧松锁紧盘上的安全螺钉和锁紧螺母，一人抬着木棒，另一人转动锁紧盘，使其上的大孔转至锁紧螺母处。

（4）拆卸法兰盘。用铜锤敲击法兰盘，使其与主轴脱离。

四、分析法兰盘零件的结构特点

1．CA6140型车床上的法兰盘也称过渡盘，《机床夹具零件及部件　三爪卡盘过渡盘》（JB/T 10126.1—1999）对其结构和尺寸做了明确的规定。查阅资料，并咨询现场工作人员，明确法兰盘零件的型号。

根据CA6140型车床主轴结构及连接三爪自定心卡盘的类型可知，CA6140型车床上的过渡盘为主轴端部代号为6、最大外圆直径D等于250 mm的C型连接方式的三爪自定心卡盘用过渡盘，其型号为过渡盘C6×250　JB/T　10126.1—1999。

2．简述CA6140型车床法兰盘零件的形状。

CA6140型车床上的法兰盘为带孔的盘类零件，最大外圆直径为250 mm，高度为30 mm；左端孔为圆锥孔，与主轴右端外圆锥配合；右端孔为圆柱孔，无配合要求。法兰盘右端为凸起的短圆柱，与三爪自定心卡盘左端的内孔配合。法兰盘上还有4个螺纹通孔和3个台阶螺栓孔，3个台阶螺栓孔用于固定三爪自定心卡盘，4个螺纹通孔用于将法兰盘固定在主轴上。法兰盘左端还有一个圆柱销定位孔，用于定位。

五、测绘法兰盘零件草图

1．绘制法兰盘零件草图有哪些基本要求?

零件草图是指在测绘现场目测实物大致比例，画出各视图和尺寸线，然后集中测量尺寸并标注后所完成的图样。零件草图并不是"潦草"之图，它将作为绘制部件装配图和零件图的重要依据，因此，零件草图必须符合图形及尺寸表达正确、完整、清晰的基本要求，并注明必要的技术要求。

2．确定法兰盘零件草图的表达方案。

法兰盘为盘类零件，可将法兰盘垂直于水平面横向放置，作为主视图的投射方向，主视图采用两个相交平面进行剖视，来表达法兰盘及其螺纹通孔、台阶螺栓孔和定位销孔的形状及大小。采用左视图表达锥孔、圆柱孔、螺纹通孔、台阶螺栓孔和定位销孔的位置。

3．简述法兰盘零件草图的绘制步骤。

（1）根据法兰盘草图表达方案，布置视图位置。画出主视图和左视图的基准线、中心线。布图时要考虑在各视图之间留出标注尺寸的位置，并在右下角留出标题栏的位置。

（2）画出反映法兰盘主要结构特征的主视图，按投影关系完成左视图的绘制。

（3）选择基准，画出尺寸界线、尺寸线和箭头，要确保尺寸齐全、清晰、不遗漏、不重复，仔细核对后描深轮廓线并画出剖面线。

（4）测量尺寸并标注尺寸数字和技术要求，填写标题栏。

4．零件测绘时应注意哪些事项?

（1）零件的制造缺陷，如砂眼、气孔、刀痕以及长期使用产生的磨损等不应画出，并予以修正。

（2）零件上的工艺结构，如铸造圆角、倒角、凸台、凹坑、退刀槽和砂轮越程槽等必须画出，不能省略。

（3）零件上的标准结构要素的尺寸应符合标准结构要求，如螺纹、键槽、齿轮齿形等，应将测得的实际数值与相应标准对照。

（4）测量尺寸应在画好视图、注全尺寸界线和尺寸线后集中进行。有条件时最好两人配合，一人测量读数，另一人记录标注尺寸。切忌每画一条尺寸线，便测量一个尺寸，填写一个数字。

（5）对相邻零件有配合要求的尺寸（如有配合要求的孔和轴的直径），一般只需测量出其公称尺寸，若有小数应适当取整。

5．绘制法兰盘零件草图，并将绘制步骤、内容及图样填入表 6-2 中。

提示：零件草图必须符合图形及尺寸表达正确、完整、清晰的基本要求，并注明必要的技术要求。

表 6–2　　绘制法兰盘零件草图

步骤	绘制内容	图样
1	绘制主视图和左视图的基准线和中心线	
2	绘制主视图和左视图	
3	选择基准，画出尺寸界线、尺寸线和箭头	
4	测量尺寸并标注尺寸数字和技术要求，填写标题栏	

六、安装法兰盘零件

测绘完毕，将法兰盘零件安装到机床上。

学习活动 2　法兰盘零件平面图形的绘制与打印

学习目标

1. 能根据法兰盘零件草图所用线型新建图层。
2. 能绘制法兰盘零件平面图形的图框和标题栏。
3. 能正确应用绘图和修改命令绘制法兰盘零件平面图形。
4. 能标注法兰盘零件平面图形中的基本尺寸。
5. 能标注法兰盘零件平面图形中的表面结构符号。
6. 能标注法兰盘零件平面图形中的基准符号和几何公差。
7. 能正确应用“多行文字”命令标注技术要求。
8. 能完成“打印”对话框的设置，并打印出法兰盘零件平面图形。

建议学时：4 学时。

学习过程

一、绘图准备

工具：CAD 绘图软件。

材料：法兰盘零件草图。

设备：计算机、打印机。

资料：工作任务书、计算机安全操作规程。

二、绘图过程

1．新建图层

启动 CAD 绘图软件，根据所绘制的法兰盘零件草图要求，新建图层，将图层名称、线型、颜色和线宽填入表 6–3 中。

表 6-3　新建图层

图层名称	线型	颜色	线宽
粗实线层	CONTINUOUS	黑色（或白色）	0.4 mm
细实线层	CONTINUOUS	黑色（或白色）	0.2 mm
中心线层	CENTER	红色	0.2 mm
标注层	CONTINUOUS	绿色	0.2 mm

2．绘制图框和标题栏

根据法兰盘零件草图的总体尺寸及绘图比例，绘制图框和标题栏。标题栏根据国家标准《技术制图　标题栏》（GB/T 10609.1—2008）的规定绘制。

3．绘制法兰盘零件平面图形

绘制法兰盘零件平面图形，将每一步骤的图样绘制到表 6-4 中。

提示：根据所绘制的法兰盘零件草图，应用 CAD 软件，按步骤画出法兰盘零件平面图形。

表 6-4　绘制法兰盘零件平面图形

步骤	绘制内容	图样
1	绘制基准线、中心线	
2	绘制法兰盘主视图	

续表

步骤	绘制内容	图样
3	绘制法兰盘其他视图	
4	标注基本尺寸	
5	标注表面结构符号、基准符号和几何公差	

续表

步骤	绘制内容	图样
6	标注技术要求，填写标题栏	

三、打印图形

设置打印机，并打印一张法兰盘零件平面图形以供检测和质量分析用。

学习活动 3　绘图检测与质量分析

学习目标

1. 能判别图幅大小是否合适，布图方案是否合理。
2. 能判别标题栏绘制是否正确，内容填写是否规范。
3. 能判别绘图所用线型是否正确，零件轮廓是否清晰。
4. 能判别尺寸标注是否完整。
5. 能判别公差标注是否正确。
6. 能判别表面结构符号标注是否正确。
7. 能判别所标注的技术要求是否规范。
8. 能根据发现的问题，修改所绘制的图形。
9. 能正确填写任务记录单。

建议学时：2 学时。

学习过程

一、绘图检测（表 6–5）

建议：由教师或组长根据绘图要求，逐条对学生所绘制的法兰盘零件平面图形进行检测，找出问题并及时改正，避免以后再出现类似错误。

表 6–5　　绘图检测内容及检测结果

序号	绘图要求	绘图检测
1	图幅大小合适，布图方案合理	
2	标题栏绘制正确，内容填写规范	
3	绘图所用线型正确	
4	零件轮廓清晰，无缺线	
5	尺寸标注完整，无遗漏	
6	公差标注合理，无错误	
7	表面结构符号和基准符号标注正确	
8	技术要求书写规范	

二、问题分析

建议：教师从图框、标题栏、线型、零件轮廓、尺寸和公差标注、表面结构符号、技术要求等方面，引导学生分析绘图过程中出现的问题、产生原因及预防方法。

归纳问题产生的原因和预防方法，填入表 6–6 中。

表 6–6　问题种类、产生原因及预防方法

问题种类	产生原因	预防方法

三、修改图样

按照绘图检测结果修改图样并保存。

四、打印图形

打印一张法兰盘零件平面图形，上交技术主管进行审核。审核合格后，打印所需数量的图纸，上交技术主管，并认真填写任务记录单。

学习活动 4　工作总结与评价

学习目标

1. 能按分组情况派代表展示工作成果，讲述本次任务的完成情况并做分析总结。

2. 能结合自身任务完成情况，正确、规范地撰写工作总结（心得体会）。

3. 能就本次任务中出现的问题提出改进措施。

4. 能对学习与工作进行反思总结，并能与他人开展良好合作，进行有效的沟通。

建议学时：2 学时。

学习过程

一、个人评价

按表 6–7 中的评分标准进行个人评价。

表 6–7　　个人综合评价表

项目	序号	技术要求	配分	评分标准	得分
测绘法兰盘零件草图（30%）	1	拆卸步骤正确	5	错一处扣 1 分	
	2	结构分析正确	5	错一处扣 1 分	
	3	表达方案正确	5	错一处扣 1 分	
	4	图形绘制正确	5	错一处扣 1 分	
	5	尺寸测绘正确	5	错一处扣 1 分	
	6	几何公差及表面结构符号标注正确	5	错一处扣 1 分	
软件操作（20%）	7	绘图命令应用正确	10	错一处扣 1 分	
	8	修改命令应用正确	10	错一处扣 1 分	

续表

项目	序号	技术要求	配分	评分标准	得分
绘图质量（40%）	9	图幅大小合适，布图方案合理	5	不合格，不得分	
	10	标题栏绘制正确，内容填写规范	5	错一处扣1分	
	11	绘图所用线型正确	5	错一处扣1分	
	12	零件轮廓清晰，无缺线	5	错一处扣1分	
	13	尺寸标注完整，无遗漏	5	错一处扣1分	
	14	几何公差标注合理，无错误	5	错一处扣1分	
	15	表面结构符号和基准符号标注正确	5	错一处扣1分	
	16	技术要求书写规范	5	错一处扣2分	
安全文明生产（10%）	17	操作安全	5	违反一处扣2分	
	18	机房清理	5	不合格不得分	
总得分					

二、小组评价

把打印好的法兰盘零件平面图形先进行分组展示，再由小组推荐代表做必要的介绍。在展示的过程中，以小组为单位进行评价；评价完成后，根据其他小组成员对本组展示的成果进行评价，并将评价意见归纳总结。完成如下项目：

1．本小组展示的法兰盘零件平面图形符合机械制图标准吗？

很好□　　一般□　　不准确□

2．本小组介绍成果表达是否清晰？

很好□　　一般，常补充□　　不清晰□

3．本小组演示的法兰盘零件平面图形绘制方法正确吗？

正确□　　部分正确□　　不正确□

4．本小组演示操作时遵循“6S”工作要求吗？

符合工作要求□　　忽略了部分要求□　　完全没有遵循□

5．本小组所用的计算机、打印机保养完好吗？

良好□　　一般□　　不合要求□

6．本小组的成员团队创新精神如何？

良好□　　一般□　　不足□

三、教师评价

教师对展示的图样分别做评价。

1．找出各组的优点进行点评。

2．对展示过程中各组的缺点进行点评，提出改进方法。

3．对整个任务完成中出现的亮点和不足进行点评。

四、总结提升

1．回顾本次学习任务的工作过程，归纳整理所学知识和技能。

建议：教师从法兰盘零件拆卸、测绘、平面图形的绘制和法兰盘的安装等方面，引导学生归纳、整理所学知识和技能。

2．试结合自身任务完成情况，通过交流讨论等方式，较全面、规范地撰写本次任务的工作总结。

工作总结（心得体会）

评价与分析

学习任务六评价表

<table>
<tr><td>班级</td><td colspan="2"></td><td>姓名</td><td colspan="2"></td><td>学号</td><td colspan="2"></td></tr>
<tr><td rowspan="3">项目</td><td colspan="3">自我评价</td><td colspan="3">小组评价</td><td colspan="3">教师评价</td></tr>
<tr><td>10 ~ 9分</td><td>8 ~ 6分</td><td>5 ~ 1分</td><td>10 ~ 9分</td><td>8 ~ 6分</td><td>5 ~ 1分</td><td>10 ~ 9分</td><td>8 ~ 6分</td><td>5 ~ 1分</td></tr>
<tr><td colspan="3">占总评 10%</td><td colspan="3">占总评 30%</td><td colspan="3">占总评 60%</td></tr>
<tr><td>学习活动 1</td><td></td><td></td><td></td><td></td><td></td><td></td><td></td><td></td><td></td></tr>
<tr><td>学习活动 2</td><td></td><td></td><td></td><td></td><td></td><td></td><td></td><td></td><td></td></tr>
<tr><td>学习活动 3</td><td></td><td></td><td></td><td></td><td></td><td></td><td></td><td></td><td></td></tr>
<tr><td>学习活动 4</td><td></td><td></td><td></td><td></td><td></td><td></td><td></td><td></td><td></td></tr>
<tr><td>表达能力和分析能力</td><td></td><td></td><td></td><td></td><td></td><td></td><td></td><td></td><td></td></tr>
<tr><td>协作精神</td><td></td><td></td><td></td><td></td><td></td><td></td><td></td><td></td><td></td></tr>
<tr><td>纪律观念</td><td></td><td></td><td></td><td></td><td></td><td></td><td></td><td></td><td></td></tr>
<tr><td>工作态度</td><td></td><td></td><td></td><td></td><td></td><td></td><td></td><td></td><td></td></tr>
<tr><td>任务总体表现</td><td></td><td></td><td></td><td></td><td></td><td></td><td></td><td></td><td></td></tr>
<tr><td>小计分</td><td colspan="3"></td><td colspan="3"></td><td colspan="3"></td></tr>
<tr><td>总评分</td><td colspan="9"></td></tr>
</table>

任课教师：　　　　　年　　月　　日

任务拓展

半联轴器零件测绘与图形绘制

一、工作情境描述

企业设计部接到一项测绘任务：根据某凸缘联轴器（图 6–2）上的半联轴器（图 6–3）零件进行测绘，形成半联轴器零件平面图形，作为二次开发生产加工的依据。技术主管将测绘任务分配给绘图员张强，让他测量半联轴器零件有关尺寸，绘制出零件图样并打印出来。

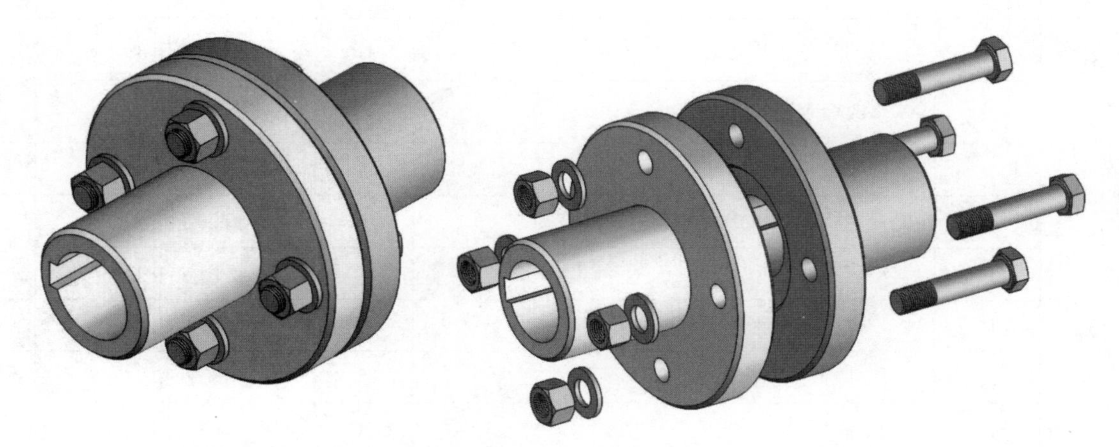

图 6–2　凸缘联轴器

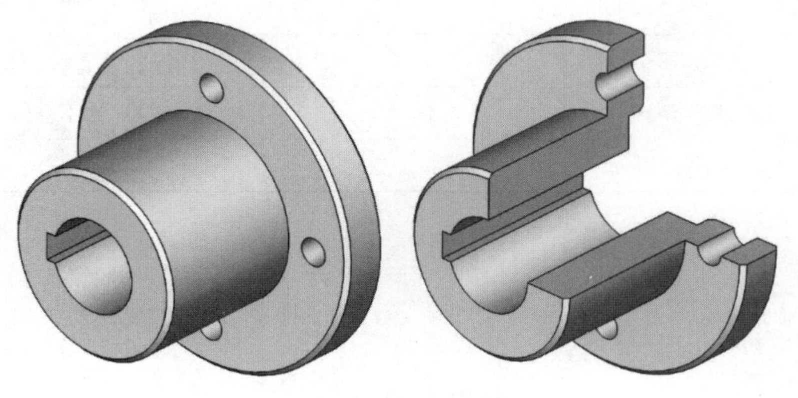

图 6–3　半联轴器

二、评分标准

按表 6–8 所示项目和技术要求，对测绘的半联轴器零件平面图形进行评分。

表 6–8　　半联轴器零件平面图形测绘评分标准

项目	序号	技术要求	配分	评分标准	得分
测绘半联轴器零件草图（30%）	1	拆卸步骤正确	5	错一处扣 1 分	
	2	结构分析正确	5	错一处扣 1 分	
	3	表达方案正确	5	错一处扣 1 分	
	4	图形绘制正确	5	错一处扣 1 分	
	5	尺寸测绘正确	5	错一处扣 1 分	
	6	几何公差及表面结构符号标注正确	5	错一处扣 1 分	
软件操作（20%）	7	绘图命令应用正确	10	错一处扣 1 分	
	8	修改命令应用正确	10	错一处扣 1 分	
绘图质量（40%）	9	图幅大小合适，布图方案合理	5	不合格，不得分	
	10	标题栏绘制正确，内容填写规范	5	错一处扣 1 分	
	11	绘图所用线型正确	5	错一处扣 1 分	
	12	零件轮廓清晰，无缺线	5	错一处扣 1 分	
	13	尺寸标注完整，无遗漏	5	错一处扣 1 分	
	14	几何公差标注合理，无错误	5	错一处扣 1 分	
	15	表面结构符号和基准标注正确	5	错一处扣 1 分	
	16	技术要求书写规范	5	错一处扣 2 分	
安全文明生产（10%）	17	操作安全	5	违反一处扣 2 分	
	18	机房清理	5	不合格不得分	
总得分					

世赛知识

第一角画法与第三角画法的投影识别符号

世界技能大赛使用的机械图样一般都是按照第三角画法绘制的。要看懂世赛图样，需要了解第一角画法与第三角画法的投影识别符号。

第一角画法与第三角画法的投影识别符号如图 6-4 所示。采用第一角画法时，可以省略标注。投影符号标注在标题栏右下角表格中，如图 6-5 所示。

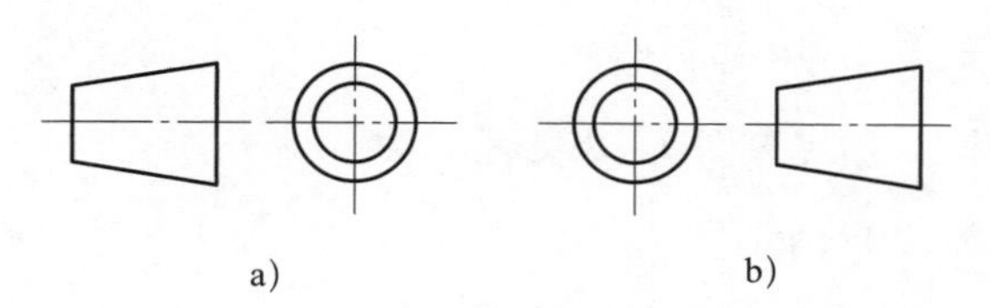

图 6-4　投影识别符号

a）第一角画法的投影识别符号　b）第三角画法的投影识别符号

						(材料标记)			(单位名称)
标记		分区	更改文件号	签名	年、月、日				(图样名称)
设计	(签名)	(年月日)	(标准化)	(签名)	(年月日)	(阶段标记)	质量	比例	
审核									(图样代号)
工艺			批准			共　张　第　张			(投影符号)

图 6-5　标题栏格式（GB/T 10609.1—2008）

学习任务七　油泵体零件测绘及平面图形绘制

学习目标

1. 通过与技术人员和工作人员交流，确定油泵体的材料及用途。
2. 能与工作人员合作，完成油泵体的拆卸。
3. 能分析油泵体零件结构，确定零件草图表达方案。
4. 能制定油泵体零件草图的绘制步骤。
5. 能在规定的时间内，完成油泵体零件草图的测绘。
6. 能根据油泵体零件草图所用线型新建图层、绘制图框和标题栏。
7. 能正确应用绘图和修改命令绘制油泵体零件平面图形。
8. 能标注油泵体零件平面图形中的基本尺寸、表面结构符号、基准符号和几何公差。
9. 能应用“多行文字”命令标注技术要求。
10. 能完成“打印”对话框的设置，并打印出油泵体零件平面图形。
11. 能根据打印图样，检测和判断绘图质量。
12. 能就本次任务中出现的问题提出改进措施。
13. 能对学习与工作进行反思总结，并能与他人开展良好合作，进行有效的沟通。
14. 能严格执行企业操作规程、企业质量体系管理制度、安全生产制度、环保管理制度、“6S”管理制度等企业管理规定。

建议学时

12 学时。

工作情境描述

企业设计部接到一项任务：企业需测绘油泵体零件，并绘制新的油泵体零件平面图形，作为二次开发生产加工的依据，油泵体零件实体图如图 7–1 所示。技术主管将测绘任务分配给绘图员张强，让他测量油泵体零件有关尺寸，绘制出零件图样并打印出来。

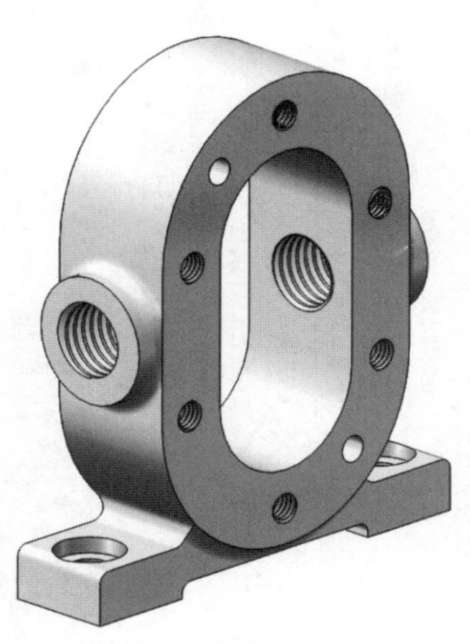

图 7-1　油泵体零件实体图

工作流程与活动

1．测绘油泵体零件草图（4 学时）

2．油泵体零件平面图形的绘制与打印（4 学时）

3．绘图检测与质量分析（2 学时）

4．工作总结与评价（2 学时）

- 学习任务七 油泵体零件测绘及平面图形绘制
  - 学习活动1 测绘油泵体零件草图
    - 接受任务
    - 工具、量具准备
    - 拆卸齿轮油泵
    - 分析油泵体零件的结构特点
    - 测绘油泵体零件草图
    - 组装齿轮油泵
  - 学习活动2 油泵体零件平面图形的绘制与打印
    - 绘图准备
    - 绘图过程
      - 新建图层
      - 绘制图框和标题栏
      - 绘制油泵体零件平面图形
        - 绘制基准线、中心线
        - 绘制油泵体主视图
        - 绘制油泵体左视图和B向视图
        - 标注基本尺寸
        - 标注表面结构符号、基准符号和几何公差
        - 标注技术要求，填写标题栏
    - 打印图形
  - 学习活动3 绘图检测与质量分析
    - 绘图检测
    - 问题分析
    - 修改图样
    - 打印图形
  - 学习活动4 工作总结与评价
    - 个人评价
    - 小组评价
    - 教师评价
    - 总结提升

学习活动 1　测绘油泵体零件草图

学习目标

1. 通过与工作人员交流，确定油泵体零件的材料及用途。
2. 能与工作人员合作，完成齿轮油泵的拆卸。
3. 能分析油泵体零件结构，确定零件草图表达方案。
4. 能制定油泵体零件草图的绘制步骤。
5. 能独自完成测绘油泵体零件草图。
6. 能与工作人员合作，完成齿轮油泵的组装。

建议学时：4 学时。

学习过程

一、接受任务

听技术主管描述本次绘图任务，正确填写任务记录单（表 7–1）。

表 7–1　　任务记录单

部门名称				出图数量	
任务名称	油泵体零件测绘及平面图形绘制			预交付时间	年　月　日
下单人		年　月　日	接单人		年　月　日
制图		年　月　日	审核		年　月　日
批准		年　月　日	交付人		年　月　日

二、工具、量具准备

1．工具准备

拔销器、内六角扳手、活扳手、一字旋具、铜锤等。

2．量具准备

游标卡尺（0 ~ 150 mm）、外径千分尺（0 ~ 25 mm）、游标高度卡尺（0 ~ 300 mm）、表面粗糙度比较样块等。

三、拆卸齿轮油泵

到生产现场与工作人员交流，了解齿轮油泵的组成、装配关系、工作原理以及油泵体在齿轮油泵中的用途，并与工作人员一起拆卸齿轮油泵。

1．齿轮油泵由哪些零件组成?

齿轮油泵是机器中用来输送润滑油的一个部件，由油泵体、左端盖、右端盖、传动齿轮轴等15种零件装配而成。

2．简述齿轮油泵的装配关系和工作原理。

（1）装配关系：油泵体的内腔容纳一对齿轮。将齿轮轴、传动齿轮轴装入油泵体后，由左端盖、右端盖支承这一对齿轮轴的旋转运动。用定位销将左右端盖与油泵体定位后，再用螺钉连接。为防止油泵体与泵盖结合面和齿轮轴伸出端漏油，分别用垫片、密封圈、压盖和压盖螺母密封。

（2）工作原理：当主动轮逆时针方向转动时，带动从动轮顺时针方向转动，两轮啮合区右边的油被齿轮带走，压力降低形成负压，油池中的油在大气压力的作用下，进入油泵体低压区内的吸油口，随着齿轮的转动，齿槽中的油不断地沿齿轮传动方向被带至压油口把油压出，送至机器需要润滑的部分。

3．油泵体零件是由哪种材料制造的？它有什么用途?

油泵体是由HT200制造的。油泵体在齿轮润滑系统中起支承齿轮的作用，将两个齿轮装在壳体内，两侧有端盖，壳体、端盖和齿轮的各个齿槽间组成了许多密封工作腔。当齿轮旋转时，轮齿相互啮合或脱开，形成工作腔，将油液吸入和压出。

4．拆卸齿轮油泵时需要注意哪些事项?

（1）拆卸齿轮油泵前，应先清洗油泵外部的油污和灰尘，并用记号笔在泵盖与泵体上画一条记号，便于按记号装配。

（2）拆卸齿轮油泵应在清洁的地方进行，将拆下的零件用汽油或柴油清洗干净后，仔细检查各零件的磨损状况，确定其是否能继续使用，然后将能继续使用的零件，小心地按顺序放好。

（3）若有磨损严重、不能继续使用的零件，应成套或成对更换新件。如应更换一对齿轮，若不成对更换则两齿轮的啮合状态差，会影响输油压力。

5．简述拆卸齿轮油泵的操作步骤。

（1）用六角扳手对称松开（拧松之前在端盖与泵体的结合面处做上记号）并卸下泵盖上的6个螺栓，连同垫圈依次卸下。

（2）用旋具轻轻沿前端盖与泵体的结合面处将端盖撬松（注意：不要撬太深，以免划伤密封面，密封主要靠两密封面的加工精度及泵体密封面上的卸油槽来实现），卸下前端盖，取下密封胶圈，注意观察泵内结构及零件间的相互位置。

（3）从泵体中取出主、从动齿轮（取出前将主、从动齿轮的对应位置做好记号），卸下后端盖，观察从动轴轴心的通孔、润滑油的流通通道和轴承状况是否良好。

（4）用煤油或轻柴油清洗所有拆下的零部件并放于容器内妥善保管，以备测量和检查。

四、分析油泵体零件的结构特点

1．查阅资料，询问技术主管，明确油泵体零件的型号。

油泵体属于箱体类零件，型号需要查阅油泵体上的标签。

2．分析油泵体零件的结构特点。

油泵体为箱体类零件，下面为底座，底座上有2个沉孔，用于固定油泵；上面是泵体，泵体中间为容纳一对齿轮的长圆形空腔以及与空腔相通的进、出油孔；泵体上还有销钉与螺钉孔。

五、测绘油泵体零件草图

1．确定油泵体零件草图的表达方案。

将油泵体垂直于水平面纵向放置，绘制零件图时将这一方向作为油泵体主视图的投射方向比较合适，左视图反映了容纳一对齿轮的长圆形空腔以及与空腔相通的进、出油孔，同时也反映了销钉与螺钉孔的分布以及底座上沉孔的形状。左视图采用两个剖切面进行剖切，表达油泵体的高度、螺纹孔和销孔的形状和大小。采用向视图来表达油泵体底座的结构和孔的位置。

2．简述油泵体零件草图的绘制步骤。

（1）根据零件草图表达方案，布置视图位置。画出主视图、左视图和向视图的基准线、中心线。布图时要考虑在各视图之间留出标注尺寸的位置，并在右下角留出标题栏的位置。

（2）画出反映油泵体主要结构特征的主视图，按投影关系完成左视图和向视图的绘制。

（3）选择基准，画出尺寸界线、尺寸线和箭头，要确保尺寸齐全、清晰、不遗漏、不重复，仔细核对后描深轮廓线并画出剖面线。

（4）测量尺寸并标注尺寸数字和技术要求，填写标题栏。

3．绘制油泵体零件草图，并将绘制步骤、内容及图样填入表7–2中。

表7–2　　绘制油泵体零件草图

步骤	绘制内容	图样
1	画出主视图、左视图和向视图的基准线、中心线	

续表

步骤	绘制内容	图样
2	画出反映油泵体主要结构特征的主视图，按投影关系完成左视图和向视图的绘制	
3	选择基准，画出尺寸界线、尺寸线和箭头	
4	测量尺寸并标注尺寸数字和技术要求，填写标题栏	

六、组装齿轮油泵

测绘完毕，重新组装齿轮油泵。

学习活动 2　油泵体零件平面图形的绘制与打印

学习目标

1. 能根据油泵体零件草图所用线型新建图层。

2. 能绘制油泵体零件平面图形的图框和标题栏。

3. 能正确应用绘图和修改命令绘制油泵体零件平面图形。

4. 能标注油泵体零件平面图形中的基本尺寸。

5. 能标注油泵体零件平面图形中的表面结构符号。

6. 能标注油泵体零件平面图形中的基准符号和几何公差。

7. 能正确应用“多行文字”命令标注技术要求。

8. 能完成“打印”对话框的设置，并打印出油泵体零件平面图形。

建议学时：4 学时。

学习过程

一、绘图准备

工具：CAD 绘图软件。

材料：油泵体零件草图。

设备：计算机、打印机。

资料：工作任务书、计算机安全操作规程。

二、绘图过程

1．新建图层

启动 CAD 绘图软件，根据所绘制的油泵体零件草图要求，新建图层，将图层名称、线型、颜色和线宽填入表 7–3 中。

表 7–3　　新建图层

图层名称	线型	颜色	线宽
粗实线层	CONTINUOUS	黑色（或白色）	0.4 mm
细实线层	CONTINUOUS	黑色（或白色）	0.2 mm
中心线层	CENTER	红色	0.2 mm
标注层	CONTINUOUS	绿色	0.2 mm

2．绘制图框和标题栏

根据油泵体零件草图的总体尺寸及绘图比例，绘制图框和标题栏。标题栏根据国家标准《技术要求　标题栏》（GB/T 10609.1—2008）的规定绘制。

3．绘制油泵体零件平面图形

绘制油泵体零件平面图形，将每一步骤的图样绘制到表 7–4 中。

提示：根据所绘制的油泵体零件草图，应用 CAD 软件，按步骤画出油泵体零件平面图形。

表 7–4　　绘制油泵体零件平面图形

步骤	绘制内容	图样
1	绘制基准线、中心线	
2	绘制油泵体主视图	

续表

步骤	绘制内容	图样
3	绘制油泵体左视图和 *B* 向视图	
4	标注基本尺寸	
5	标注表面结构符号、基准符号和几何公差	

续表

步骤	绘制内容	图样
6	标注技术要求，填写标题栏	

三、打印图形

设置打印机，并打印一张油泵体零件平面图形以供检测和质量分析用。

学习活动 3　绘图检测与质量分析

1. 能判别图幅大小是否合适，布图方案是否合理。
2. 能判别标题栏绘制是否正确，内容填写是否规范。
3. 能判别绘图所用线型是否正确，零件轮廓是否清晰。
4. 能判别尺寸标注是否完整。
5. 能判别公差标注是否正确。
6. 能判别表面结构符号标注是否正确。
7. 能判别所标注的技术要求是否规范。
8. 能根据发现的问题，修改所绘制的图形。
9. 能正确填写任务记录单。

建议学时：2 学时。

学习过程

一、绘图检测（表 7–5）

建议：由教师或组长根据绘图要求，逐条对学生所绘制的油泵体零件平面图形进行检测，找出问题并及时改正，避免以后再出现类似错误。

表 7–5　　绘图检测内容及检测结果

序号	绘图要求	绘图检测
1	图幅大小合适，布图方案合理	
2	标题栏绘制正确，内容填写规范	
3	绘图所用线型正确	
4	零件轮廓清晰，无缺线	
5	尺寸标注完整，无遗漏	
6	公差标注合理，无错误	
7	表面结构符号和基准符号标注正确	
8	技术要求书写规范	

二、问题分析

建议：教师从图框、标题栏、线型、零件轮廓、尺寸和公差标注、表面结构符号、技术要求等方面，引导学生分析绘图过程中出现的问题、产生原因及预防方法。

归纳问题产生的原因和预防方法，填入表 7–6 中。

表 7–6　问题种类、产生原因及预防方法

问题种类	产生原因	预防方法

三、修改图样

按照绘图检测结果修改图样并保存。

四、打印图形

打印一张油泵体零件平面图形，上交技术主管进行审核。审核合格后，打印所需数量的图纸，上交技术主管，并认真填写任务记录单。

学习活动 4　工作总结与评价

学习目标

1. 能按分组情况，分别派代表展示工作成果，说明本次任务的完成情况并做分析总结。

2. 能结合自身任务完成情况，正确、规范地撰写工作总结（心得体会）。

3. 能就本次任务中出现的问题提出改进措施。

4. 能对学习与工作进行反思总结，并能与他人开展良好合作，进行有效的沟通。

建议学时：2 学时。

学习过程

一、个人评价

按表 7–7 中的评分标准进行个人评价。

表 7–7　　个人综合评价表

项目	序号	技术要求	配分	评分标准	得分
测绘油泵体零件草图（30%）	1	拆卸步骤正确	5	错一处扣 1 分	
	2	结构分析正确	5	错一处扣 1 分	
	3	表达方案正确	5	错一处扣 1 分	
	4	图形绘制正确	5	错一处扣 1 分	
	5	尺寸测绘正确	5	错一处扣 1 分	
	6	几何公差及表面结构符号标注正确	5	错一处扣 1 分	
软件操作（20%）	7	绘图命令应用正确	10	错一处扣 1 分	
	8	修改命令应用正确	10	错一处扣 1 分	

续表

项目	序号	技术要求	配分	评分标准	得分
绘图质量（40%）	9	图幅大小合适，布图方案合理	5	不合格，不得分	
	10	标题栏绘制正确，内容填写规范	5	错一处扣 1 分	
	11	绘图所用线型正确	5	错一处扣 1 分	
	12	零件轮廓清晰，无缺线	5	错一处扣 1 分	
	13	尺寸标注完整，无遗漏	5	错一处扣 1 分	
	14	几何公差标注合理，无错误	5	错一处扣 1 分	
	15	表面结构符号和基准符号标注正确	5	错一处扣 1 分	
	16	技术要求书写规范	5	错一处扣 2 分	
安全文明生产（10%）	17	操作安全	5	违反一处扣 2 分	
	18	机房清理	5	不合格不得分	
总得分					

二、小组评价

把打印好的油泵体零件平面图形先进行分组展示，再由小组推荐代表做必要的介绍。在展示的过程中，以小组为单位进行评价；评价完成后，根据其他小组成员对本组展示的成果进行评价，并将评价意见归纳总结。完成如下项目：

1．本小组展示的油泵体零件平面图形符合机械制图标准吗？

很好□　　一般□　　不准确□

2．本小组介绍成果表达是否清晰？

很好□　　一般，常补充□　　不清晰□

3．本小组演示的油泵体零件平面图形绘制方法正确吗？

正确□　　部分正确□　　不正确□

4．本小组演示操作时遵循“6S”工作要求吗？

符合工作要求□　　忽略了部分要求□　　完全没有遵循□

5．本小组的所用计算机、打印机保养完好吗？

良好□　　一般□　　不合要求□

6．本小组的成员团队创新精神如何？

良好□　　一般□　　不足□

三、教师评价

教师对展示的图样分别做评价。

1．找出各组的优点进行点评。

2．对展示过程中各组的缺点进行点评，提出改进方法。

3．对整个任务完成中出现的亮点和不足进行点评。

四、总结提升

1．回顾本次学习任务的工作过程，归纳整理所学知识和技能。

建议：教师从油泵体零件拆卸、测绘、平面图形的绘制和油泵体的安装等方面，引导学生归纳、整理所学知识和技能。

2．试结合自身任务完成情况，通过交流讨论等方式，较全面、规范地撰写本次任务的工作总结。

工作总结（心得体会）

评价与分析

学习任务七评价表

班级			姓名			学号			
项目	自我评价			小组评价			教师评价		
	10 ~ 9分	8 ~ 6分	5 ~ 1分	10 ~ 9分	8 ~ 6分	5 ~ 1分	10 ~ 9分	8 ~ 6分	5 ~ 1分
	占总评 10%			占总评 30%			占总评 60%		
学习活动 1									
学习活动 2									
学习活动 3									
学习活动 4									
表达能力和分析能力									
协作精神									
纪律观念									
工作态度									
任务总体表现									
小计分									
总评分									

任课教师：　　　　年　　月　　日

任务拓展

单级减速器箱体零件测绘与图形绘制

一、工作情境描述

企业设计部接到一项测绘任务：根据某单级齿轮减速器（图 7–2）上的箱体（图 7–3）零件进行测绘，形成减速器箱体零件平面图形，作为二次开发生产加工的依据。技术主管将测绘任务分配给绘图员张强，让他测量减速器箱体零件有关尺寸，绘制出零件图样并打印出来。

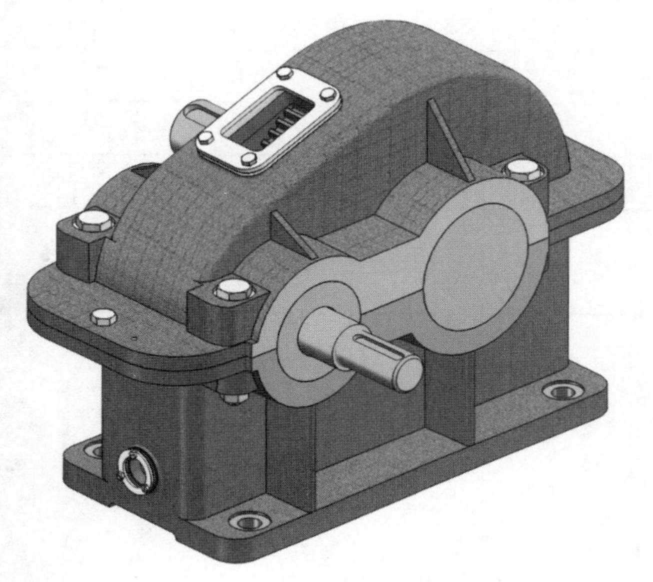

图 7–2　单级齿轮减速器

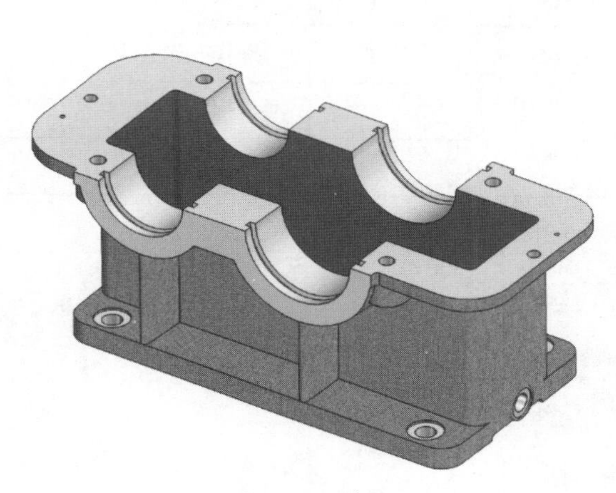

图 7–3　箱体

二、评分标准

按表 7–8 所示项目和技术要求，对测绘的减速器箱体零件平面图形进行评分。

表 7–8　减速器箱体零件平面图形测绘评分标准

项目	序号	技术要求	配分	评分标准	得分
测绘减速器箱体零件草图（30%）	1	拆卸步骤正确	5	错一处扣 1 分	
	2	结构分析正确	5	错一处扣 1 分	
	3	表达方案正确	5	错一处扣 1 分	
	4	图形绘制正确	5	错一处扣 1 分	
	5	尺寸测绘正确	5	错一处扣 1 分	
	6	几何公差及表面结构符号标注正确	5	错一处扣 1 分	

续表

项目	序号	技术要求	配分	评分标准	得分
软件操作（20%）	7	绘图命令应用正确	10	错一处扣 1 分	
	8	修改命令应用正确	10	错一处扣 1 分	
绘图质量（40%）	9	图幅大小合适，布图方案合理	5	不合格，不得分	
	10	标题栏绘制正确，内容填写规范	5	错一处扣 1 分	
	11	绘图所用线型正确	5	错一处扣 1 分	
	12	零件轮廓清晰，无缺线	5	错一处扣 1 分	
	13	尺寸标注完整，无遗漏	5	错一处扣 1 分	
	14	几何公差标注合理，无错误	5	错一处扣 1 分	
	15	表面结构符号和基准符号标注正确	5	错一处扣 1 分	
	16	技术要求书写规范	5	错一处扣 2 分	
安全文明生产（10%）	17	操作安全	5	违反一处扣 2 分	
	18	机房清理	5	不合格不得分	
总得分					

世赛知识

国外图样的识读

世界技能大赛使用的机械技术图样与我国技术制图图样有差别。国内选手平时训练时，需要进行国外技术图样识读练习。下面以图 7–4 为例，简要介绍国外技术图样的识读。

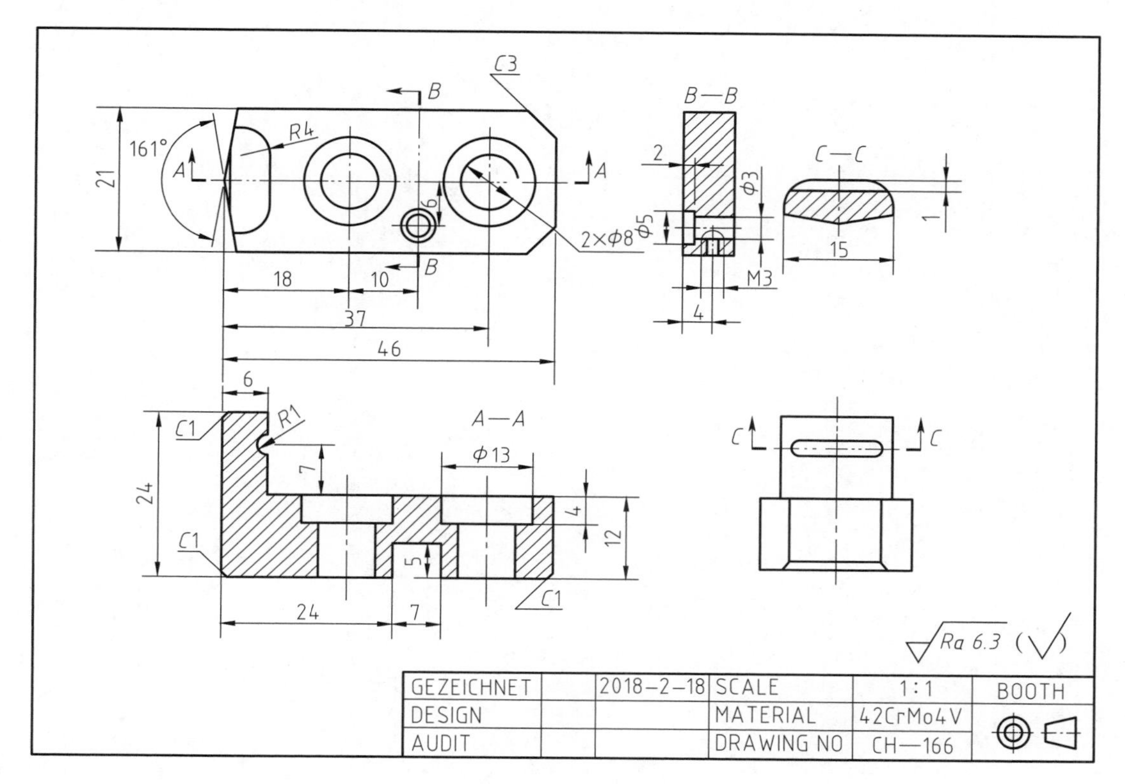

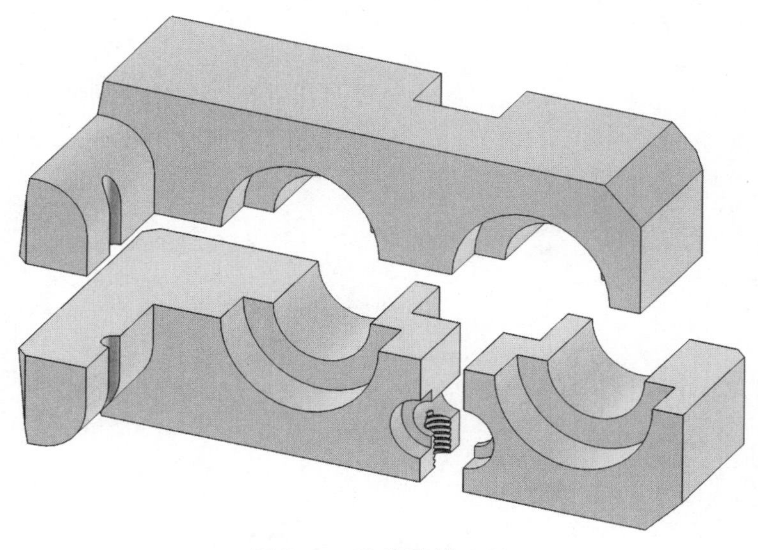

图 7–4　国外图样示例

在对外交流中，常遇到如图 7–2 所示国外技术图样，由标题栏中的投影符号可以看出，该图样采用了第三角画法，并用到了多个剖视图，其剖切位置用粗双点画线表示（与我国国家标准不同）。

该图样采用了主视图、俯视图、右视图和两个剖视图来表达零件的形状结构。左下角为主视图，表达了零件主视方向的“L”形结构、孔径大小以及各结构的高度；左上角为俯视图，表达了零件左侧形状、孔的位置以及长度和宽度方向的尺寸；右下角为右视图，表达了零件右视方向形状；*B*—*B* 剖视图表达了 ϕ3 mm 孔、ϕ5 mm 孔、M3 螺纹孔的断面形状和长度尺寸；*C*—*C* 剖视图表达了 *R*1 mm 槽处的断面形状和尺寸。

附　　录

附录 1　手轮手柄零件平面图形的绘制学习任务设计方案

专业名称	数控加工（数控车工 / 数控铣工）	一体化课程名称	计算机机械图形绘制
学习任务	手轮手柄零件平面图形的绘制	授课时数	18 学时
工作情境描述	企业设计部接到一项绘图任务：根据提供的手轮手柄零件草图（图 1–1）绘制出其零件平面图形，便于生产部门进行批量生产。技术主管将绘图任务分配给绘图员张强，让他应用计算机绘图软件进行绘制，并将零件平面图形打印出来		
学习情境描述	学生在教师引导下到企业设计部领取手轮手柄零件平面图形绘制任务记录单，分析任务记录单并查阅机械制图手册、制图标准、极限配合标准等资料后，确定制图任务的图幅尺寸，制定布图方案等关键要素。在规定的时间内，对手轮手柄零件结构进行分析，在绘图软件上设置标准图框并创建模板，使用文字格式、图层设置、直线、圆弧、尺寸标注等功能绘制零件二维图形，经校核审批后打印零件图样，填写工作单并交付资料管理部门。在工作过程中，学生必须遵守企业技术文件管理制度和保密制度		
与其他任务的关系	该学习任务是计算机机械图形绘制一体化课程的第一个任务，进行此学习任务是为下一学习任务的完成打下基础		
学生基础	具有识读机械图样的能力和计算机软件的基本操作能力；具有安全文明生产意识、环保管理习惯、“6S”管理习惯、团队沟通合作意识等		
学习目标	1. 能正确识读手轮手柄零件草图，确定图幅尺寸、布图方案 2. 能分析手轮手柄零件的结构，确定绘制其平面图形的方法 3. 能查询机械制图手册、制图标准、极限配合标准等资料，确定手轮手柄零件图的技术要求 4. 能正确安装 AutoCAD、CAXA 电子图板等绘图软件 5. 能根据手轮手柄零件特点和技术要求，进行软件的相关绘图设置（如图框大小、图层、线型、颜色、文字样式、标注样式等） 6. 能根据机械制图标准，应用“直线”“圆”“圆弧”等命令绘制手轮手柄零件平面图形 7. 能熟练应用绘图软件的尺寸标注和文字功能，正确完成手轮手柄零件平面图形中的尺寸和文字标注 8. 能根据生产要求，正确打印所绘制的手轮手柄零件平面图形 9. 能正确填写工作单，并遵守企业技术文件管理制度和保密制度 10. 能按机房操作规程，正确使用、维护和保养计算机、打印机等设备 11. 能严格执行企业操作规程、企业质量体系管理制度、安全生产制度、环保管理制度、“6S”管理制度等企业管理规定 12. 能主动获取有效信息，展示工作成果，对学习与工作进行反思总结，并能与他人开展良好合作，进行有效的沟通		

续表

学习内容	1. 绘图软件的安装与启动 2. 绘图软件的界面 3. 绘图软件的命令执行方式 4. 绘图软件的数据输入方法及常规文件管理操作方法 5. 图层设置、线型加载、颜色选择 6. “直线”“圆”“圆弧”等绘图命令的基本操作 7. “删除”“修剪”“镜像”“偏移”“圆角”等修改命令的基本操作 8. 文字样式和标注样式的设置 9. 文字和标注命令的操作 10. 机房操作规程 11. 图形打印设置
教学条件	1. 教学场地：计算机机房、一体化教室 2. 设备：计算机、多媒体设备、打印机等 3. 绘图软件：AutoCAD、CAXA 电子图板等绘图软件 4. 资料：任务记录单、计算机安全操作规程、手轮手柄零件草图、机械制图手册、极限配合标准、机械加工手册、评价表等
教学组织形式	1. 根据学习任务活动的内容和班级人数，进行小组分工，并确定负责人 2. 根据情景模拟，教师安排学生扮演角色，从资料室领取相关资料 3. 根据学习任务活动环节，积极引导学生分析学习任务，明确学习重点和难点 4. 教师对学习活动中的重点和难点进行分析、操作演示和现场指导，帮助学生掌握 5. 以情景模拟的形式，教师安排学生扮演角色，分析和检测绘图质量 6. 以情景模拟的形式，教师安排学生扮演角色，严格按照“6S”管理要求，清扫、整理、维护和保养计算机、打印机等设备 7. 教师组织学生以小组或个人形式进行分析和总结，汇报学习成果
教学流程与活动	1. 手轮手柄零件平面图形的分析（2 学时） 2. 绘图软件的基本操作（10 学时） 3. 手轮手柄零件平面图形的绘制与打印（2 学时） 4. 绘图检测与质量分析（2 学时） 5. 工作总结与评价（2 学时）
评价内容与标准	1. 能按机械制图标准评价所绘平面图形中存在的问题 2. 按照绘图检测结果修改图样并保存 3. 能自觉遵守机房安全操作规定、“6S”管理规定等规章制度 4. 能服从安排，具备从业人员的责任感、团队沟通合作等职业素养

附录 2　手轮手柄零件平面图形的绘制教学活动策划表

教学活动	关键能力	学生学习活动	教师活动	学习内容	资源	评价点	学时	地点
学习活动1：手轮手柄零件平面图形的分析	资料查阅能力、分析能力、手工绘图能力	1. 以情景模拟的形式，学生扮演角色领取任务记录单 2. 阅读任务记录单，明确工期、任务要求，查阅资料，明确手轮手柄零件的用途 3. 分析手轮手柄零件草图中的尺寸，明确定位尺寸和定形尺寸 4. 分析手轮手柄零件草图中的线段，明确已知线段、中间线段和连接线段 5. 分析手轮手柄零件草图中的线型，明确各线型的含义 6. 分析手轮手柄零件草图中的尺寸标注是否能满足加工要求 7. 确定手轮手柄零件平面图形的绘图方案及步骤 8. 自评、小组评价	1. 任务记录单的准备和发放 2. 讲解工作任务要求 3. 布置与工作任务相关的信息收集工作 4. 组织学生扮演角色 5. 检查学生任务完成情况和成果（包括指导工作页问题的表述）	1. 手轮手柄零件的用途 2. 识读手轮手柄零件草图 3. 尺寸分析 4. 线段分析 5. 线型分析 6. 尺寸标注分析 7. 手轮手柄零件平面图形的绘图方案	1. 工作页 2. 任务记录单 3. 手轮手柄零件草图 4. 机械制图标准等资料 5. 互联网	1. 任务记录单 2. 制图知识 3. 手工绘图能力 4. 专业术语 5. 表达方法 6. 小组活动 7. 工作页	2	一体化教室
学习活动2：绘图软件的基本操作	资料查阅能力、计算机应用能力、学习能力、安全意识、工作统筹规划能力	1. 学习计算机安全操作规程 2. 绘图软件的安装与卸载 3. 绘图软件的启动与关闭 4. 绘图软件的基本操作	1. 组织学生进入机房工位，引导学生学习计算机安全操作规程 2. 引导学生安装和卸载绘图软件	1. 计算机安全操作规程 2. 绘图软件的安装与卸载 3. 绘图软件的启动与关闭	1. 计算机 2. 绘图软件	1. “6S”管理规定 2. 绘图软件的安装与卸载	10	计算机机房

续表

教学活动	关键能力	学生学习活动	教师活动	学习内容	资源	评价点	学时	地点
学习活动2：绘图软件的基本操作		5. 绘图环境设置 6. 学习图形绘制命令 7. 学习图形编辑命令 8. 学习标注功能 9. 展示成果 10. 正确填写工作页 11. 自评、小组评价	3. 引导学生启动与关闭绘图软件 4. 引导学生操作绘图软件，帮助学生设置绘图环境，向学生演示绘图命令、编辑命令、标注命令的基本操作 5. 评价学生学习成果 6. 指导学生完成工作页的填写 7. 对学生学习环节进行综合评价	4. 绘图软件的基本操作 5. 绘图环境设置 6. 基本图形的绘制命令 7. 图形编辑命令 8. 尺寸标注	3. 绘图软件教材或说明书 4. 互联网	3. 绘图软件的基本操作 4. 基本图形的绘制与编辑 5. 工作页	10	计算机机房
学习活动3：手轮手柄零件平面图形的绘制与打印	独立操作能力、规范养成意识、问题处理能力	1. 新建图层 2. 绘制图框与标题栏 3. 绘制手轮手柄零件平面图形 4. 标注尺寸和表面结构符号 5. 打印图样 6. 计算机保养 7. 正确完成工作页的填写 8. 自评、小组评价	1. 引导学生新建图层 2. 引导学生绘制图框与标题栏 3. 引导学生绘制手轮手柄零件平面图形 4. 引导学生标注尺寸和表面结构符号 5. 引导学生打印图样 6. 引导学生对计算机进行保养 7. 指导学生完成工作页的填写 8. 对学生学习环节进行综合评价	1. 新建图层的方法 2. 图框和标题栏 3. “直线”“圆”“正交”“对象捕捉”“偏移”“圆角”“修剪”“删除”“镜像”等命令的操作 4. 线性标注、直径标注、半径标注 5. 表面结构符号的标注 6. 工作页 7. 图形打印设置	1. 手轮手柄零件草图 2. 机械制图教材和标准 3. 绘图软件教材或说明书 4. 互联网 5. 打印机	1. 图层设置 2. 图框和标题栏尺寸 3. 手轮手柄零件平面图形 4. 尺寸和表面结构符号的标注 5. 图样打印 6. 工作页	2	计算机机房

续表

教学活动	关键能力	学生学习活动	教师活动	学习内容	资源	评价点	学时	地点
学习活动4：绘图检测与质量分析	分析问题与解决问题能力	1．绘图检测，判断所绘图形的图幅尺寸、标题栏、布图方案、线型、零件轮廓、尺寸标注、公差标注、表面结构符号标注、技术要求编写等是否规范 2．根据图形检测情况，归纳问题产生的原因和预防方法 3．修改图样 4．打印图样	1．组织学生检测所绘图形 2．指导学生归纳问题产生的原因和预防方法 3．指导学生修改图样 4．指导学生打印图样	1．手轮手柄零件平面图形的检测 2．问题产生原因和预防方法 3．绘图和修改命令的应用	1．手轮手柄零件平面图形 2．机械制图标准	1．学生所绘图形 2．问题分析表 3．工作页	2	计算机机房
学习活动5：工作总结与评价	总结与表达能力	1．现场展示学习成果并总结 2．现场讨论、点评手轮手柄零件平面图形绘制过程中的优缺点 3．自评、小组评价 4．正确完成工作页的填写	1．指导学生总结、表述 2．对学生学习环节进行综合评价 3．指导学生完成工作页的填写	1．自我总结 2．表达方法	工作页	1．总结 2．表达方法 3．工作页	2	一体化教室

附录 3 传动轴零件平面图形的绘制学习任务设计方案

专业名称	数控加工（数控车工 / 数控铣工）	一体化课程名称	计算机机械图形绘制
学习任务	传动轴零件平面图形的绘制	授课时数	12 学时
工作情境描述	企业设计部接到一项绘图任务：根据提供的传动轴零件平面图形（图 2–1）绘制 CAD 图形，便于生产部门进行批量生产。技术主管将绘图任务分配给绘图员张强，让他应用计算机绘图软件进行绘制，并将零件平面图形打印出来		
学习情境描述	学生在教师引导下到企业设计部领取传动轴零件平面图形绘制任务记录单，查阅传动轴零件结构等资料，明确传动轴零件的技术要求。在规定时间内，对传动轴零件结构进行分析，选择合适的图形表达方式，使用“延伸”“倒角”“图案填充”“分解”“图块”“几何公差”等功能，绘制传动轴零件平面图形，经校核审批后打印零件图样，填写工作单并交付资料管理部门。在工作过程中，学生必须遵守企业技术文件管理制度和保密制度		
与其他任务的关系	在学习任务一的基础上，学习计算机机械图形绘制一体化课程的第二个任务，为下一学习任务的完成打下基础		
学生基础	具有识读机械图样的能力和计算机绘图软件的基本操作能力；具有绘制直线、圆等基本图形的能力；具有安全文明生产意识、环保管理习惯、“6S”管理习惯、团队沟通合作意识等		
学习目标	1. 通过识读标题栏，了解传动轴的材料、绘图比例 2. 通过识读传动轴零件平面图形，确定传动轴的结构形状、尺寸、几何公差和表面质量要求 3. 通过识读技术要求，确定传动轴的热处理要求和未注公差尺寸要求 4. 能独立完成图层、线型、文字样式、标注样式等内容的设置 5. 能根据传动轴零件的结构，确定绘图方法 6. 能根据传动轴零件平面图形的分析，做好计算机绘图前的准备工作 7. 能绘制传动轴零件图的图框和标题栏 8. 能应用“直线”“圆”“延伸”“等距”“倒角”“图案填充”“镜像”“修剪”等命令绘制传动轴零件平面图形 9. 能完成传动轴零件平面图形上的尺寸、基准符号、几何公差和表面结构符号等内容的标注 10. 能应用“多行文字”命令标注技术要求 11. 能设置“打印”对话框，并打印出传动轴零件平面图形 12. 能检测和判断绘图质量 13. 能根据发现的问题，修改所绘制的图形 14. 能按分组情况，分别派代表展示工作成果，讲述本次任务的完成情况并做分析总结 15. 能按机房操作规程，正确使用、维护和保养计算机、打印机等设备 16. 能严格执行企业操作规程、企业质量体系管理制度、安全生产制度、环保管理制度、“6S”管理制度等企业管理规定		
学习内容	1. 机械图样的基本表示方法 2. “延伸”“倒角”“图案填充”“分解”“图块”“几何公差”等命令的基本操作 3. 传动轴零件平面图形的绘制 4. 表面结构符号的绘制与标注 5. 基准符号的绘制与标注 6. 几何公差的标注 7. 技术要求的标注		

续表

教学条件	1. 教学场地：计算机机房、一体化教室 2. 设备：计算机、多媒体设备、打印机等 3. 绘图软件：AutoCAD、CAXA 电子图板等绘图软件 4. 资料：任务记录单、计算机安全操作规程、传动轴零件平面图形、机械制图手册、极限配合标准、机械加工手册、评价表等
教学组织形式	1. 根据学习任务活动的内容和班级人数，进行小组分工，并确定负责人 2. 根据情景模拟，教师安排学生扮演角色，从资料室领取相关资料 3. 根据学习任务活动环节，积极引导学生分析学习任务，明确学习重点和难点 4. 教师对学习活动中的重点和难点进行分析、操作演示和现场指导，帮助学生掌握 5. 以情景模拟的形式，教师安排学生扮演角色，分析和检测绘图质量 6. 以情景模拟的形式，教师安排学生扮演角色，严格按照“6S”管理要求，清扫、整理、维护和保养计算机、打印机等设备 7. 教师组织学生以小组或个人形式进行分析和总结，汇报学习成果
教学流程与活动	1. 传动轴零件平面图的分析（2 学时） 2. 绘图软件的基本操作（2 学时） 3. 传动轴零件平面图形的绘制与打印（4 学时） 4. 绘图检测与质量分析（2 学时） 5. 工作总结与评价（2 学时）
评价内容与标准	1. 能按机械制图标准评价所绘平面图形中存在的问题 2. 按照绘图检测结果修改图样并保存 3. 能自觉遵守机房安全操作规定、“6S”管理规定等规章制度 4. 能服从安排，具备从业人员的责任感、团队沟通合作等职业素养

附录 4　传动轴零件平面图形的绘制教学活动策划表

教学活动	关键能力	学生学习活动	教师活动	学习内容	资源	评价点	学时	地点
学习活动1：传动轴零件平面图形的分析	资料查阅能力、分析能力、交流能力	1. 以情景模拟的形式，学生扮演角色领取任务记录单 2. 阅读任务记录单，明确工期、任务要求，查阅资料，明确传动轴零件的用途 3. 分析传动轴零件的材料，明确材料性能 4. 分析传动轴零件图的表达方法 5. 分析传动轴零件的尺寸基准 6. 分析传动轴零件各配合部位的表面粗糙度 7. 分析传动轴零件上键槽的尺寸及几何公差 8. 分析传动轴零件图的技术要求 9. 确定传动轴零件平面图形的绘图方案 10. 自评、小组评价	1. 任务记录单的准备和发放 2. 讲解工作任务要求 3. 布置与工作任务相关的信息收集工作 4. 组织学生扮演角色 5. 检查学生任务完成情况和成果（包括指导工作页问题的表述）	1. 传动轴零件的用途 2. 传动轴零件的材料及性能 3. 传动轴零件图的表达方法 4. 传动轴零件的尺寸基准 5. 传动轴各配合部位的表面粗糙度 6. 传动轴零件上键槽的尺寸及几何公差 7. 技术要求 8. 传动轴零件平面图形的绘图方案	1. 工作页 2. 任务记录单 3. 传动轴零件平面图形 4. 机械制图等资料 5. 互联网	1. 任务记录单 2. 制图知识 3. 绘图方案 4. 专业术语 5. 表达方法 6. 小组活动 7. 工作页	2	一体化教室
学习活动2：绘图软件的基本操作	计算机应用能力、阅读能力、学习能力、安全意识	1. 学习“延伸”命令的基本操作 2. 学习“倒角”命令的基本操作 3. 学习“图案填充”命令的基本操作	1. 组织学生进入机房工位，引导学生学习计算机安全操作规程 2. 引导学生学习“延伸”“倒角”“图案填充”“分解”“图块”“几何公差”等命令的基本操作	1. 延伸 2. 倒角 3. 图案填充	1. 计算机 2. 绘图软件	1. “6S”管理规定 2. “延伸”“倒角”“图案填充”“分解”等命令的基本操作	2	计算机机房

续表

教学活动	关键能力	学生学习活动	教师活动	学习内容	资源	评价点	学时	地点
学习活动2：绘图软件的基本操作		4. 学习“分解”命令的基本操作 5. 学习“图块”命令的基本操作 6. 学习“几何公差”命令的基本操作 7. 正确填写工作页 8. 自评、小组评价	3. 评价学生学习成果 4. 指导学生完成工作页的填写 5. 对学生学习环节进行综合评价	4. 分解 5. 图块 6. 几何公差	3. 绘图软件教材或说明书 4. 互联网	3. 图块的创建与应用 4. 几何公差的标注 5. 工作页	2	计算机机房
学习活动3：传动轴零件平面图形的绘制与打印	独立操作能力、规范养成意识、问题处理能力	1. 新建图层 2. 绘制图框与标题栏 3. 应用“直线”“延伸”“倒角”和“镜像”命令绘制主视图 4. 应用“直线”“圆”“等距”“图案填充”等命令绘制断面图 5. 应用“线性”标注命令，完成主视图和断面图的线性尺寸标注 6. 创建基准和表面结构符号图块，并能应用“插入块”命令完成基准和表面结构符号的标注 7. 能应用“公差”命令标注几何公差 8. 能应用“多行文字”命令编写技术要求 9. 能设置“打印”对话框，并打印出传动轴零件平面图形	1. 引导学生新建图层 2. 引导学生绘制图框与标题栏 3. 引导学生绘制传动轴零件平面图形 4. 引导学生完成尺寸、表面结构符号、基准符号、几何公差的标注 5. 引导学生编写技术要求 6. 引导学生打印图样 7. 引导学生对计算机进行保养	1. 新建图层的方法 2. 图框和标题栏 3. 绘制传动轴主视图 4. 绘制断面图 5. 标注线性尺寸 6. 标注基准和表面结构符号 7. 标注几何公差 8. 编写技术要求 9. 图形打印设置	1. 传动轴零件平面图形 2. 机械制图教材和标准 3. 绘图软件教材或说明书 4. 互联网 5. 打印机	1. 图层设置 2. 图框和标题栏尺寸 3. 传动轴零件平面图形 4. 尺寸、基准符号、表面结构符号和几何公差的标注 5. 图样打印 6. 工作页	4	计算机机房

续表

教学活动	关键能力	学生学习活动	教师活动	学习内容	资源	评价点	学时	地点
学习活动4：绘图检测与质量分析	分析问题与解决问题能力	1．检测图样，判断所绘图形的图幅尺寸、标题栏、布图方案、线型、零件轮廓等是否正确 2．尺寸、几何公差、基准符号、表面结构符号等标注是否合理 3．技术要求编写是否正确 4．归纳问题产生的原因和预防方法 5．修改图样 6．打印图样	1．组织学生检测所绘图形 2．指导学生归纳问题产生的原因和预防方法 3．指导学生修改图样 4．指导学生打印图样	1．传动轴零件平面图形的检测 2．问题产生原因和预防方法 3．图形的修改 4．打印设置	1．传动轴零件平面图形 2．机械制图标准	1．学生所绘图形 2．问题分析表 3．工作页	2	计算机机房
学习活动5：工作总结与评价	总结与表达能力	1．现场展示学习成果并总结 2．现场讨论、点评传动轴零件平面图形绘制过程中的优缺点 3．自评、小组评价 4．正确完成工作页的填写	1．指导学生总结、表述 2．对学生学习环节进行综合评价 3．指导学生完成工作页的填写	1．自我总结 2．表达方法	工作页	1．总结 2．表达方法 3．工作页	2	一体化教室

附录 5　球阀体零件平面图形的绘制学习任务设计方案

专业名称	数控加工（数控车工 / 数控铣工）	一体化课程名称	计算机机械图形绘制
学习任务	球阀体零件平面图形的绘制	授课时数	12 学时
工作情境描述	企业设计部接到一项绘图任务：根据提供的球阀体零件平面图形（图 3–1）绘制 CAD 图形，便于生产部门进行批量生产。技术主管将绘图任务分配给绘图员张强，让他应用计算机绘图软件进行绘制，并将零件平面图形打印出来		
学习情境描述	学生在教师引导下到企业设计部领取球阀体零件平面图形绘制任务记录单，查阅技术资料，确定制图作业的关键要素。在规定时间内，对球阀体零件结构进行分析，考虑选择局部剖视等图形表达方式，球阀体结构用相贯线表述清楚，通过“极轴追踪”“对象捕捉追踪”“视图工具”“缩放”“打断”“样条曲线”等命令，按照绘图方案，完成球阀体零件平面图形的绘制，经校核审批后打印零件图样，填写工作单并交付资料管理部门。在工作过程中，学生必须遵守企业技术文件管理制度和保密制度		
与其他任务的关系	在学习任务一、二的基础上，学习计算机机械图形绘制一体化课程的第三个任务，为下一学习任务的完成打下基础		
学生基础	具有绘制组合体视图的能力和计算机绘图软件的基本操作能力；具有绘制复杂零件图的能力；具有安全文明生产意识、环保管理习惯、“6S”管理习惯、团队沟通合作意识等		
学习目标	1. 通过识读标题栏，了解球阀体的材料、绘图比例 2. 通过识读球阀体零件平面图形，确定球阀体的结构形状、尺寸、几何公差和表面质量要求 3. 通过识读技术要求，确定球阀体的热处理要求和未注公差尺寸要求 4. 能独立完成图层、线型、文字样式、标注样式等内容的设置 5. 能根据球阀体零件的结构，确定绘图方法 6. 能根据球阀体零件平面图形的分析，做好计算机绘图前的准备工作 7. 能绘制球阀体零件平面图形的图框和标题栏 8. 能应用“直线”“圆”“延伸”“等距”“倒角”“图案填充”“打断”等命令绘制球阀体零件平面图形 9. 能完成球阀体零件平面图形上的尺寸、基准符号、几何公差和表面结构符号等内容的标注 10. 能应用“多行文字”命令标注技术要求 11. 能设置“打印”对话框，并打印出球阀体零件平面图形 12. 能检测和判断绘图质量 13. 能根据发现的问题，修改所绘制的图形 14. 能按分组情况，分别派代表展示工作成果，说明本次任务的完成情况，并做分析总结 15. 能按机房操作规程，正确使用、维护和保养计算机、打印机等设备 16. 能严格执行企业操作规程、企业质量体系管理制度、安全生产制度、环保管理制度、“6S”管理制度等企业管理规定		
学习内容	1. 螺纹的画法及标注 2. “极轴追踪”“对象捕捉追踪”“视图工具”“缩放”“打断”“样条曲线”等命令的基本操作 3. 球阀体零件平面图形的绘制 4. 表面结构符号的绘制与标注 5. 基准符号的绘制与标注 6. 几何公差的标注 7. 技术要求的标注		

续表

教学条件	1．教学场地：计算机机房、一体化教室 2．设备：计算机、多媒体设备、打印机等 3．绘图软件：AutoCAD、CAXA 电子图板等绘图软件 4．资料：任务记录单、计算机安全操作规程、球阀体零件平面图形、机械制图手册、极限配合标准、机械加工手册、评价表等
教学组织形式	1．根据学习任务活动的内容和班级人数，进行小组分工，并确定负责人 2．根据情景模拟，教师安排学生扮演角色，从资料室领取相关资料 3．根据学习任务活动环节，积极引导学生分析学习任务，明确学习重点和难点 4．教师对学习活动中的重点和难点进行分析、操作演示和现场指导，帮助学生掌握 5．以情景模拟的形式，教师安排学生扮演角色，分析和检测绘图质量 6．以情景模拟的形式，教师安排学生扮演角色，严格按照“6S”管理要求，清扫、整理、维护和保养计算机、打印机等设备 7．教师组织学生以小组或个人形式进行分析和总结，汇报学习成果
教学流程与活动	1．球阀体零件平面图形的分析（2 学时） 2．绘图软件的基本操作（2 学时） 3．球阀体零件平面图形的绘制与打印（4 学时） 4．绘图检测与质量分析（2 学时） 5．工作总结与评价（2 学时）
评价内容与标准	1．能按机械制图标准评价所绘平面图形中存在的问题 2．按照绘图检测结果修改图样并保存 3．能自觉遵守机房安全操作规定、“6S”管理规定等规章制度 4．能服从安排，具备从业人员的责任感、团队沟通合作等职业素养

附录 6　球阀体零件平面图形的绘制教学活动策划表

教学活动	关键能力	学生学习活动	教师活动	学习内容	资源	评价点	学时	地点
学习活动1：球阀体零件平面图形图的分析	资料查阅能力、分析能力、交流能力	1. 以情景模拟的形式，学生扮演角色领取任务记录单 2. 阅读任务记录单，明确工期、任务要求，查阅资料，明确球阀体零件的用途 3. 分析球阀体零件的材料，明确材料性能 4. 分析球阀体零件图的表达方法 5. 分析球阀体零件的尺寸基准 6. 分析零件图中螺纹的画法及标注 7. 分析球阀体零件图中的尺寸、表面结构符号、几何公差的标注 8. 分析球阀体零件图的技术要求 9. 确定球阀体零件平面图形的绘图方案 10. 填写工作页	1. 任务记录单的准备和发放 2. 讲解工作任务要求 3. 布置与工作任务相关的信息收集工作 4. 组织学生扮演角色 5. 检查学生任务完成情况和成果（包括指导工作页问题的表述）	1. 球阀体零件的用途 2. 球阀体零件的材料及性能 3. 球阀体零件三视图 4. 球阀体零件的尺寸基准 5. 螺纹的画法及标注 6. 球阀体零件图中的尺寸、表面结构符号、几何公差的标注 7. 技术要求 8. 球阀体零件平面图形的绘图方案	1. 工作页 2. 任务记录单 3. 球阀体零件平面图形 4. 机械制图等资料 5. 互联网	1. 任务记录单 2. 制图知识 3. 绘图方案 4. 专业术语 5. 表达方法 6. 小组活动 7. 工作页	2	一体化教室
学习活动2：绘图软件的基本操作	计算机应用能力、阅读能力、学习能力、安全意识	1. 学习“极轴追踪”命令的基本操作 2. 学习“对象捕捉追踪”命令的基本操作 3. 学习“视图工具”的操作	1. 组织学生进入机房工位，引导学生学习计算机安全操作规程 2. 引导学生学习“极轴追踪”“对象捕捉追踪”“视图工具”“缩放”“打断”“样条曲线”等命令的基本操作	1. 极轴追踪 2. 对象捕捉追踪 3. 视图工具	1. 计算机 2. 绘图软件	1. “6S”管理规定 2. “极轴追踪”“对象捕捉追踪”“视图工具”等命令的应用	2	计算机机房

续表

教学活动	关键能力	学生学习活动	教师活动	学习内容	资源	评价点	学时	地点
学习活动2：绘图软件的基本操作		4. 学习“缩放”命令的基本操作 5. 学习“打断”命令的基本操作 6. 学习“样条曲线”命令的基本操作 7. 正确填写工作页	3. 评价学生学习成果 4. 指导学生完成工作页的填写	4. 缩放 5. 打断 6. 样条曲线	3. 绘图软件教材或说明书 4. 互联网	3. “缩放”“打断”“样条曲线”等命令的应用 4. 工作页	2	计算机机房
学习活动3：球阀体零件平面图形的绘制与打印	独立操作能力、规范养成意识、问题处理能力	1. 新建图层 2. 绘制图框与标题栏 3. 应用“直线”“圆”“圆角”“倒角”“等距”“对象捕捉追踪”等命令绘制球阀体零件三视图 4. 应用“缩放”命令绘制局部放大图 5. 应用尺寸标注命令，完成球阀体零件三视图的尺寸标注 6. 创建基准和表面结构符号图块，并能应用“插入块”功能完成基准和表面结构符号的标注 7. 能应用“公差”命令标注几何公差 8. 能应用“多行文字”命令编写技术要求 9. 能设置“打印”对话框，并打印出球阀体零件平面图形	1. 引导学生新建图层 2. 引导学生绘制图框与标题栏 3. 引导学生完成球阀体零件三视图的绘制 4. 引导学生完成尺寸、表面结构符号、基准符号、几何公差的标注 5. 引导学生编写技术要求 6. 引导学生打印图样 7. 引导学生对计算机进行保养	1. 新建图层的方法 2. 图框和标题栏 3. 绘制球阀体零件三视图 4. 绘制局部放大图 5. 标注线性尺寸 6. 标注基准和表面结构符号 7. 标注几何公差 8. 编写技术要求 9. 图形打印设置	1. 球阀体零件平面图形 2. 机械制图教材和标准 3. 绘图软件教材或说明书 4. 互联网 5. 打印机	1. 图层设置 2. 图框和标题栏尺寸 3. 球阀体零件平面图形 4. 尺寸、基准符号、表面结构符号和几何公差的标注 5. 图样打印 6. 工作页	4	计算机机房

续表

教学活动	关键能力	学生学习活动	教师活动	学习内容	资源	评价点	学时	地点
学习活动4：绘图检测与质量分析	分析问题与解决问题能力	1．检测图样，判断所绘图形的图幅尺寸、标题栏、布图方案、线型、零件轮廓等是否正确 2．尺寸、几何公差、基准符号、表面结构符号等标注是否合理 3．技术要求编写是否正确 4．归纳问题产生的原因和预防方法 5．修改图样 6．打印图样	1．组织学生检测所绘图形 2．现场指导学生归纳问题产生的原因和预防方法 3．现场指导学生修改图样 4．指导学生打印图样	1．球阀体零件平面图形的检测 2．问题产生原因和预防方法 3．图形的修改 4．打印设置	1．球阀体零件平面图形 2．机械制图标准	1．学生所绘图形 2．问题分析表 3．工作页	2	计算机机房
学习活动5：工作总结与评价	总结与表达能力	1．现场展示学习成果并总结 2．现场讨论、点评球阀体零件平面图形绘制过程中的优缺点 3．自评、小组评价 4．正确完成工作页的填写	1．指导学生总结、表述 2．对学生学习环节进行综合评价 3．指导学生完成工作页的填写	1．自我总结 2．表达方法	工作页	1．总结 2．表达方法 3．工作页	2	一体化教室

附录 7　蜗轮减速箱体零件平面图形的绘制学习任务设计方案

专业名称	数控加工（数控车工 / 数控铣工）	一体化课程名称	计算机机械图形绘制
学习任务	蜗轮减速箱体零件平面图形的绘制	授课时数	12 学时
工作情境描述	企业设计部接到一项任务：根据提供的蜗轮减速箱体零件平面图形（图 4–1）绘制 CAD 图形，便于生产部门进行批量生产。技术主管将绘制任务分配给绘图员张强，让他应用计算机绘图软件进行绘制，并将零件平面图形打印出来		
学习情境描述	学生在教师引导下到企业设计部领取蜗轮减速箱体零件平面图形绘制任务记录单，明确蜗轮减速箱体零件技术要求，查阅机械手册、制图标准、公差配合等资料，确定制图作业的图幅尺寸，制定布图方案等关键要素。在规定时间内，分析蜗轮减速箱体零件的结构，在绘图软件上设置或调用标准图框、模板，使用文字格式、图层设置、矩形、移动、复制、旋转、阵列等功能，按照制定的绘图方案，完成蜗轮减速箱体零件平面图形的绘制，经校核审批后打印零件图样，填写工作单并交付资料管理部门。在工作过程中，学生必须遵守企业技术文件管理制度和保密制度		
与其他任务的关系	在此前学习任务的基础上，学习计算机机械图形绘制一体化课程的第四个任务，为下一学习任务的完成打下基础		
学生基础	具有绘制组合体视图的能力和计算机绘图软件的基本操作能力；具有绘制复杂零件图的能力；具有安全文明生产意识、环保管理习惯、“6S”管理习惯、团队沟通合作意识等		
学习目标	1．通过识读标题栏，了解蜗轮减速箱体的材料、绘图比例 2．通过识读蜗轮减速箱体零件平面图形，确定蜗轮减速箱体的结构形状、尺寸、几何公差和表面质量要求 3．通过识读技术要求，确定蜗轮减速箱体的热处理要求和未注公差尺寸要求 4．能独立完成图层、线型、文字样式、标注样式等内容的设置 5．能根据蜗轮减速箱体的结构，确定绘图方法 6．能根据蜗轮减速箱体零件平面图形的分析，做好计算机绘图前的准备工作 7．能绘制蜗轮减速箱体零件平面图形的图框和标题栏 8．能应用“直线”“矩形”“圆”“复制”“旋转”“阵列”“图案填充”“打断”等命令绘制蜗轮减速箱体零件平面图形 9．能完成蜗轮减速箱体零件平面图形上的尺寸、基准符号、几何公差和表面结构符号等内容的标注 10．能应用“多行文字”命令标注技术要求 11．能完成“打印”对话框的设置，并打印出蜗轮减速箱体零件平面图形 12．能检测和判断绘图质量 13．能根据发现的问题，修改所绘制的图形 14．能按分组情况，分别派代表展示工作成果，说明本次任务的完成情况，并做分析总结 15．能按机房操作规程，正确使用、维护和保养计算机、打印机等设备 16．能严格执行企业操作规程、企业质量体系管理制度、安全生产制度、环保管理制度、“6S”管理制度等企业管理规定		

续表

学习内容	1. 螺钉孔的画法及标注 2. “矩形”“移动”“复制”“旋转”“阵列”等命令的基本操作 3. 蜗轮减速箱体零件平面图形的绘制 4. 表面结构符号的绘制与标注 5. 基准符号的绘制与标注 6. 几何公差的标注 7. 技术要求的标注
教学条件	1. 教学场地：计算机机房、一体化教室 2. 设备：计算机、多媒体设备、打印机等 3. 绘图软件：AutoCAD、CAXA 电子图板等绘图软件 4. 资料：任务记录单、计算机安全操作规程、蜗轮减速箱体零件平面图形、机械制图手册、极限配合标准、机械加工手册、评价表等
教学组织形式	1. 根据学习任务活动的内容和班级人数，进行小组分工，并确定负责人 2. 根据情景模拟，教师安排学生扮演角色，从资料室领取相关资料 3. 根据学习任务活动环节，积极引导学生分析学习任务，明确学习重点和难点 4. 教师对学习活动中的重点和难点进行分析、操作演示和现场指导，帮助学生掌握 5. 以情景模拟的形式，教师安排学生扮演角色，分析和检测绘图质量 6. 以情景模拟的形式，教师安排学生扮演角色，严格按照“6S”管理要求，清扫、整理、维护和保养计算机、打印机等设备 7. 教师组织学生以小组或个人形式进行分析和总结，汇报学习成果
教学流程与活动	1. 蜗轮减速箱体零件平面图形的分析（2 学时） 2. 绘图软件的基本操作（2 学时） 3. 蜗轮减速箱体零件平面图形的绘制与打印（4 学时） 4. 绘图检测与质量分析（2 学时） 5. 工作总结与评价（2 学时）
评价内容与标准	1. 能按机械制图标准评价所绘平面图形中存在的问题 2. 按照绘图检测结果修改图样并保存 3. 能自觉遵守机房安全操作规定、“6S”管理规定等规章制度 4. 能服从安排，具备从业人员的责任感、团队沟通合作等职业素养

附录8　蜗轮减速箱体零件平面图形的绘制教学活动策划表

教学活动	关键能力	学生学习活动	教师活动	学习内容	资源	评价点	学时	地点
学习活动1：蜗轮减速箱体零件平面图形的分析	资料查阅能力、分析能力、交流能力	1. 以情景模拟的形式，学生扮演角色领取任务记录单 2. 阅读任务记录单，明确工期、任务要求，查阅资料，明确蜗轮减速箱体零件的用途 3. 分析蜗轮减速箱体零件的材料，明确材料性能 4. 分析蜗轮减速箱体零件图的表达方法 5. 分析蜗轮减速箱体零件长、宽、高三个方向的尺寸基准 6. 分析零件图中螺钉孔的画法及标注 7. 分析蜗轮减速箱体零件图中的尺寸、表面结构符号、几何公差的标注 8. 分析蜗轮减速箱体零件图的技术要求 9. 确定蜗轮减速箱体零件平面图形的绘图方案 10. 填写工作页	1. 任务记录单的准备和发放 2. 讲解工作任务要求 3. 布置与工作任务相关的信息收集工作 4. 组织学生扮演角色 5. 检查学生任务完成情况和成果（包括指导工作页问题的表述）	1. 蜗轮减速箱体零件的用途 2. 蜗轮减速箱体零件的材料及性能 3. 蜗轮减速箱体零件三视图 4. 蜗轮减速箱体零件长、宽、高三个方向的尺寸基准 5. 螺钉孔的画法及标注 6. 蜗轮减速箱体零件图中的尺寸、表面结构符号、几何公差的标注 7. 技术要求 8. 蜗轮减速箱体零件平面图形的绘图方案	1. 工作页 2. 任务记录单 3. 蜗轮减速箱体零件平面图形 4. 机械制图等资料 5. 互联网	1. 任务记录单 2. 制图知识 3. 绘图方案 4. 专业术语 5. 表达方法 6. 小组活动 7. 工作页	2	一体化教室

续表

教学活动	关键能力	学生学习活动	教师活动	学习内容	资源	评价点	学时	地点
学习活动2：绘图软件的基本操作	计算机应用能力、阅读能力、学习能力、安全意识	1. 学习“矩形”命令的功能与操作 2. 学习“移动”命令的功能与操作 3. 学习“复制”命令的功能与操作 4. 学习“旋转”的功能与操作 5. 学习“阵列”的功能与操作 6. 正确填写工作页	1. 组织学生进入机房工位，引导学生学习计算机安全操作规程 2. 引导学生学习“矩形”“移动”“复制”“旋转”“阵列”等命令的基本操作 3. 评价学生学习成果 4. 指导学生完成工作页的填写	1. 矩形 2. 移动 3. 复制 4. 旋转 5. 阵列	1. 计算机 2. 绘图软件 3. 绘图软件教材或说明书 4. 互联网	1. “6S”管理规定 2. “矩形”“移动”“复制”“旋转”“阵列”等命令的操作 3. 工作页	2	计算机机房
学习活动3：蜗轮减速箱体零件平面图形的绘制与打印	独立操作能力、规范养成意识、问题处理能力	1. 新建图层 2. 绘制图框与标题栏 3. 应用“直线”“矩形”“圆”“圆角”“复制”“阵列”“等距”“图案填充”等命令绘制蜗轮减速箱体零件平面图形 4. 应用“矩形”命令绘制蜗轮减速箱体零件底座 5. 应用尺寸标注命令，完成蜗轮减速箱体零件三视图的尺寸标注 6. 创建基准和表面结构符号图块，并能应用“插入块”功能完成基准和表面结构符号的标注 7. 能应用“公差”命令标注几何公差 8. 能应用“多行文字”命令编写技术要求 9. 能设置“打印”对话框，并打印出蜗轮减速箱体零件平面图形	1. 引导学生新建图层 2. 引导学生绘制图框与标题栏 3. 引导学生完成蜗轮减速箱体零件三视图的绘制 4. 引导学生完成尺寸、表面结构符号、基准符号、几何公差的标注 5. 引导学生编写技术要求 6. 引导学生打印图样 7. 引导学生对计算机进行保养	1. 新建图层的方法 2. 图框和标题栏 3. 绘制蜗轮减速箱体零件三视图 4. 标注基本尺寸 5. 标注基准和表面结构符号 6. 标注几何公差 7. 编写技术要求 8. 图形打印设置	1. 蜗轮减速箱体零件平面图形 2. 机械制图教材和标准 3. 绘图软件教材或说明书 4. 互联网 5. 打印机	1. 图层设置 2. 图框和标题栏尺寸 3. 蜗轮减速箱体零件平面图形 4. 尺寸、基准符号、表面结构符号和几何公差的标注 5. 图样打印 6. 工作页	4	计算机机房

续表

教学活动	关键能力	学生学习活动	教师活动	学习内容	资源	评价点	学时	地点
学习活动4：绘图检测与质量分析	分析问题与解决问题能力	1. 检测图样，判断所绘图形的图幅尺寸、标题栏、布图方案、线型、零件轮廓等是否正确 2. 尺寸、几何公差、基准符号、表面结构符号等标注是否合理 3. 技术要求编写是否正确 4. 归纳问题产生的原因和预防方法 5. 修改图样 6. 打印图样	1. 组织学生检测所绘图形 2. 现场指导学生归纳问题产生的原因和预防方法 3. 现场指导学生修改图样 4. 指导学生打印图样	1. 蜗轮减速箱体零件平面图形的检测 2. 问题产生原因和预防方法 3. 图形的修改 4. 打印设置	1. 蜗轮减速箱体零件平面图形 2. 机械制图标准	1. 学生所绘图形 2. 问题分析表 3. 工作页	2	计算机机房
学习活动5：工作总结与评价	总结与表达能力	1. 现场展示学习成果并总结 2. 现场讨论、点评蜗轮减速箱体零件平面图形绘制过程中的优缺点 3. 自评、小组评价 4. 正确完成工作页的填写	1. 指导学生总结、表述 2. 对学生学习环节进行综合评价 3. 指导学生完成工作页的填写	1. 自我总结 2. 表达方法	工作页	1. 总结 2. 表达方法 3. 工作页	2	一体化教室

附录9　机用虎钳装配图的绘制学习任务设计方案

专业名称	数控加工（数控车工 / 数控铣工）	一体化课程名称	计算机机械图形绘制
学习任务	机用虎钳装配图的绘制	授课时数	12 学时
工作情境描述	企业设计部接到一项任务：根据提供的机用虎钳轴测分解图和装配示意图（图 5–1），以及机用虎钳各组成零件图（图 5–2 至图 5–8）绘制机用虎钳装配图，便于生产部门进行批量生产。技术主管将绘图任务分配给绘图员张强，让他应用计算机绘图软件进行绘制，并将装配图打印出来		
学习情境描述	接受机用虎钳装配件出图工作任务后，分析机用虎钳的装配关系，明确机用虎钳装配件技术要求。查阅机械制图手册、制图标准、公差配合等资料，确定制图作业的图幅尺寸，制定布图方案等关键要素。在规定的时间内，分析机用虎钳装配件结构，选用零件剖视图、视图局部缩放等合适的图形布局表达方式，在绘图软件上设置或调用标准图框、标题栏、模板，使用文字格式、图层设置、直线、圆弧、尺寸标注、几何公差标注、角度标注等功能，绘制机用虎钳二维平面装配图，经校核审批后打印图样，填写工作单并交付资料管理部门。在工作过程中，学生必须遵守企业技术文件管理制度和保密制度		
与其他任务的关系	在此前学习任务的基础上，进一步学习计算机机械图形绘制一体化课程的第五个任务，绘制机用虎钳装配图		
学生基础	具有绘制组合体视图的能力和计算机绘图软件的基本操作能力；可使用绘图软件中的创建图块和插入图块功能；具有安全文明生产意识、环保管理习惯、“6S”管理习惯、团队沟通合作意识等		
学习目标	1．通过识读机用虎钳轴测分解图和装配示意图，确定机用虎钳的组成和装配关系 2．通过识读机用虎钳各零件图，明确其结构形状和尺寸 3．能根据机用虎钳装配示意图和各组成零件的结构，确定机用虎钳装配图的绘制方法 4．能设置“多重引线”样式，并能应用“多重引线”命令绘制引出标注 5．能创建机用虎钳各零件图图块 6．能根据国家标准，绘制垫圈、圆柱销、螺钉等标准件零件图 7．能绘制机用虎钳装配图的图框、标题栏和明细栏 8．能正确应用“插入块”“分解”“修剪”“删除”等命令，绘制机用虎钳装配图 9．能标注机用虎钳装配图中的轮廓和配合尺寸 10．能正确应用“多重引线”命令，标注机用虎钳装配图中的零件序号 11．能正确应用“多行文字”命令，标注机用虎钳装配图中的技术要求 12．能设置“打印”对话框，并打印出机用虎钳装配图 13．能根据打印图样，检测和判断绘图质量 14．能就本次任务中出现的问题提出改进措施 15．能对学习与工作进行反思总结，并能与他人开展良好合作，进行有效的沟通 16．能严格执行企业操作规程、企业质量体系管理制度、安全生产制度、环保管理制度、“6S”管理制度等企业管理规定		

续表

<table>
<tr><td>学习内容</td><td>1. 识读机用虎钳轴测分解图和装配示意图
2. 识读机用虎钳主要组成零件图
3. 标准件的型号、尺寸及绘制
4. 装配图的作用及绘制步骤
5. 多重引线标注
6. 明细栏的绘制
7. 零件图块的创建与插入
8. 机用虎钳装配图的绘制
9. 标注尺寸
10. 编写技术要求</td></tr>
<tr><td>教学条件</td><td>1. 教学场地：计算机机房、一体化教室
2. 设备：计算机、多媒体设备、打印机等
3. 绘图软件：AutoCAD、CAXA 电子图板等绘图软件
4. 资料：任务记录单、计算机安全操作规程、机用虎钳轴测分解图和装配示意图、机用虎钳各主要组成零件的零件图、机械制图手册、极限配合标准、机械加工手册、评价表等</td></tr>
<tr><td>教学组织形式</td><td>1. 根据学习任务活动的内容和班级人数，进行小组分工，并确定负责人
2. 根据情景模拟，教师安排学生扮演角色，从资料室领取相关资料
3. 根据学习任务活动环节，积极引导学生分析学习任务，明确学习重点和难点
4. 教师对学习活动中的重点和难点进行分析、操作演示和现场指导，帮助学生掌握
5. 以情景模拟的形式，教师安排学生扮演角色，分析和检测绘图质量
6. 以情景模拟的形式，教师安排学生扮演角色，严格按照“6S”管理要求，清扫、整理、维护和保养计算机、打印机等设备
7. 教师组织学生以小组或个人形式进行分析和总结，汇报学习成果</td></tr>
<tr><td>教学流程与活动</td><td>1. 机用虎钳装配图的分析（2 学时）
2. 绘图软件的基本操作（2 学时）
3. 机用虎钳装配图的绘制与打印（4 学时）
4. 绘图检测与质量分析（2 学时）
5. 工作总结与评价（2 学时）</td></tr>
<tr><td>评价内容与标准</td><td>1. 能按机械制图标准评价所绘机用虎钳装配图中存在的问题
2. 按照绘图检测结果修改图样并保存
3. 能自觉遵守机房安全操作规定、“6S”管理规定等规章制度
4. 能服从安排，具备从业人员的责任感、团队沟通合作等职业素养</td></tr>
</table>

附录 10　机用虎钳装配图的绘制教学活动策划表

教学活动	关键能力	学生学习活动	教师活动	学习内容	资源	评价点	学时	地点
学习活动1：机用虎钳装配图的分析	资料查阅能力、识图能力、空间想象能力、交流能力	1. 以情景模拟的形式，学生扮演角色领取任务记录单 2. 识读机用虎钳轴测分解图和装配示意图，明确机用虎钳的组成和零件间的装配关系 3. 识读固定钳座零件图，明确其结构形状和尺寸，确定零件图的绘制步骤 4. 识读活动钳身零件图，明确其结构形状和尺寸，确定零件图的绘制步骤 5. 识读螺杆零件图，明确其结构形状和尺寸，确定零件图的绘制步骤 6. 识读螺母块零件图，明确其结构形状和尺寸，确定零件图的绘制步骤 7. 识读钳口板零件图，明确其结构形状和尺寸，确定零件图的绘制步骤 8. 查阅国家标准，绘制标准件零件图 9. 根据装配示意图和各组成零件的结构，确定机用虎钳装配图的绘制方法 10. 填写工作页	1. 任务记录单的准备和发放 2. 讲解工作任务要求 3. 布置与工作任务相关的信息收集工作 4. 组织学生扮演角色 5. 检查学生任务完成情况和成果（包括指导工作页问题的表述）	1. 机用虎钳轴测分解图和装配示意图 2. 固定钳座零件图 3. 活动钳身零件图 4. 螺杆零件图 5. 螺母块零件图 6. 钳口板零件图 7. 标准件国家标准 8. 装配图有关知识	1. 工作页 2. 任务记录单 3. 机用虎钳轴测分解图和装配示意图以及各组成零件图 4. 机械制图等资料 5. 互联网	1. 任务记录单 2. 制图知识 3. 绘图方案 4. 专业术语 5. 表达方法 6. 小组活动 7. 工作页	2	一体化教室

续表

教学活动	关键能力	学生学习活动	教师活动	学习内容	资源	评价点	学时	地点
学习活动2：绘图软件的基本操作	计算机应用能力、阅读能力、学习能力、安全意识	1. 设置“多重引线”样式 2. 应用“多重引线”命令绘制引出标注 3. 根据国家标准规定的格式和尺寸，绘制装配图明细栏 4. 创建机用虎钳各零件图块 5. 根据国家标准规定的形状和尺寸，绘制垫圈、圆柱销、螺钉等标准件零件图 6. 正确填写工作页	1. 组织学生进入机房工位，引导学生学习计算机安全操作规程 2. 引导学生学习“多重引线”样式的设置，并能绘制引出标注 3. 引导学生绘制装配图明细栏 4. 引导学生创建各零件图块 5. 引导学生查阅资料，绘制垫圈、圆柱销、螺钉等标准件零件图 6. 指导学生完成工作页的填写	1. 多重引线样式的设置及引出标注 2. 装配图明细栏 3. 机用虎钳各组成零件图 4. 垫圈国家标准 5. 圆柱销国家标准 6. 螺钉国家标准	1. 计算机 2. 绘图软件 3. 绘图软件教材或说明书 4. 垫圈、圆柱销及螺钉国家标准 5. 互联网	1. “6S”管理规定 2. 多重引线样式的设置及标注 3. 装配图明细栏 4. 各组成零件图块 5. 标准件零件图 6. 工作页	2	计算机机房
学习活动3：机用虎钳装配图的绘制与打印	独立操作能力、规范养成意识、问题处理能力	1. 新建图层 2. 绘制图框与标题栏 3. 应用“插入图块”“分解”“修剪”“删除”等命令绘制机用虎钳装配图 4. 标注机用虎钳装配图中的轮廓尺寸和配合尺寸 5. 应用“多重引线”命令标注零件序号 6. 绘制机用虎钳装配图中的明细栏 7. 应用“多行文字”命令编写技术要求 8. 设置“打印”对话框，并打印出机用虎钳装配图	1. 引导学生新建图层 2. 引导学生绘制图框与标题栏 3. 引导学生完成机用虎钳装配图的绘制 4. 引导学生完成机用虎钳装配图中的轮廓和配合尺寸的标注 5. 引导学生应用“多重引线”命令标注零件序号 6. 引导学生绘制机用虎钳装配图中的明细栏 7. 引导学生编写技术要求 8. 引导学生打印图样 9. 引导学生对计算机进行保养	1. 新建图层的方法 2. 图框和标题栏 3. 绘制机用虎钳装配图 4. 标注轮廓尺寸和配合尺寸 5. 标注零件序号 6. 绘制装配图明细栏 7. 编写技术要求 8. 图形打印设置	1. 机用虎钳各组成零件图 2. 机械制图教材和标准 3. 绘图软件教材或说明书 4. 互联网 5. 打印机	1. 图层设置 2. 图框和标题栏尺寸 3. 机用虎钳装配图 4. 轮廓尺寸和配合尺寸的标注 5. 打印图样 6. 工作页	4	计算机机房

续表

教学活动	关键能力	学生学习活动	教师活动	学习内容	资源	评价点	学时	地点
学习活动4：绘图检测与质量分析	分析问题与解决问题能力	1. 检测图样，判断所绘图形的图幅尺寸、标题栏、明细栏、布图方案、线型、零件轮廓是否正确 2. 轮廓尺寸和配合尺寸等标注是否合理 3. 技术要求编写是否正确 4. 归纳问题产生的原因和预防方法 5. 修改图样 6. 打印图样	1. 组织学生检测所绘图形 2. 现场指导学生归纳问题产生的原因和预防方法 3. 现场指导学生修改图样 4. 指导学生打印图样	1. 机用虎钳装配图的检测 2. 问题产生原因和预防方法 3. 图形的修改 4. 打印设置	1. 机用虎钳装配图 2. 机械制图标准	1. 学生所绘图形 2. 问题分析表 3. 工作页	2	计算机机房
学习活动5：工作总结与评价	总结与表达能力	1. 现场展示学习成果并总结 2. 现场讨论、点评机用虎钳装配图绘制过程中的优缺点 3. 自评、小组评价 4. 正确完成工作页的填写	1. 指导学生总结、表述 2. 对学生学习环节进行综合评价 3. 指导学生完成工作页的填写	1. 自我总结 2. 表达方法	工作页	1. 总结 2. 表达方法 3. 工作页	2	一体化教室

附录 11　法兰盘零件测绘及平面图形绘制学习任务设计方案

专业名称	数控加工（数控车工 / 数控铣工）	一体化课程名称	计算机机械图形绘制
学习任务	法兰盘零件测绘及平面图形绘制	授课时数	12 学时
工作情境描述	企业设计部接到一项任务：根据某 CA6140 型车床上原有的法兰盘（也称过渡盘）零件进行测绘，形成新的法兰盘零件平面图形，作为二次开发生产加工的依据，法兰盘零件实体图如图 6–1 所示。技术主管将测绘任务分配给绘图员张强，让他测量法兰盘零件有关尺寸，绘制出零件图样并打印出来		
学习情境描述	接受法兰盘零件测绘、出图工作任务后，明确法兰盘零件技术要求，查阅机械制图手册、制图标准、公差配合等资料，选择合适的测量工具，确定测绘作业的关键要素，完成测绘工作。在规定的时间内，分析法兰盘零件结构，选用零件剖视图、视图局部缩放等合适的图形布局表达方式，在绘图软件上设置与调用标准图框、标题栏、模板，使用文字格式、图层设置、直线、圆弧、尺寸标注、几何公差标注、角度标注等功能，绘制零件二维平面图形，经校核审批后打印零件图样，填写工作单并交付资料管理部门。在工作过程中，学生必须遵守企业技术文件管理制度和保密制度		
与其他任务的关系	经过前面学习任务的学习，学生基本上掌握了计算机绘图软件的应用，能独立完成平面图形、零件图和装配图的绘制，为进一步培养学生的计算机制图能力，学习计算机机械图形绘制一体化课程的第六个任务，测绘法兰盘并绘制出其零件平面图形		
学生基础	学生初步具备了计算机机械图形的绘制能力，能完成平面图形、零件图和装配图的绘制，并具有安全文明生产意识、环保管理习惯、“6S”管理习惯、团队沟通合作意识等		
学习目标	1. 通过与技术人员和工作人员交流，确定法兰盘的材料及用途 2. 能与工作人员合作，完成法兰盘零件的拆卸 3. 能分析法兰盘零件结构，确定零件草图表达方案 4. 能制定法兰盘零件草图的绘制步骤 5. 能在规定的时间内，完成法兰盘零件草图的测绘 6. 能根据法兰盘零件草图所用线型新建图层、绘制图框和标题栏 7. 能正确应用绘图和修改命令绘制法兰盘零件平面图形 8. 能标注法兰盘零件平面图形中的基本尺寸、表面结构符号、基准符号和几何公差 9. 能应用“多行文字”命令标注技术要求 10. 能完成“打印”对话框的设置，并打印出法兰盘零件平面图形 11. 能根据打印图样，检测和判断绘图质量 12. 能就本次任务中出现的问题提出改进措施 13. 能对学习与工作进行反思总结，并能与他人开展良好合作，进行有效的沟通 14. 能严格执行企业操作规程、企业质量体系管理制度、安全生产制度、环保管理制度、“6S”管理制度等企业管理规定		
学习内容	1. 法兰盘的用途 2. 法兰盘的拆卸 3. 法兰盘的结构特点 4. 测绘法兰盘零件草图 5. 法兰盘的安装 6. 法兰盘零件平面图形的绘制及打印 7. 绘图检测与质量分析 8. 工作总结与评价		

续表

教学条件	1. 教学场地：计算机机房、一体化教室 2. 工、量具：内六角扳手、木棒、铜锤、游标卡尺（0 ~ 300 mm）、外径千分尺（25 ~ 50 mm）、表面粗糙度比较样块等 3. 设备：CA6140 型车床、计算机、多媒体设备、打印机等 4. 绘图软件：AutoCAD、CAXA 电子图板等绘图软件 5. 资料：任务记录单、计算机安全操作规程、机械制图手册、极限配合标准、机械加工手册、评价表等
教学组织形式	1. 根据学习任务活动的内容和班级人数，进行小组分工，并确定负责人 2. 根据情景模拟，教师安排学生扮演角色，从资料室领取相关资料 3. 根据学习任务活动环节，积极引导学生分析学习任务，明确学习重点和难点 4. 教师对学习活动中的重点和难点进行分析、操作演示和现场指导，帮助学生掌握 5. 以情景模拟的形式，教师安排学生扮演角色，分析和检测绘图质量 6. 以情景模拟的形式，教师安排学生扮演角色，严格按照“6S”管理要求，清扫、整理、维护和保养计算机、打印机等设备 7. 教师组织学生以小组或个人形式进行分析和总结，汇报学习成果
教学流程与活动	1. 测绘法兰盘零件草图（4 学时） 2. 法兰盘零件平面图形的绘制与打印（4 学时） 3. 绘图检测与质量分析（2 学时） 4. 工作总结与评价（2 学时）
评价内容与标准	1. 能按机械零件测绘步骤，测绘法兰盘零件草图 2. 能按机械制图标准要求，绘制法兰盘零件平面图形并打印 3. 能按照绘图检测结果修改图样并保存 4. 能对学习与工作进行反思总结，并能与他人开展良好合作，进行有效的沟通 5. 能自觉遵守机房安全操作规定、“6S”管理规定等规章制度

附录 12　法兰盘零件测绘及平面图形绘制教学活动策划表

教学活动	关键能力	学生学习活动	教师活动	学习内容	资源	评价点	学时	地点
学习活动1：测绘法兰盘零件草图	资料查阅能力、测绘能力、交流能力、手工绘图能力	1. 以情景模拟的形式，学生扮演角色领取任务记录单 2. 查阅资料，明确法兰盘的材料及其用途 3. 在教师的引导下，完成法兰盘的拆卸 4. 分析法兰盘的结构特点 5. 查阅绘制零件草图的要求 6. 确定法兰盘零件草图的表达方案 7. 确定法兰盘零件草图的绘制步骤 8. 测绘法兰盘零件草图 9. 安装法兰盘 10. 填写工作页	1. 任务记录单的准备和发放 2. 讲解工作任务要求 3. 布置与工作任务相关信息收集工作 4. 组织学生扮演角色 5. 检查学生任务完成情况和成果（包括指导工作页问题的表述）	1. 法兰盘的用途 2. 拆卸法兰盘的方法 3. 法兰盘的结构特点 4. 绘制零件草图的要求 5. 法兰盘零件草图的表达方案 6. 法兰盘零件草图的绘制步骤 7. 法兰盘的安装 8. 工作页	1. 车工工艺学 2. 车床法兰盘国家标准 3. 机械制图等资料 4. 互联网	1. 任务记录单 2. 制图知识 3. 零件草图表达方案 4. 法兰盘的拆卸与安装 5. 法兰盘零件草图 6. 小组活动 7. 工作页	4	一体化教室
学习活动2：法兰盘零件平面图形的绘制与打印	计算机应用能力、独立操作能力、规范养成意识、问题处理能力	1. 新建图层 2. 绘制图框与标题栏 3. 绘制法兰盘零件平面图形	1. 引导学生新建图层 2. 引导学生绘制图框与标题栏 3. 引导学生完成法兰盘零件平面图形的绘制	1. 新建图层的方法 2. 图框和标题栏	1. 机械制图教材和标准	1. 图层设置 2. 图框和标题栏尺寸 3. 法兰盘零件平面图形	4	计算机机房

续表

教学活动	关键能力	学生学习活动	教师活动	学习内容	资源	评价点	学时	地点
学习活动2：法兰盘零件平面图形的绘制与打印		4．保存并打印法兰盘零件平面图形 5．填写工作页	4．引导学生保存并打印图样 5．引导学生对计算机进行保养	3．绘制法兰盘零件平面图形 4．图形打印设置	2．绘图软件教材或说明书 3．互联网	4．打印图样 5．工作页	4	计算机机房
学习活动3：绘图检测与质量分析	分析问题与解决问题能力	1．检测图样，判断所绘图形的图幅尺寸、标题栏、明细栏、布图方案、线型、零件轮廓是否正确 2．尺寸标注是否合理 3．技术要求编写是否正确 4．归纳问题产生的原因和预防方法 5．修改图样 6．打印图样	1．组织学生检测所绘图形 2．现场指导学生归纳问题产生的原因和预防方法 3．现场指导学生修改图样 4．指导学生打印图样	1．法兰盘零件平面图形的检测 2．问题产生原因和预防方法 3．图形的修改 4．打印设置	1．法兰盘零件平面图形 2．机械制图标准	1．学生所绘图形 2．问题分析表 3．工作页	2	计算机机房
学习活动4：工作总结与评价	总结与表达能力	1．现场展示学习成果并总结 2．现场讨论、点评法兰盘零件平面图形绘制过程中的优缺点 3．自评、小组评价 4．正确完成工作页的填写	1．指导学生总结、表述 2．对学生学习环节进行综合评价 3．指导学生完成工作页的填写	1．自我总结 2．表达方法	工作页	1．总结 2．表达方法 3．工作页	2	一体化教室

附录 13　油泵体零件测绘及平面图形绘制学习任务设计方案

专业名称	数控加工（数控车工 / 数控铣工）	一体化课程名称	计算机机械图形绘制
学习任务	油泵体零件测绘及平面图形绘制	授课时数	12 学时
工作情境描述	企业设计部接到一项任务：企业需测绘油泵体零件，并绘制新的油泵体零件平面图形，作为二次开发生产加工的依据，油泵体零件实体图如图 7–1 所示。技术主管将测绘任务分配给绘图员张强，让他测量油泵体零件有关尺寸，绘制出零件图样并打印出来		
学习情境描述	接到油泵体零件测绘工作任务后，明确油泵体零件测绘技术要求，查阅机械制图手册、制图标准、公差配合等资料，选择合适的测量工具，确定测绘作业的关键要素，完成测绘工作。在规定的时间内，分析油泵体零件结构，选用零件剖视图、视图局部缩放等合适的图形布局表达方式，在绘图软件上设置或调用标准图框、标题栏、模板，使用文字格式、图层设置、直线、圆弧、尺寸标注、几何公差标注、角度标注等功能，绘制零件二维平面图形，经校核审批后打印零件图样，填写工作单并交付资料管理部门。在工作过程中，学生必须遵守企业技术文件管理制度和保密制度		
与其他任务的关系	经过前面 6 个学习任务的学习，学生基本上掌握了计算机绘图软件的应用，能独立完成平面图形、零件图和装配图的绘制，并初步具备了测绘简单零件的能力。为了进一步学习复杂零件的测绘，引导学生学习计算机机械图形绘制一体化课程的第七个任务，测绘油泵体，并绘制出其零件平面图形		
学生基础	学生初步具备了计算机机械图形的绘制能力和简单零件的测绘能力，并具有安全文明生产意识、环保管理习惯、“6S”管理习惯、团队沟通合作意识等		
学习目标	1．通过与技术人员和工作人员交流，确定油泵体的材料及用途 2．能与工作人员合作，完成油泵体的拆卸 3．能分析油泵体零件结构，确定零件草图表达方案 4．能制定油泵体零件草图的绘制步骤 5．能在规定的时间内，完成油泵体零件草图的测绘 6．能根据油泵体零件草图所用线型新建图层、绘制图框和标题栏 7．能正确应用绘图和修改命令绘制油泵体零件平面图形 8．能标注油泵体零件平面图形中的基本尺寸、表面结构符号、基准符号和几何公差 9．能应用“多行文字”命令标注技术要求 10．能完成“打印”对话框的设置，并打印出油泵体零件平面图形 11．能根据打印图样，检测和判断绘图质量 12．能就本次任务中出现的问题提出改进措施 13．能对学习与工作进行反思总结，并能与他人开展良好合作，进行有效的沟通 14．能严格执行企业操作规程、企业质量体系管理制度、安全生产制度、环保管理制度、“6S”管理制度等企业管理规定		
学习内容	1．齿轮油泵的组成 2．齿轮油泵的装配关系和工作原理 3．齿轮油泵的拆卸步骤及注意事项 4．油泵体的结构特点 5．测绘油泵体零件草图 6．齿轮油泵的安装 7．油泵体零件平面图形的绘制及打印 8．工作总结与评价		

续表

教学条件	1．教学场地：计算机机房、一体化教室 2．工、量具：内六角扳手、木棒、铜锤、游标卡尺（0 ~ 150 mm）、外径千分尺（0 ~ 25 mm）、游标高度卡尺（0 ~ 300 mm）、表面粗糙度比较样块等 3．设备：齿轮油泵、计算机、多媒体设备、打印机等 4．绘图软件：AutoCAD、CAXA 电子图板等绘图软件 5．资料：任务记录单、计算机安全操作规程、机械制图手册、极限配合标准、机械加工手册、评价表等
教学组织形式	1．根据学习任务活动的内容和班级人数，进行小组分工，并确定负责人 2．根据情景模拟，教师安排学生扮演角色，从资料室领取相关资料 3．根据学习任务活动环节，积极引导学生分析学习任务，明确学习重点和难点 4．教师对学习活动中的重点和难点进行分析、操作演示和现场指导，帮助学生掌握 5．以情景模拟的形式，教师安排学生扮演角色，分析和检测绘图质量 6．以情景模拟的形式，教师安排学生扮演角色，严格按照“6S”管理要求，清扫、整理、维护和保养计算机、打印机等设备 7．教师组织学生以小组或个人形式进行分析和总结，汇报学习成果
教学流程与活动	1．测绘油泵体零件草图（4 学时） 2．油泵体零件平面图形的绘制与打印（4 学时） 3．绘图检测与质量分析（2 学时） 4．工作总结与评价（2 学时）
评价内容与标准	1．能按机械零件测绘步骤，绘油泵体零件草图 2．能按机械制图标准要求，绘制油泵体零件平面图形并打印 3．能按照绘图检测结果修改图样并保存 4．能对学习与工作进行反思总结，并能与他人开展良好合作，进行有效的沟通 5．能自觉遵守机房安全操作规定、“6S”管理规定等规章制度

附录 14　油泵体零件测绘及平面图形绘制教学活动策划表

教学活动	关键能力	学生学习活动	教师活动	学习内容	资源	评价点	学时	地点
学习活动1：测绘油泵体零件草图	资料查阅能力、测绘能力、交流能力、手工绘图能力	1. 以情景模拟的形式，学生扮演角色领取任务记录单 2. 查阅资料，明确齿轮油泵的组成、装配关系和工作原理 3. 查阅资料，明确油泵体的材料及其用途 4. 在教师的引导下，完成齿轮油泵的拆卸 5. 分析油泵体的结构特点 6. 确定油泵体零件草图的表达方案 7. 确定油泵体零件草图的绘制步骤 8. 测绘油泵体零件草图 9. 齿轮油泵的安装 10. 填写工作页	1. 任务记录单的准备和发放 2. 讲解工作任务要求 3. 布置与工作任务相关信息的收集工作 4. 组织学生扮演角色 5. 检查学生任务完成情况和成果（包括指导工作页问题的表述）	1. 齿轮油泵的组成、装配关系和工作原理 2. 油泵体的材料及其用途 3. 齿轮油泵的拆卸及注意事项 4. 油泵体零件的结构特点 5. 油泵体零件草图的表达方案 6. 油泵体零件草图的绘制步骤 7. 齿轮油泵的安装 8. 工作页	1. 齿轮油泵 2. 机械制图 3. 互联网	1. 任务记录单 2. 制图知识 3. 零件草图表达方案 4. 齿轮油泵的拆卸与安装 5. 油泵体零件草图 6. 小组活动 7. 工作页	4	一体化教室
学习活动2：油泵体零件平面图形的绘制与打印	计算机应用能力、独立操作能力、规范养成意识、问题处理能力	1. 新建图层 2. 绘制图框与标题栏 3. 绘制油泵体零件平面图形 4. 保存并打印油泵体零件平面图形 5. 填写工作页	1. 引导学生新建图层 2. 引导学生绘制图框与标题栏 3. 引导学生完成油泵体零件平面图形的绘制 4. 引导学生保存并打印图样 5. 引导学生对计算机进行保养	1. 新建图层的方法 2. 图框和标题栏 3. 绘制油泵体零件平面图形 4. 图形打印设置	1. 机械制图教材和标准 2. 绘图软件教材或说明书 3. 互联网	1. 图层设置 2. 图框和标题栏尺寸 3. 油泵体零件平面图形 4. 打印图样 5. 工作页	4	计算机机房

续表

教学活动	关键能力	学生学习活动	教师活动	学习内容	资源	评价点	学时	地点
学习活动3：绘图检测与质量分析	分析问题与解决问题能力	1．检测图样，判断所绘图形的图幅尺寸、标题栏、明细栏、布图方案、线型、零件轮廓是否正确 2．尺寸标注是否合理 3．技术要求编写是否正确 4．归纳问题产生的原因和预防方法 5．修改图样 6．打印图样	1．组织学生检测所绘图形 2．现场指导学生归纳问题产生的原因和预防方法 3．现场指导学生修改图样 4．指导学生打印图样	1．油泵体零件平面图形的检测 2．问题产生原因和预防方法 3．图形的修改 4．打印设置	1．油泵体零件平面图形 2．机械制图标准	1．学生所绘图形 2．问题分析表 3．工作页	2	计算机机房
学习活动4：工作总结与评价	总结与表达能力	1．现场展示学习成果并总结 2．现场讨论、点评油泵体零件平面图形绘制过程中的优缺点 3．自评、小组评价 4．正确完成工作页的填写	1．指导学生总结、表述 2．对学生学习环节进行综合评价 3．指导学生完成工作页的填写	1．自我总结 2．表达方法	工作页	1．总结 2．表达方法 3．工作页	2	一体化教室